高等医学教育课程创新
纸数融合系列教材

供临床、预防、基础、急救、全科医学、口腔、麻醉、影像、药学、检验、护理、法医、生物工程等专业使用

生物化学与分子生物学实验

主　审　张云武
主　编　郑红花　苏振宏
副主编　邓秀玲　徐世明　李华玲　吴　宁
编　者　（以姓氏笔画排序）
王　凡　首都医科大学燕京医学院
邓秀玲　内蒙古医科大学
叶纪诚　内蒙古医科大学
苏振宏　湖北理工学院
李华玲　扬州大学
杨愈丰　遵义医科大学珠海校区
吴　宁　贵州医科大学
张　弦　厦门大学
郑红花　厦门大学
钟　曦　贵州医科大学
姚劲松　湖北文理学院
袁　超　湖北理工学院
徐世明　首都医科大学燕京医学院
高　蕊　石河子大学
黄小花　厦门大学
龚莎莎　台州学院
葛振英　河南大学
鄢　雯　首都医科大学燕京医学院

華中科技大學出版社
http://www.hustp.com
中国·武汉

内容简介

本书是高等医学教育课程创新纸数融合系列教材。全书共分为四章，内容包括概述、生物化学与分子生物学实验基本理论技术、生物化学与分子生物学基础实验项目、生物化学与分子生物学综合性和创新性实验项目。

本书根据最新教学改革的要求和理念，结合我国高等医学教育发展的特点，按照相关教学大纲的要求编写而成。本书结合医学院校特色，将生物化学与分子生物学实验内容与理论知识和临床实践紧密结合，加深学生对理论知识的理解和运用。

本书可供临床、预防、基础、急救、全科医学、口腔、麻醉、影像、药学、检验、护理、法医、生物工程等专业使用。

图书在版编目(CIP)数据

生物化学与分子生物学实验/郑红花，苏振宏主编. —武汉：华中科技大学出版社，2020.6
ISBN 978-7-5680-6256-5

Ⅰ.①生… Ⅱ.①郑… ②苏… Ⅲ.①生物化学-实验-医学院校-教材 ②分子生物学-实验-医学院校-教材 Ⅳ.①Q5-33 ②Q7-33

中国版本图书馆 CIP 数据核字(2020)第 094257 号

生物化学与分子生物学实验 郑红花 苏振宏 主编
Shengwu Huaxue yu Fenzi Shengwuxue Shiyan

策划编辑：周 琳
责任编辑：李 佩
封面设计：原色设计
责任校对：阮 敏
责任监印：周治超
出版发行：华中科技大学出版社(中国·武汉) 电话：(027)81321913
武汉市东湖新技术开发区华工科技园 邮编：430223
录 排：华中科技大学惠友文印中心
印 刷：武汉市籍缘印刷厂
开 本：880mm×1230mm 1/16
印 张：11.75
字 数：324 千字
版 次：2020 年 6 月第 1 版第 1 次印刷
定 价：32.00 元

本书若有印装质量问题，请向出版社营销中心调换
全国免费服务热线：400-6679-118 竭诚为您服务
版权所有 侵权必究

高等医学教育课程创新纸数融合系列教材
编委会

丛书顾问　文历阳　秦晓群

委　员（以姓氏笔画排序）

马兴铭　兰州大学
王玉孝　厦门医学院
化　兵　河西学院
尹　平　华中科技大学
卢小玲　广西医科大学
白　虹　天津医科大学
刘立新　首都医科大学燕京医学院
刘俊荣　广州医科大学
刘跃光　牡丹江医学院
孙连坤　吉林大学
孙维权　湖北文理学院
严金海　南方医科大学
李　君　湖北文理学院
李　梅　天津医科大学
李文忠　荆楚理工学院
李洪岩　吉林大学
吴建军　甘肃中医药大学
沙　鸥　深圳大学
张　忠　沈阳医学院
张　悦　河西学院
张云武　厦门大学
赵玉敏　桂林医学院
赵建龙　河南科技大学
赵晋英　邵阳学院
胡东生　深圳大学
胡煜辉　井冈山大学
姜文霞　同济大学
姜志胜　南华大学
贺志明　邵阳学院
秦　伟　遵义医科大学
钱中清　蚌埠医学院
徐世明　首都医科大学燕京医学院
黄　涛　黄河科技学院
黄锁义　右江民族医学院
扈瑞平　内蒙古医科大学
赖　平　湖南医药学院
潘爱华　中南大学

编写秘书　周　琳　陆修文　蔡秀芳

网络增值服务使用说明

欢迎使用华中科技大学出版社医学资源网yixue.hustp.com

1.教师使用流程

（1）登录网址：http://yixue.hustp.com（注册时请选择教师用户）

注册 → 登录 → 完善个人信息 → 等待审核

（2）审核通过后，您可以在网站使用以下功能：

2.学员使用流程

建议学员在PC端完成注册、登录、完善个人信息的操作。

（1） PC端学员操作步骤

①登录网址：http://yixue.hustp.com（注册时请选择普通用户）

注册 → 登录 → 完善个人信息

② 查看课程资源

如有学习码，请在个人中心-学习码验证中先验证，再进行操作。

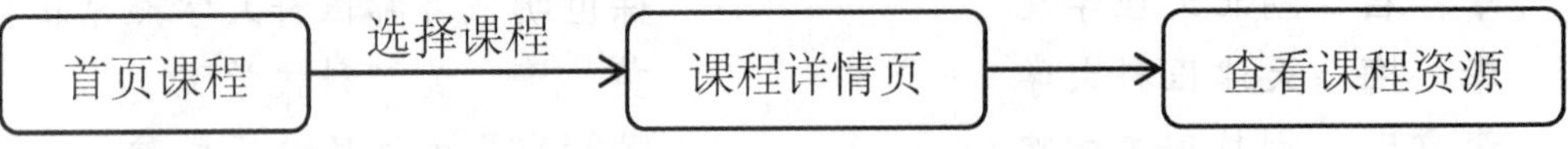

（2） 手机端扫码操作步骤

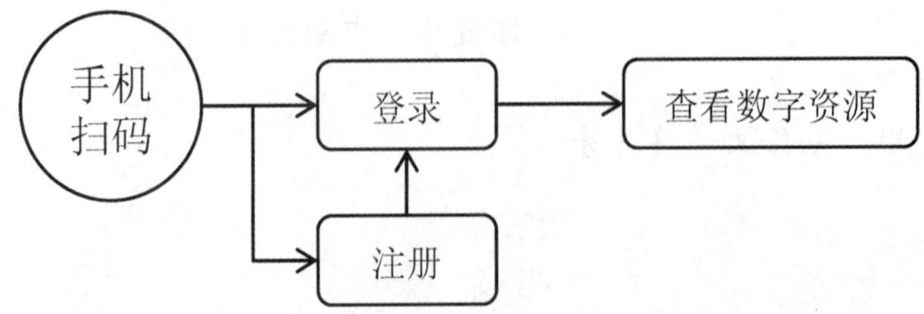

总序

Zongxu

《国务院办公厅关于深化医教协同进一步推进医学教育改革与发展的意见》指出："医教协同推进医学教育改革与发展，加强医学人才培养，是提高医疗卫生服务水平的基础工程，是深化医药卫生体制改革的重要任务，是推进健康中国建设的重要保障""始终坚持把医学教育和人才培养摆在卫生与健康事业优先发展的战略地位。"我国把质量提升作为本科教育改革发展的核心任务，发布落实了一系列政策，有效促进了本科教育质量的持续提升。而随着健康中国战略的不断推进，我国加大了对卫生人才培养支持力度。尤其在遵循医学人才成长规律的基础上，要求不断提高医学青年人才的创新能力和实践能力。

为了更好地适应新形势下人才培养的需求，按照《国务院办公厅关于深化医教协同进一步推进医学教育改革与发展的意见》《国家中长期教育改革和发展规划纲要(2010—2020年)》《国家中长期人才发展规划纲要(2010—2020年)》等文件精神要求，进一步出版高质量教材，加强教材建设，充分发挥教材在提高人才培养质量中的基础性作用，培养医学人才。在认真、细致调研的基础上，在教育部相关医学专业专家和部分示范院校领导的指导下，我们组织了全国50多所高等医药院校的近200位老师编写了这套高等医学教育课程创新纸数融合系列教材，并得到了参编院校的大力支持。

本套教材充分反映了各院校的教学改革成果和研究成果，教材编写体系和内容均有所创新，在编写过程中重点突出以下特点。

(1) 教材定位准确，突出实用、适用、够用和创新的"三用一新"的特点。

(2) 教材内容反映最新教学和临床要求，紧密联系最新的教学大纲、临床执业医师资格考试的要求，整合和优化课程体系和内容，贴近岗位的实际需要。

(3) 以强化医学生职业道德、医学人文素养教育和临床实践能力培养为核心，推进医学基础课程与临床课程相结合，转变重理论而轻临床实践、重医学而轻职业道德和人文素养的传统观念，注重培养学生临床思维能力和临床实践操作能力。

(4) 问题式学习(PBL)与临床案例相结合，通过案例与提问激发学生学习的热情，以学生为中心，利于学生主动学习。

本套教材得到了专家和领导的大力支持与高度关注，我们衷心希望这套教材能在相关课程的教学中发挥积极作用，并得到读者的青睐。我们也相信这套教材在使用过程中，通过教学实践的检验和实际问题的解决，能不断得到改进、完善和提高。

高等医学教育课程创新纸数融合系列教材
编写委员会

前言

Qianyan

生物化学与分子生物学是当今进展较为迅速的学科领域，也是21世纪生命科学的领头学科，新的技术方法日新月异。生物化学与分子生物学运用化学、物理和生物学的理论和方法从分子水平研究生命现象和本质。生物化学与分子生物学实验技术是医学生实验技能与创新素质培养不可缺少的一个重要环节，是帮助学生掌握基本实验技能、提高学生独立思考和分析能力的重要手段，是培养学生严谨科研作风和良好科研思维的重要途径。

当前的生物化学与分子生物学实验教材多为各高校自主编写的实验教材，虽各有特色，但无法广泛在各个高校中应用。为此，借华中科技大学出版社牵头组织出版高等医学教育课程创新纸数融合系列教材之机，由厦门大学、首都医科大学燕京医学院、河南大学、内蒙古医科大学、湖北文理学院、贵州医科大学、遵义医科大学珠海校区、湖北理工学院、石河子大学、扬州大学、台州学院等全国十余所医学院校，结合生物化学与分子生物学的最新进展，共同编写了生物化学与分子生物学实验教材。本教材结合医学院校特色，将生物化学与分子生物学实验内容与理论知识和临床实践紧密结合，加深学生对理论知识的理解和记忆，同时通过对本课程的学习，使他们能够具备一定的科研能力和养成良好的科研习惯，使他们能够运用生物化学与分子生物学的理论和技术手段，联系临床实践，从分子水平上认识、诊断和治疗人类疾病。

本教材以生物化学与分子生物学的基本技术为主线，突出介绍常用基本技术、基本原理和操作，适当介绍一些与医学有关的生物化学及分子生物学新技术、新进展；同时还包含与临床检验密切相关的实验内容以及与大学生创新性实验项目相结合的课题设计。本书将适当采用二维码嵌入丰富的数字化资源，如思考题答案。通过手机扫描二维码即可展示数字化实验教学资源，可充分拓展教学内容，提供便捷的立体阅读体验以及创新实验教材模式。本书的两大亮点：其一为加入大学生创新性实验的设计与实施；其二为配备丰富的数字化资源，旨在加强学生基本技能的训练，提高学生动手能力，培养其科学思维。因此，本书除可作为本科医学专业的教学用书外，也适合医学类研究生作为基础实验操作流程参考书目。

本书内容主要包括生物化学与分子生物学实验基本要求、基本理论技术、基础实验和创新性实验共四部分。基本要求主要包括生物化学与分子生物学实验课程的性质、目的和任务，实验室规则、实验样品的制备和保存，创新性实验课题的设计等；基本理论技术主要包括分光光度技术、层析技术、电泳技术、离心技术等四大基本技术，以及印迹技术、PCR技术、基因编辑技术、原位杂交技术、微透析技术、ELISA技术等常用技术；教学实验主要包括基础实验与综合性和创新性实验等部分，其中基础实验分为生物大分子的提取和理化特性分析、酶动力学测定和临床生化检验三部分。

参与本书编写的均为具有丰富教学经验的一线科研教学人员，由于编者水平有限，错误之处在所难免，恳请各位读者批评指正，提出宝贵意见和建议。

本书中的原创视频由厦门大学2016级临床医学专业本科生杨干、黄俊洁、张梦雨等同学制作完成。该视频制作获得厦门大学创新创业训练计划项目（2019Y1209）支持，在此一并表示衷心的感谢！

编　者

目录

Mulu

第一章　概　　述

第一节　实验课程的性质、目的和任务

生物化学与分子生物学是21世纪生命科学的领头学科，其理论与基本实验技术已广泛应用于生命科学的各个领域，通过运用化学、物理和生物学的理论和方法从分子水平研究生命现象和本质，即研究生物体的分子结构与功能、物质代谢与调节。生物化学和分子生物学所阐述的是人体化学物质组成、物质代谢及其调控过程、基因表达及其调控过程，以及代谢、表达、调控等异常情况下与疾病发生之间的关系等内容。随着现代科学的迅速发展，生物化学与分子生物学的课程已经从以物质代谢为中心的传统教学模式转移到以基因信息传递为中心的现代分子生物学的新型知识框架，为此，生物化学与分子生物学的教学除了讲解物质代谢之外，还应重点介绍分子生物学的基本知识和实验技能，介绍生物大分子的结构与功能的关系，基因信息传递。因此生物化学与分子生物学实验教学是医学生实验技能与创新素质培养不可缺少的一个重要环节，是帮助学生掌握基本实验技能，提高学生独立思考和分析能力的重要手段，也是培养学生严谨科研作风和良好科研思维的重要途径，学习和掌握生物化学与分子生物学实验技术不仅是医学生的必备能力，更是实施创新教育的重要手段。

生物化学与分子生物学实验是一门实践性与应用性很强的学科，属于医学教育的主干课程，在医学教学过程中具有重要地位，它不仅为基础医学其他学科的迅速发展创立了条件，也为临床医学的研究和进步奠定了基础。生物化学与分子生物学实验课程可帮助同学们掌握生物化学和分子生物学的基本实验技能、操作技术，如进行蛋白质、核酸等生物大分子的提取和鉴定，检测酶的活性，分、切、接、转、筛等基因工程基本技术的学习，在此过程中培养学生动手能力、科研基本技能、发现问题和解决问题能力，以及科学的思维方式。

（厦门大学　郑红花）

NOTE

第二节　实验室规则与基本要求

实验室是学生进行技能训练、开展科技活动的重要场所。为保证实验教学安全有序地进行，特制订相关实验室规则与基本要求，每一位进入实验室的人员都必须严格遵守。

生化
实验须知

1.2.1　严守规范

每位进入实验室的人员均应穿实验工作服，视不同实验要求决定是否需要戴口罩和帽子；不穿高跟鞋、不穿露脚趾的鞋子进实验室；不披头散发进入实验室；自觉维护实验室秩序，保持室内安静，不高声交谈，以免影响他人；不带食物或饮料进实验室，不玩手机；不做任何与实验无关的事情。

学生在实验课前应认真预习，将实验名称、目的和要求、原理、实验内容、操作方法和步骤等详细地写在记录本中。实验过程中要认真听讲，听从教师指导，严格按操作规程进行实验。实验过程中应简要、准确地及时将实验观察到的现象、实验结果或数据记录在实验记录本上。实验结束后经教师检查同意，方可离开实验室。同时要认真写好实验报告，不得抄袭或臆造，并及时上交。

1.2.2　整洁有序

保持环境和仪器的整齐清洁是做好实验的重要条件，也是每个实验者必须养成的工作习惯。实验室地面、实验台面和试剂药品架上都必须保持干净，严禁随地吐痰、乱抛纸屑杂物等；仪器、药品摆放有序，不随意搬动实验仪器设备、器皿、药品等；不要把试剂、药品洒在实验台面和地上；不可随意丢弃废液，应倒入指定废液缸内，特别是强酸强碱等腐蚀性或挥发性液体；不可把胶、滤纸等固体或半固体物质倒进水槽内。实验完毕后需将仪器洗净收好，药品试剂按原位摆放整齐，及时清点所有物品用具。离开实验室前，要把实验台面和地面抹擦干净，将桌椅摆放整齐，确保实验室整齐清洁后才能离开。

1.2.3　药品使用

(1) 使用药品试剂必须注意节约，杜绝浪费，要特别注意保持药品和试剂的纯净。药品用后须立即将瓶盖塞紧放回原处，从瓶中取出的试剂、标准溶液等，如未用尽切勿倒回瓶内，避免混杂与污染。

(2) 任何装有化学药品的容器都必须贴上标签，注明其名称、浓度、pH(如有)、配置者及配制时间。

(3) 在使用任何化学药品前，一定要熟知该化学药品的性质。

(4) 在使用任何化学药品时，一定要穿工作服，必要时应佩戴个人防护用品，如防护服、防护手套等。使用时务必小心仔细。

1.2.4　仪器使用

各种仪器用具均应注意爱护，按操作规程细心使用，防止损坏。使用分析天平、分光光度计和电动离心机、PCR 仪等贵重精密仪器时，要严格遵守操作规程，发现故障应立即报告教师，不要自己动手检修，要爱护公共财产，厉行节约。若因违反操作规程或不听从教师指导而造成损坏的，应给予一定赔偿。

1.2.5 注意安全

为了有效地维护实验室安全，保证实验正常进行，特作出以下要求。

(1) 实验完毕后要严格做到关闭火源。

(2) 勿使乙醚、丙酮、醇类等易燃液体接近火焰，蒸发或加热此类液体时，必须在水浴上进行，切勿用明火直接加热。

(3) 比水轻且不与水相混溶的物质(如醚、苯、汽油等)着火时，应迅速用湿毛巾覆盖火焰，以隔绝空气使其熄灭，绝不能用水直接灭火，以免火焰蔓延；对于易与水混溶的物质(如乙醇、丙酮等)着火时，可用灭火器扑灭。

(4) 对于有毒或有腐蚀性的药品，不可直接用手拿取，不可将试剂瓶直接对准鼻子嗅闻，更不可品尝药品味道。吸取有毒试剂、强酸和强碱时，均应用移液管及洗耳球，严禁用口吸取。

(5) 离开实验室时，要关好水龙头，拉下电闸，锁好门窗，认真负责地进行检查，严防发生安全事故。

(6) 每次实验课由班长安排同学轮流值日，值日生要负责当天实验室的卫生、安全和一切服务性工作。

1.2.6 意外事件处理

(1) 发生可控制的火灾时，使用附近的灭火器，应注意灭火器的类型，按以下步骤进行操作：揭开环状保险栓，挤压杠杆，将喷嘴对火苗底部喷射。

若是衣服着火，可用湿布掩盖，以达到窒息火苗的目的；若是电线失火，应立即关闭电源，并迅速向实验室负责人报告。

(2) 当发生无法控制的火灾时，应立即通知实验室其他人员，撤离人员、重要物资等；离开实验室时应关掉所有电源，并立即拨打火警电话。

(3) 当发生人身意外伤害时，需要立即送医，并报告实验室安全负责人。

(厦门大学　郑红花)

第三节　常用实验用品的洗涤与使用

1.3.1　玻璃仪器的清洁

玻璃仪器的清洁与否直接影响实验结果的准确性，因此，工作室的清洁非常重要，是实验的前提和基本要求。

1. 新购买的玻璃仪器的洗涤

新购买的玻璃仪器附着有碱性物质，需先用肥皂水或去污粉等洗涤，再用自来水冲洗，然后浸泡在稀盐酸溶液中至少 4 h，再用自来水冲洗，最后用蒸馏水冲洗 2～3 次，置于烘箱内烘干备用。

2. 使用过的玻璃仪器的洗涤

1）一般仪器

烧杯、试管、离心管等普通玻璃仪器，可直接用毛刷洗净，然后用自来水冲洗，直至容器内不挂水珠。最后用少量蒸馏水冲洗内壁 2～3 次，倒置晾干。

2）容量分析仪器

容量瓶、滴定管及吸管等容量分析仪器，用后用自来水多次冲洗，如已清洁（壁不挂水珠），再用少量蒸馏水冲洗 2～3 次晾干备用。若仍不干净附有油污等，则须干燥后放入铬酸洗液中浸泡数小时，然后倒净（或捞出）洗液，用自来水充分冲洗至不显黄色后再冲几次，最后用少量蒸馏水冲洗 2～3 次晾干备用。

在做酶学实验时，对仪器的清洁要求更高，因如有极微量的污物（如重金属离子）即可导致整个实验失败。因此，仪器经上述方法洗涤后，还需用稀盐酸或稀硝酸洗涤，以除去铬及其他金属离子，然后再用蒸馏水冲洗。生化实验室常用的洗液有以下几种。

（1）铬酸洗液：最常用的洗液，由重铬酸钾、粗硫酸及水配制而成，去污力强，清洗效果好。其配制方法有多种，可根据需要进行选择，常用的配方如下表。

重铬酸钾/g	100	60	100
水/mL	750	300	200
粗硫酸/mL	250	460	800
清洁性能	较弱	较强（常用）	最强

配制方法：先将重铬酸钾溶于水，再慢慢加入浓硫酸。因配制过程中产生大量热，容器需放入冷水中，边加硫酸边搅动混合。由于产热量很大，使用玻璃容器有破裂的危险，所以最好用耐高温的陶瓷或耐酸的搪瓷容器。洗液可多次反复使用，如效力变弱，可加入少量重铬酸钾及浓硫酸继续使用，但如果变为绿色，则不宜再用。

（2）10％尿素液：蛋白质的良好溶剂，适用于洗涤盛血的容器。

（3）草酸盐液：用于清洗过锰酸钾的痕迹。

（4）硝酸液：用 1∶1 的硝酸水溶液，用于清洗 CO_2 测定器及微量滴定管。

（5）乙二胺四乙酸二钠（EDTA-Na_2）液：5％～10％的 EDTA-Na_2 液可用于洗涤器皿内无机盐类。

玻璃仪器的干燥方法可根据仪器的种类而定。一般来说，洗净后的玻璃仪器，如不急用，应倒放在晾架上令其自然干燥。若有急用，可放在烘烤箱中烘干，但容量分析仪器，如容量瓶、

吸量管、滴定管以及烧结、结构复杂的玻璃仪器等，严禁烘烤。此类仪器，如急用可采用水泵抽气法干燥。

1.3.2 常用玻璃仪器的使用

1）吸量管

吸量管是用来测量一定容积的液体，并把它从一个器皿转移至另一个器皿中的量器。常用的吸量管有以下几种。

（1）刻度吸量管：刻度吸量管是多刻度吸量管，有 0.1、0.2、0.5、1.0、2.0、5.0、10.0 mL 等规格。吸量管刻度所标的数字有自上而下和自下而上两种，使用之前应仔细分辨。

实验室所用的刻度吸管上端有标记“吹”字的，属于刻度到尖端的吸管，所以要用洗耳球吹出尖端留存的液体；如果所用的刻度吸管上没有标记“吹”字的，则不需将尖端残留液体吹出。

（2）奥氏吸管：在量取黏度较大的液体如血液、血清等时，应当使用奥氏吸管。这种吸管也是单标的，并且在其下端有一个膨大部分。所以液体与吸管表面接触面积较小，当量取血液时，较其他吸管准确。奥氏吸管的容量包括遗留在尖端的液体，故在缓缓使液体流出后，需停留数秒钟，吹出最后一滴。在学生实验中常用的有 1、2、5 mL 等规格。

吸量管使用法：使用吸量管时，用拇指和中指靠近顶端部分。将管的下端插入液体里，用吸球吸入液体至需要刻度的标线上 1～2 cm 处（插入液面下的部分不可太深，以免管的外壁沾附的溶液太多；也不可太浅，防止空气突然进入管内，将溶液吸入吸球内），将已充满液体的吸量管提出液面，用小片滤纸揩去管外沾附的溶液，把吸管提到与眼睛在同一水平线上。然后小心松开上口，按所需要液体容积缓缓自由流出。最后再根据规定吹出或者不吹出尖端的一滴。

2）微量加样器

微量移液器的使用方法及注意事项

有些实验（如酶实验）对试剂的用量要求非常严格，其正确使用和准确加样直接影响实验结果。微量移液器是一种在一定范围内可随意调节容量的精密取液装置（俗称移液枪），实验室中常用的微量移液器是空气垫加样器，其基本原理是依靠装置内活塞的上下移动，活塞的移动距离是由调节轮控制螺杆结构实现的，推动按钮带动推动杆使活塞向下移动，排除活塞腔内的气体。松手后，活塞在复位弹簧的作用下恢复原位，从而完成一次吸液过程。

（1）微量加样器标准使用方法如下。

①用大拇指轻轻按到第一挡，吸头垂直浸入液面下几毫米。

②大拇指缓慢松开控制按钮，使液体缓慢进入吸头。

③吸头贴壁并有一定角度，大拇指轻轻按压打出液体，先按到第一挡，稍微停顿 1 s 后，待剩余液体聚集后，再按到第二挡将剩余液体全部压出。

（2）微量加样器使用过程中的注意事项如下：

①勿将移液枪浸入溶液中；

②转移挥发性液体，如醋酸、盐酸、乙醇、电泳染色液、脱色液时，要使用移液管；

③不可吸取温度过高的液体（大于 70 ℃），以免蒸汽浸入枪体腐蚀活塞；

④套有吸头的移液枪，不论吸头中是否有液体，都应保持枪体垂直，切勿倾斜、平放或倒置，谨防液体流入活塞室腐蚀活塞；

⑤移液枪操作时姿势要正确，不要时刻紧握移液枪；

⑥前进移液法中吸液时用大拇指将按钮按下至第一停点，然后轻轻松开按钮回原点，并观察液体吸取；

⑦移液枪使用完毕后须将量程调至最大刻度，垂直挂在枪架上；

⑧如果发现枪体污染，或在操作过程中出现液体进入枪体的情况，应及时报告老师。

NOTE

3）容量瓶及量筒

容量瓶是一个细长颈梨形的平底瓶，带有磨口塞，颈上有标线，表示在所示温度下（一般为 20 ℃）当液体充满到标线时，液体体积恰好与瓶下所注明的体积相等。容量瓶有 10、25、50、100、200、250、500、1000、2000 毫升等规格。

容量瓶是装量型的定量容器，多用作稀释溶液或配制精确试剂。当将液体加至刻度后须用瓶塞塞好，颠倒混匀数次方可使用。

容量瓶是较精确的定量容器，不得直接加热或烘烤，也不应将盛有溶液的容量瓶放入冰箱内。当配制溶液需要加热促其溶解时，必须在烧杯中加热溶解，并待溶液达到室温后，再定量地转入容量瓶内，然后稀释到刻度，并要注意摇匀。

当所量取的液体量要求不十分精确时，可使用量筒，因其较使用吸管或量瓶更为简便，量筒底座及筒身是焊接在一起的，因而不能量取过热液体，更不能直接加热，以防炸裂。

4）滴定管

滴定管可用于容量分析滴定，有带玻塞及橡皮管两种类型。前者用于量酸，后者用于量碱。

滴定管有刻度较精细的微量滴定管，有 1.0、2.0、5.0、10 mL 等规格。还有 25、50、100 mL 等规格的常量滴定管。使用滴定管应该注意以下事项。

（1）检查是否清洁干燥，是否漏水，玻塞是否滑润，如有漏水或转动不灵，应拆下活塞重新涂抹凡士林。涂抹前要将玻塞擦干，用手指取少量凡士林在活塞两头各擦一薄层，将活塞插入槽内，然后向同一方向转动活塞，直到从外面看时，全部透明为止。油涂好后，在活塞的小头的槽上套一橡皮圈，以防活塞滑脱。

（2）使用前必须确定每一格表示多少毫升。先用少量滴定液清洗滴定管 2～3 次，方可装液。装液体后，管内如有气泡必须排出。

（3）滴定前先应读取起始点。滴定时，左手控制玻塞，右手持瓶，边滴边摇，密切注意被滴定溶液的颜色变化。

（4）装置滴定管时，管身必须与地面垂直。读数时眼睛与溶液月形面下缘在同一水平线上，不要仰头或低头读数。

（5）如用酸式滴定管装碱性溶液，滴定后应立即洗净，以免活塞粘连。

（厦门大学　郑红花）

第四节　实验样品的制备和保存与常规操作技术

1.4.1　实验样品的制备

在生物化学与分子生物学实验中，无论是分析组织中各种物质的含量，还是研究组织中物质代谢的过程，抑或是进行基因工程操作，皆需利用特定的生物样品。为了达到一定的实验目的，往往需要将获得的样品预先做适当的处理。掌握实验样品的正确处理方法乃是做好生物化学实验的先决条件。

基础生物化学与分子生物学实验中，最常用的动物或人体样品是全血、血清、血浆及无蛋白血滤液。组织样品则常用肝、脑、肾、胰、胃黏膜或肌肉等，实验时可制成组织匀浆、组织糜、组织切片或组织浸出液等形式。有关这些组织样品的制备方法，要点如下。

1. 全血的制备

无论是收集人还是一般动物的血液，均应注意仪器的清洁与干燥，同时也要及时加入适当的抗凝剂以防止血液的凝固。一般在血液取出后，迅速盛于含有抗凝剂的器皿中，同时轻轻摇动，使血液与抗凝剂充分混合，以免形成小凝块。取得全血如不立即进行实验，应储存于冰箱内。

各种抗凝剂都是从血液中除去 Ca^{2+} 以防止血液凝固，常用的抗凝剂有草酸盐、柠檬酸盐、氟化钠及肝素等，可视实验要求而选用。草酸盐与 Ca^{2+} 易成为草酸钙沉淀；柠檬酸与 Ca^{2+} 形成络盐；氟化钠与 Ca^{2+} 形成 CaF_2。一般实验常用草酸盐作为抗凝剂，因为草酸盐溶解度大、用量少、性质稳定、价格低廉，但它不适用于血钙测定。由于柠檬酸盐对动物体无毒，若需将抗凝血回注动物体内时，宜用柠檬酸钠抗凝剂。氟化钠因兼有抗凝及抑制糖酵解之作用，故可用于血糖测定，但因其也能抑制脲酶，故用脲酶测定尿素时，则不能应用。肝素是生理抗凝剂，较为理想，但价格较贵。

抗凝剂的用量不应过多，否则影响实验结果。通常每毫升血液加 1～2 mg 草酸盐或 5 mg 柠檬酸钠或 5～10 mg 氟化钠，肝素仅需要 0.01～0.2 mg。通常先将抗凝剂配成水溶液，按所取血样的需要量加入试管或其他合适的容器中，一般取 0.5 mL 置于准备的器皿内，转动试管或容器使血液与抗凝剂均匀接触，在 100 ℃以下烘干(若为肝素则干燥温度在 30 ℃以下)。则抗凝剂在器皿壁上形成一层薄膜，使用时较为方便，效果较好。

2. 血浆的制备

将抗凝全血在离心机中离心，使血细胞和血小板下沉，如此所得的上清液即为血浆(plasma)。血浆制备的过程中应严格防止溶血，故要求在采取血液时所用的一切用具(注射器、针头、试管或其他盛器等)都需要清洁干燥，取得全血后要避免剧烈振摇。

3. 血清(serum)的制备

血清是血液凝固后所析出的草黄色液体。制备血清的方法很简单：采血后不加抗凝剂，在室温下放置 5～20 min 即自行凝固，通常约需 3 h，血块即收缩析出清亮的血清。制备血清时也要防止溶血，所需设备必须干燥；在血块收缩后应及早分离出血清。在进行酶活性测定时常用血清，以避免血浆中草酸盐或柠檬酸盐等抗凝剂对酶活性可能产生的影响。

4. 无蛋白血滤液

分析血液中许多成分时，也常除去蛋白质，制成无蛋白血滤液。如血液中的非蛋白氮、尿酸、肌酸等测定都需先把血液制成无蛋白血滤液后，再进行分析测定。蛋白质沉淀剂如钨酸、三氯醋酸或氢氧化锌皆可用于制备无蛋白血滤液，可根据不同的需要而加以选择。

NOTE

1.4.2 实验样品的保存

1. 血液样品的保存

采集的血液样品如不能及时进行实验，必须做适当的处理，防止其成分发生较大的变化。通常血清与血浆样品保存于密闭的试管中，存放于 4 ℃冰箱内或冷冻。短时间(48 h)内全血样品应保存于 4 ℃冰箱中，实验时，样品达到室温后颠倒数次，使血液充分混匀后，方可实验。如果样品能在 24 h 内送到实验室，可保存于 4 ℃环境的保温箱中；如果样品 24 h 不能抵达或需送往外地实验室时，必须冷冻处理后并在低温下运送。如果长时间保存样品，应当保存于－80 ℃冰箱或液氮罐中。

2. 组织样品的保存

离体不久的组织在适宜的温度和 pH 等条件下，仍可以进行一定程度的物质代谢。因此在生物化学与分子生物学实验中，常用离体组织来研究各种物质代谢的途径与酶系的作用，也可以从组织中分离和提取 DNA、RNA、酶及各种代谢物质。所以，如何处理动物组织使之符合实验要求，是生化实验中的基本操作之一。

动物各种组织器官离体过久都会发生变化，如一些酶久置后会变性失活；一些组织成分(如糖原、ATP 等)在动物死亡后数分钟至十几分钟内，其含量即有明显降低。因此，利用离体组织进行代谢研究或作为提取材料时，必须迅速取出，并尽快提取和测定。宰杀动物放出血后，也可用冰冷生理盐水灌注脏器洗去血液，用滤纸吸干，即可作为实验材料。根据不同的实验目的，以不同方法，制成不同的组织样品。

不同使用目的的标本保存时间有所差异。用于科学研究的标本，在新鲜取材后，先用液氮冷冻，再置于－80 ℃冰箱中保存。依据不同的科研需要确定标本的保存时间。一般用于 DNA 和 RNA 提取及其他分子生物学研究的标本需要将组织切割成直径小于 1 cm 的组织块，然后冷冻。有条件的实验室，也可将标本置于－150 ℃或－196 ℃液氮中长期保存。用于普通染色观察的标本，以 4%甲醛溶液常温固定，一般可以保存 1 个月。用于教学的标本，先暴露最显著病变部位，然后进行固定，可长期保存。

分析天平的使用和溶液的配制

1.4.3 常规实验操作技术

1. 混匀法

欲使某一化学反应充分进行，必须使反应体系内各种物质迅速地相互接触，因此除特别规定外，一般都需要将反应物彻底混匀。混匀方式大致有以下几种，可根据使用器皿的液体容量而选用。

(1) 旋转混匀法：手持容器做离心旋转，适用于未盛满液体的试管或小口器皿，如三角瓶等。

(2) 弹指混匀法：左手持试管使之直立，右手食指轻击试管下部，使管内溶液做旋转流动。

(3) 倒转混匀法：适用于有玻璃塞的瓶子，如容量瓶等。

(4) 弹动混匀法：右手大拇指、食指、中指握住试管上部，将试管放平，于左手掌中弹动。

(5) 吸管混匀法：用吸管将溶液反复吸放数次，适用于量少而无沉淀的液体。

(6) 搅拌混匀法：适用于烧杯等大口容器所盛溶液的混匀，一般在配制混合试剂时，用玻棒搅拌以助溶，或混匀大量的溶液。

2. 保温与加热

为使某一化学反应在一定的温度下进行，常需要保温；为促进或停止化学反应，有时需要加热。

(1) 保温：常用恒温箱或恒温水浴进行，后者的温度较前者稳定。

(2) 加热：加热常用两种方法，一是直接把试管、烧杯等器皿在酒精灯、电炉或煤气火焰上加热；二是在水浴中加热或煮沸，应根据实验目的而定。

3. 过滤

过滤的目的是将沉淀与液体分开，可用滤纸、棉花、纱布等。生化实验中所进行的过滤，为了不改变溶液的浓度，一般不要用水湿润滤纸。过滤所用的滤纸常折成多褶状，以增大过滤面积。当过滤难滤物或为了加快速度时，可采用减压抽滤法。实验室中有时用离心法代替过滤。

（厦门大学　郑红花）

第五节　实验报告的书写

1.5.1　实验记录

(1) 实验记录本应标上页数，写上记录日期，记录人，不得随意抹擦或涂改，写错时可以准确地划去重写，最好签上姓名，并注明日期。记录时必须使用钢笔或圆珠笔。

(2) 准确详尽记录数据或现象。从实验课开始就应养成良好的科研习惯，即实验中观察到的现象、结果和数据，应该及时直接记在记录本上，绝对不可以用单片纸做记录，草稿、原始记录必须准确、详尽、清楚。

(3) 如实记录所有数据或现象。严禁篡改实验数据!!! 这是严重学术不端行为，要坚决杜绝。记录时，应做到正确记录实验结果，切忌夹杂主观因素——这一点十分重要。在实验条件下观察到的现象，应如实仔细地记录下来。在定量实验中观测的数据，如称量物的重量，滴定管的读数，光电比色计或分光光度计的读数等，都应设计一定的表格准确记下正确的读数，并根据仪器的精确度准确记录有效数字。例如，吸光度为 0.050，不应写成 0.05。实验记录上的每一个数字，都反映每一次的测量结果，所以，重复观测时即使数据完全相同也应如实记录下来。数据的计算也应该写在记录本的另一页上，一般写在正式记录左边的一页。总之，实验的每个结果都应正确无遗漏地做好记录。

(4) 记录仪器使用情况。实验中使用仪器的类型、编号以及试剂的规格、化学式、相对分子质量、浓度等，都应记录清楚，以便总结实验、进行校对和作为查找成败原因的参考依据。每个仪器使用者在仪器使用结束后都必须对仪器的使用情况与状态进行登记，并签名。

(5) 如果发现记录的结果有疑问、遗漏、丢失等，都必须重做实验。因为，将不可靠的结果当作正确的记录，在实际工作中可能造成难以估计的损失，所以，在学习期间就应努力培养一丝不苟、严谨的科研作风。

1.5.2　实验报告

实验结束后，应及时整理和总结实验结果，写出实验报告，实验报告的格式可供参考如下。

实验(编号)(实验名称)，实验日期，实验者及其成员。

(一) 实验目的

(二) 实验原理

(三) 实验材料、试剂和仪器

(四) 实验步骤

(五) 实验结果

(六) 实验讨论

写实验报告时，可以按照实验内容分别写原理、操作方法、结果与讨论等。原理部分用自己理解的语言简述基本原理即可。操作方法(或步骤)可以采用工艺流程图的方式或自行设计的表格来表示(某些实验的操作方法可以和结果与讨论部分合并，自行设计各种表格综合书写)，操作的关键环节必须写清楚。结果部分包括观察到的实验现象，得到的实验结果。某些情况下需要将获得的实验结果和数据进行整理、归纳、分析和对比，并尽量总结成各种图表，如

原始数据及其处理的表格、标准曲线图(以及实验组与对照组实验结果的图表)等。讨论部分主要涉及对实验的正常结果和异常现象(以及思考题)进行探讨,对于实验设计的认识、体会和建议,对实验课遇到的问题(和思考题)进行探讨以及对实验的改进意见等。

(厦门大学 郑红花)

第六节　创新性实验课题的设计

创新性实验课题的设计遵循5W+1H的原则,即对任何一个课题,都要从Why(为什么选这个课题,其意义和目的是什么)、What(选择什么课题,这个课题的具体内容是什么,也就是解决是什么的问题)、How(采取何种方法去解决这个问题)、Where(在哪里开展,进行)、When(时间如何安排)、Who(人员分工如何进行)等六个方面提出问题进行思考。本书从以下几个方面探讨创新性实验课题的设计。

1.6.1　什么是创新性实验

创新性实验是指运用多学科知识、综合多学科内容,结合教师的科研项目或者结合某个特定的知识点,使学生接受比较系统的科研训练,学会撰写科研报告和有关论证报告,在教师指导下由学生完成的实验,从而初步掌握科学的思维方式和研究方法。

1.6.2　创新性实验的特点和意义

创新性实验着重培养学生的自主学习能力,独立解决问题的能力,创新思维和能力以及组织管理和协调能力。主要有以下特点。

(1) 实验学习的自主性:创新性实验要求学生自主查阅文献,寻找科学问题,自行设计实验方案,自行提出解决的方案,自行选择实验方法,自行拟定实验进度安排等。在此过程中,教师指导其方案的可行性、合理性、创新性。整个过程中,学生均处于积极主动的学习状态,能够积极地进行创造性思考,积极地寻求解决的方案。

(2) 实验内容的创新性:创新性实验的内容是未知的,不确定的,需要学生自己通过查阅大量文献,或通过已经学过的知识,去发现自己感兴趣的科学问题,并用科学的思维和科学的方法去解决问题。这种创新并不是从无到有的创新,而是在前人的基础上的创新,例如技术的改进,分子机制的分析等均可以是创新。

(3) 实验能力的综合性:因前述创新性实验的特点,决定了创新性实验有助于对学生综合实验能力的培养。首先,在查阅文献确定科学问题的过程中对学生查阅文献的能力、阅读和挑选文献的能力,以及进行科学思考以发现科学问题的能力均是非常好的训练和培养;其次,对于实验方案的确定、方法的选择等也是对其创新科研能力的培养;最后,在实施过程中的组织协调工作,是对其创新协作能力的培养。此外还有其他如综合分析问题、解决问题的能力以及良好科研素养的培养。

1.6.3　如何进行创新性实验课题的设计

创新性实验多由学生根据所学知识,提出问题,然后在教师的指导下自行设计实验,以解决提出的关键科学问题。也可结合教师的科研课题,学生自主选择其中一部分内容,设计和完成实验。选题的原则是根据教学大纲要求,结合理论教学内容,兼顾学科发展现状与趋势,选择适当的题目。那么,如何进行创新性实验课题的设计呢?一般遵循以下几个步骤。

(1) 确定科学问题:运用所学知识和实验技能,通过查阅资料,根据国内外研究现状及发展动态分析,从学科的前沿找信息、找热点,在教师的启发性指导下确定创新性实验题目,提出科学问题。

(2) 提出研究假设:是对选题提出的问题做假想性的回答,一般是根据一定的经验事实和科学理论,对研究问题做出的一种推测性和假定性说明。

(3) 确定实验内容:依据提出的科学问题,确定实验具体需要完成的内容。

(4) 形成实验方案:根据确定的实验内容,形成实验方案。例如具体阐明实验对象、实验方法、检测指标及手段等。

(5) 选择实验方法:具体实验方法的描述,同一实验内容或方案的不同方法的采用。

(6) 明确实验进度:阶段性的实验时间安排,大学生创新性实验一般1~2年内完成,应当根据实验内容以月为单位明确实验进度安排。

(7) 阐明成果要求:阐明完成本实验要达到一个什么样的结果,解决什么具体问题,以什么形式展示出来。一般是以研究报告论文或专利等形式展示。

(8) 配置实验资源:完成本实验项目需要哪些设备条件、实验材料等,如何提供这些需要的软硬件条件。

(厦门大学 郑红花)

第二章　生物化学与分子生物学实验基本理论技术

第一节　分光光度技术

2.1.1　分光光度技术的概念

分光光度技术(spectrophotography)是利用物质所特有的吸收光谱来鉴别物质或测定其含量的一项技术。分光光度技术灵敏度高，精确度高，操作简便、快速，对于复杂的组分系统，不需要分离即可检测出其中所含的微量组分。因此，分光光度技术目前已成为生物化学研究中广泛使用的方法之一。

2.1.2　分光光度技术的基本原理

分光光度技术依据物质分子不同的吸收光区，可分为紫外光(200～400 nm)、可见光(400～750 nm)和红外光(750～1000 nm)三类。光是电磁波的一种，具有不同的波长。当光线通过溶液时，部分辐射能量被溶液吸收，其余部分透过溶液。不同物质的分子结构不同，对光的吸收能力也不同。在特定波长条件下，可通过测定溶液的吸光度，对溶液中的物质进行定量检测。其基本原理如图 2-1-1 所示。

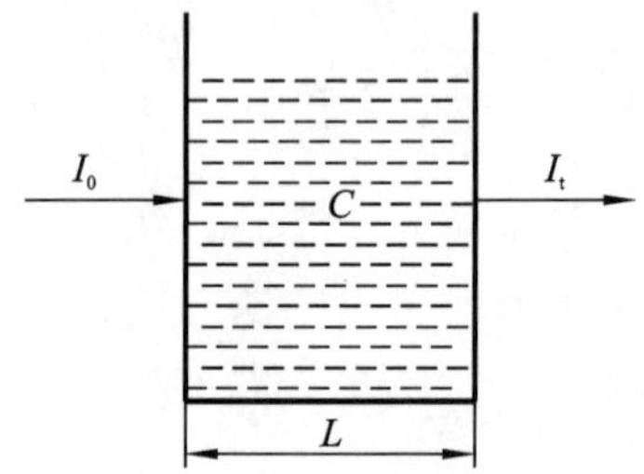

图 2-1-1　光线通过溶液示意图

I_0：入射光强度；I_t：透射光强度；L：溶液光径长度；C：溶液浓度

Lambert-Beer 定律(又称吸收定律)阐明了吸光物质对单色光吸收的强弱与该物质溶液的浓度、光径长度之间的定量关系。将 I_t/I_0 定义为透光度，用 T 表示；对 T 进行负对数处理，得溶液的吸光度，用 A 表示。即：

$$A=-\lg T=\lg(I_0/I_t)=KCL \tag{1}$$

式(1)中，K 为溶液的吸光系数，又称消光系数，表示物质对光线吸收的能力，其值因物质种类和光线波长而异，对于相同物质和相同波长的单色光则消光系数不变；C 为溶液的浓度；L 为溶液的光径长度(cm)。

由此可知，吸光度与吸光物质溶液的浓度和光径长度的乘积成正比。当待测物质与标准物质溶液的成分相同时，吸光系数 K 相等，而待测物质与标准物质溶液的光径长度也相等时，吸光度则与溶液的浓度成正比。

在实际工作中，常用已知浓度求算法或标准曲线查找法测定某一物质溶液的浓度。

1. 已知浓度求算法

在相同条件下测定已知浓度(C_s)标准溶液的吸光度(A_s)，同时测定未知浓度(C_u)样品液(即待测溶液)的吸光度(A_u)，由式(1)可得：

$$A_u = K_u C_u L_u \tag{2}$$

$$A_s = K_s C_s L_s \tag{3}$$

因为被测物质与标准物质的成分相同，$K_u = K_s$；比色皿规格相同，$L_u = L_s$；所以 A_u 与 A_s 之比即等于两溶液浓度之比。

$$A_u : A_s = C_u : C_s \tag{4}$$

由此得出：

$$C_u = \frac{A_u}{A_s} \times C_s$$

2. 标准曲线查找法

配制已知浓度的标准物质的梯度溶液(呈梯度递增的不同已知浓度)，用与被测溶液相同的方法进行显色，在分光光度计上分别读取特定波长下各已知浓度的标准溶液的吸光度。以各已知浓度为横坐标，其相应的吸光度为纵坐标，在坐标纸上作图即得标准曲线，如图 2-1-2 所示。此后在测定未知浓度的溶液时，不需要再做标准溶液的处理，只需依据待测溶液的吸光度在标准曲线上便可查找到其对应的浓度。

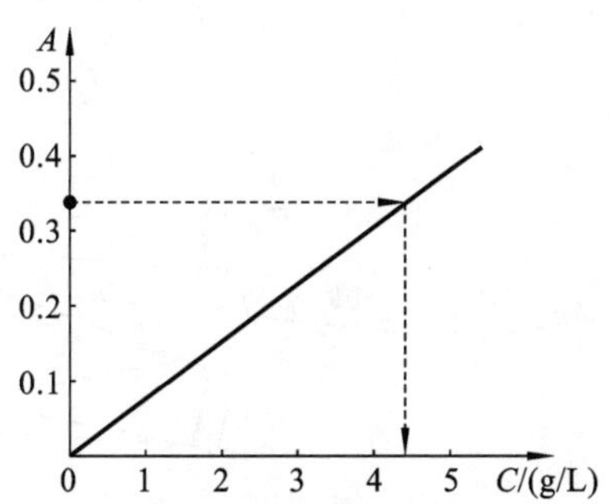

图 2-1-2 浓度-吸光度标准曲线示意图

一般来说，已知浓度求算法比标准曲线查找法的误差要小。而标准曲线查找法却适合于大批量样品的测定，具有节省人力和节约试剂等优点。

应特别注意，绘制标准曲线时，标准溶液的测定必须与未知浓度样品的测定在同一台分光光度计上进行，而且要求操作步骤和其他条件完全一致，否则会引起很大的误差。另外，所作标准曲线只能供短期使用，而且应定期进行校验。

2.1.3 722 型光栅分光光度计的结构和工作原理

1. 仪器结构

722 型光栅分光光度计由光源、单色器、试样室、光电管、线性运算放大器、对数运算放大器及数字显示器等部件组成。基本结构如图 2-1-3 所示。

2. 工作原理

如图 2-1-4 所示，由光源灯(1)发出的连续辐射光线，经滤光片(2)和球面反射镜(3)至单色器的入射狭缝(4)聚焦成像，光束通过入射狭缝(4)经平面反射镜(6)到准直镜(7)产生平行

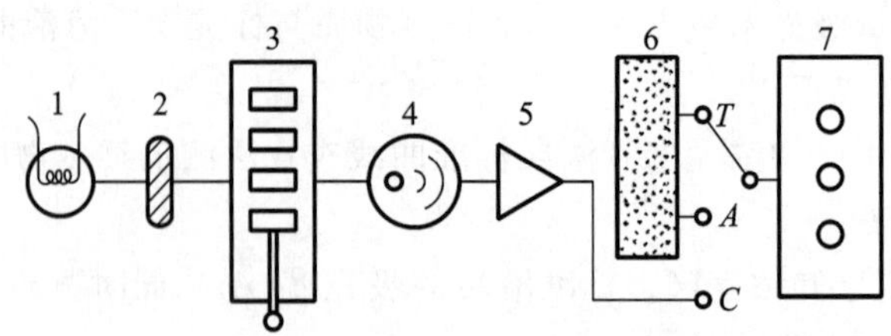

图 2-1-3　722 型光栅分光光度计结构示意图

1. 光源；2. 单色器；3. 试样室；4. 光电管；
5. 线性运算放大器；6. 对数运算放大器；7. 数字显示器

光，射至光栅(8)上色散后又以准直镜(7)聚焦在出射狭缝(10)上形成一连续光谱，由出射狭缝选择射出一定波长的单色光，经聚光镜(11)聚光后，通过试样室(12)中的测试溶液部分吸收后，光经光门(13)照射到光电管(14)上。调整仪器，使透光度为 100%，再移动试样架拉手，使同一单色光通过测试溶液后照射到光电管上。如果被测样品有光吸收现象，光量减弱，由光电转换元件将变化的光信号转变为电信号，经线性运算放大器和对数运算放大器处理，将光能的变化程度通过数字显示器显示出来。可根据需要直接在数字显示器上读取透光度(T)、吸光度(A)或浓度(C)。

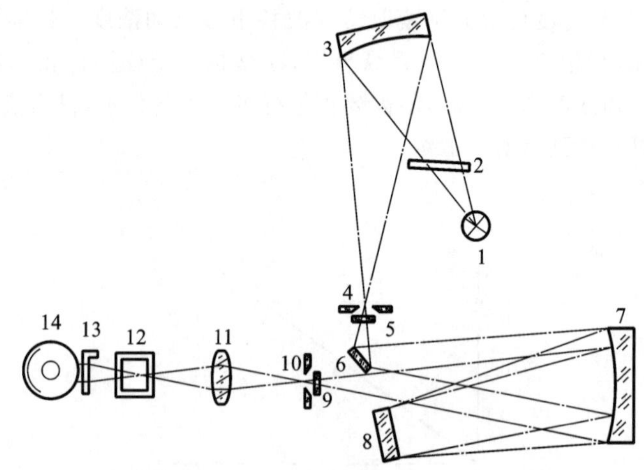

图 2-1-4　722 型光栅分光光度计光学系统示意图

1. 光源灯；2. 滤光片；3. 球面反射镜；4. 入射狭缝；5. 保护玻璃；6. 平面反射镜；7. 准直镜；
8. 光栅；9. 保护玻璃；10. 出射狭缝；11. 聚光镜；12. 试样室；13. 光门；14. 光电管

2.1.4　722 型光栅分光光度计的使用方法

722 型光栅分光光度计的外观如图 2-1-5 所示，其使用方法如下。

(1) 调节波长：旋动波长旋钮，调节所需波长。

(2) 调节灵敏度：将灵敏度旋钮置于放大倍数最小的“1”挡。

(3) 预热仪器：将选择开关置于“T”位，开启电源开关，指示灯亮，使仪器预热 20 min。

(4) 放置比色皿：将盛有溶液的比色皿置于比色皿架中。

(5) 调透光度“0”：打开试样室盖(光门自动关闭)，调节“0”旋钮，使数字显示为“00.0”。

(6) 调节透光度“100”：合上试样室盖，推动试样架拉手，使空白溶液或对照溶液比色皿置于光路，调节“100”旋钮，使数字显示为“100.0”(若显示不到，适当增加灵敏度挡位，重新调节步骤(5)后再按步骤(6)操作，保证“00.0”和“100.0”分别到位)。

(7) 测定透光度 T：推动试样架拉手，将标准溶液或被测溶液置于光路，数字显示器即显示出位于光路溶液的透光度(T)。

(8) 测定吸光度 A:按照步骤(5)和(6)分别调整仪器的“00.0”和“100.0”,将选择开关置于“A”,把空白或对照溶液置于光路,旋动“消光零”旋钮,使数字显示为“00.0”,再将标准溶液或被测溶液移入光路,在数字显示器上读取吸光度(A)。

(9) 测定浓度 C:按照步骤(5)和(6)分别调整仪器的“00.0”和“100.0”,把选择开关置于“C”,将标准溶液推入光路,调节“浓度”旋钮,使数字显示为其浓度,再将被测溶液推入光路,数字显示器上即显示出被测溶液的浓度(C)。

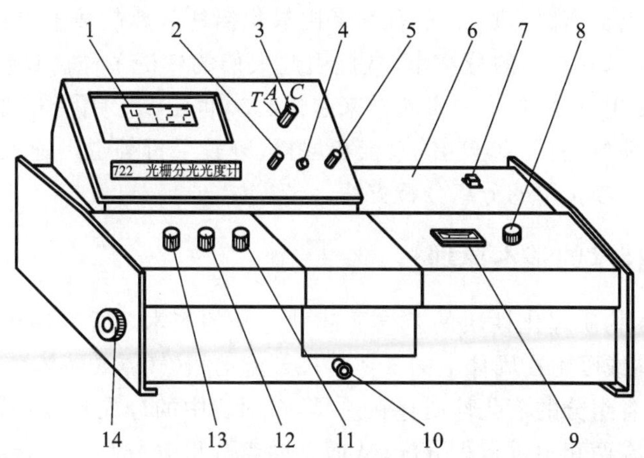

图 2-1-5 722 型光栅分光光度计外观示意图

1. 数字显示器;2. 吸光度调零旋钮(消光零);3. 选择开关;4. 吸光度调斜率电位器;5. 浓度旋钮;6. 光源室;7. 电源开关;8. 波长旋钮;9. 波长刻度窗;10. 试样架拉手;11. 100%T 旋钮;12. 0%T 旋钮(0 旋钮);13. 灵敏度调节旋钮;14. 干燥器

(首都医科大学燕京医学院 徐世明)

第二节　层析技术

2.2.1　层析技术发展简史

早在 1903 年，层析技术就应用于植物色素的分离提取，各种色素从上到下在吸附柱上排列成色谱，也称为色谱分离法。1931 年有学者用氧化铝柱分离胡萝卜素的两种同分异构体，结果显示这一分离技术有较高的分辨率，从此引起人们的广泛关注。1944 年，以滤纸作为固定支持物的纸层析诞生，层析技术的发展越来越快。20 世纪 50 年代，相继出现了气相层析和高压液相层析，同时薄层层析、薄膜层析、亲和层析、凝胶层析等也迅速发展。在生物化学领域，层析技术已成为一项常用的分离分析方法。

2.2.2　层析技术的基本原理

层析是利用不同物质理化性质的差异而建立起来的技术。所有层析装置都由两个相组成：一是固定相（固体或吸附在固体上的液体），一是流动相（气体或液体）。当待分离的流动相通过固定相时，由于各组分的理化性质存在差异，在两相中的分配程度不同，随流动相向前移动时，各组分不断地在两相中进行再分配，从而不同组分得以分离。配合相应的光学、电化学检测手段，可用于定性、定量和纯化某种物质，其纯度高达 99%。

2.2.3　层析技术分类

层析技术按其装置中两相的物理状态可分为液-液层析、气-液层析、液-固层析和气-固层析。按照层析原理不同，层析技术可分为吸附层析、分配层析、离子交换层析、凝胶层析和亲和层析。按照层析装置不同，层析技术可分为柱层析、薄层层析、纸层析和薄膜层析。本节主要介绍几种常用的层析技术。

1. 纸层析

纸层析是利用滤纸作为支持物的层析方法。影响纸层析的实验因素有展开剂的种类、点样量的多少、样品是否扩散、滤纸的质量等。层析用的滤纸其机械强度要好、质地均匀、平整、无折痕等，常用的层析滤纸有国产新华层析滤纸和 whatman 滤纸。

（1）纸层析原理。

纸层析以滤纸作为惰性支持物，滤纸纤维与水有较强的亲和力，能吸收 20%～22%的水，其中部分水与纤维素羟基以氢键连接形成结合水，而滤纸纤维与有机溶剂的亲和力很小，所以一般的纸层析实际是以滤纸纤维的结合水为固定相，以有机溶剂为流动相（展开剂）。当流动相沿滤纸经过样品时，样品上的溶质在固定相和流动相之间按其各自的分配系数不同不断进行分配，并沿着流动相移动，从而使物质得到分离和纯化。溶质在纸上的移动速度可用迁移率 R_f 表示：

$$R_f=\frac{\text{样品原点到斑点中心的距离}}{\text{样品原点到溶剂前沿的距离}}$$

在实验中，可以根据测出的未知样品 R_f 与标准品在同一标准条件下测得的 R_f 进行比对，即可确定该层析物质。

纸层析用于定量时，一般采用剪洗法和直接比色法两种。剪洗法是将组分在滤纸上显色后，剪下斑点，用适当溶剂洗脱后，置于分光光度计中进行定量测定。直接比色法是用层析扫描仪直接测定滤纸上斑点的大小和颜色深度，绘制曲线进行积分，并计算结果。

(2) 影响 R_f 的因素。

影响 R_f 的因素：待分离组分的化学结构、样品和溶剂的 pH、层析温度、展开剂的极性。展开剂极性越大，则 R_f 越大；展开剂极性越小，则 R_f 越小。常用流动相的极性大小排列如下：

水＞甲醇＞乙醇＞丙酮＞正丁醇＞乙酸乙酯＞氯仿＞乙醚＞甲苯＞苯＞四氯化碳＞环己烷＞石油醚

层析时，流动相不应吸取滤纸中的水分，否则会改变分配平衡，影响 R_f。所以多数采用水饱和的有机溶剂(如水饱和的正丁醇)，被分离的物质不同，选择的流动相也不同。

2. 薄层层析

在薄层层析实验中常利用塑料板、玻璃板、铝板、聚酰胺膜等作为固定相的载体，在板上涂一薄层不溶性物质为固定相，再把样品加在薄层的一端，然后用合适的溶剂作为流动相展开。

(1) 根据薄层层析固定相的不同，其原理主要有以下两个方面。

① 分配层析是利用各种物质在两种不相混溶的溶剂中溶解度不同而达到分离的目的。薄层作为固定相的支持物，用流动相展开后使某些物质分离。薄层材料常用吸附力弱的吸附剂，如硅胶、硅藻土等。

② 吸附层析是利用粉末状固体物质的表面具有吸附其他物质的作用，以及一种吸附剂对不同结构的物质具有不同的吸附能力，从而达到分离纯化的目的。当吸附剂制成薄层后，将待分离的物质点在其一端，用洗脱剂展开后，由于吸附力的强弱不同和洗脱剂洗脱力的强弱不同，可使待分离的物质相互分离。常用的吸附剂有氧化铝、氧化镁和硅胶等。

(2) 注意事项。

① 吸附剂的选择　常用吸附剂有氧化镁、氧化铝、硅胶、硅藻土、纤维素等。氧化镁和氧化铝是微碱性吸附剂，适合分离碱性和中性物质；硅胶是微酸性吸附剂，适合分离酸性和中性物质；硅藻土和纤维素为中性吸附剂，适合分离中性物质。

② 吸附能力　吸附剂的吸附能力一般用活度来表示。吸附能力主要受吸附剂含水量的影响。活度由强到弱程度以Ⅰ、Ⅱ、Ⅲ、Ⅳ、Ⅴ表示。吸附剂活度强时，能吸附极性较小的基团；吸附剂活度弱时，对非极性基团的吸附能力较强。一般利用加热烘干的办法减少吸附剂的水分，从而增强其活度。通常，分离水溶性物质时，因其本身具有较强的极性，故吸附剂的活度要弱一些；相反，分离脂溶性物质时，吸附剂活度要强一些。

③ 颗粒大小　吸附剂颗粒的大小和均匀性是每次实验保持 R_f 恒定的基础，一般使用吸附剂颗粒直径：无机类为 0.07～0.1 mm，有机类为 0.1～0.2 mm。如果颗粒过于粗糙，层析时溶剂推进快，但分离效果差；如果颗粒太细，层析时展开太慢，易发生斑点不集中并有拖尾现象。

薄层层析的优点：设备简单，操作容易，分离效率高，层析展开时间短，可用腐蚀性的显色剂并可在高温下显色。

3. 离子交换层析

离子交换层析是利用离子交换剂(固定相)对各种离子具有不同的亲和力，来分离混合物中各种离子的层析技术。

(1) 离子交换层析原理。

离子交换层析是根据带电的溶质分子与离子交换层析固定相中的离子进行可逆交换时结合力大小的差异而达到分离纯化目的的一种层析方法。在流动相中，不同的离子化合物带电量不同，与离子交换剂相互作用的强弱也不同，当它们被结合到固定相的交换基团上时，可以通过提高流动相的离子强度或改变 pH，将待分离物从离子交换柱上依次洗脱下来，从而达到分离纯化的目的。在实验中，可根据被分离物质所带电荷的种类、分离物分子的大小、数量等选用适当类型的离子交换剂(图 2-2-1)。

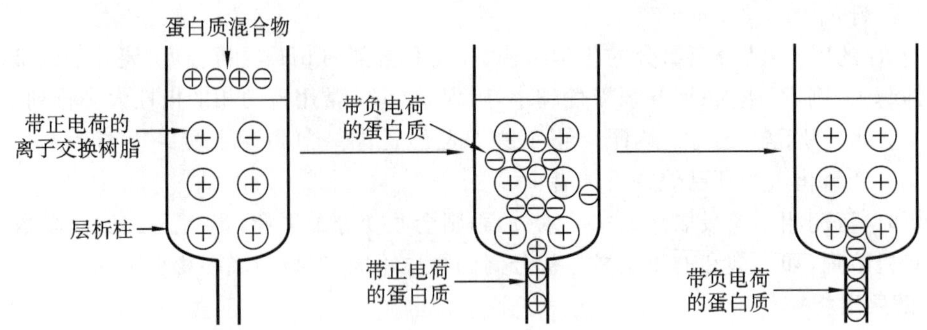

图 2-2-1　离子交换层析原理示意图

（2）注意事项。

①离子交换树脂的选用　待分离物质为无机阳离子或有机碱时，选用阳离子交换树脂；若待分离物质为无机阴离子或有机酸，则选用阴离子交换树脂。离子交换树脂多为 200～400 目，纤维素离子交换剂为 100～325 目。一般选用直径较小的分离树脂为宜，因粒度小，表面积大，分离效率高。但粒度过小，样品流速慢，需提高洗脱压力。

② 交换树脂的处理　离子交换树脂使用时需用水或溶液浸透使其充分吸水溶胀，倾去浮在溶液中的小颗粒树脂，再用去离子水洗至澄清。洗涤好的离子交换树脂需用缓冲液进行平衡，纤维素交换剂的预处理原则基本同上。离子交换树脂和纤维素交换剂，均可再生后反复使用。交换树脂使用后，将交换树脂浸泡在稀酸或稀碱溶液中，浸泡一段时间后用蒸馏水洗至中性；或用稀酸、稀碱缓缓流过交换柱，然后再洗至中性。

4. 凝胶层析

（1）凝胶层析原理。

凝胶颗粒是一类具有多孔网状结构的干燥颗粒，当吸收一定量溶液后溶胀成一种富有弹性、不带电荷的惰性物质，以凝胶作为固定相的层析称为凝胶层析。目前应用最多的为葡聚糖凝胶（sephadex），它是以次环氧氯丙烷作为交联剂交联聚合而成的右旋糖苷珠形聚合物。聚合物具有主体多糖网状结构，其网孔大小与交联度有关，交联度越大，网孔的孔径越小，网状结构越致密；交联度越小，网孔的孔径越大，网状结构越疏松。当被分离物质的各成分通过凝胶时，小于筛孔的分子将完全渗入凝胶网眼，并随着流动相的移动沿凝胶网眼孔道移动，从一个颗粒的网眼流出，又进入另一颗粒的网眼，如此连续下去，直到流过整个凝胶柱为止，因此流程长、阻力大、流速慢；大于筛孔的分子则完全被筛孔排阻而不能进入凝胶网眼，只能随流动相沿凝胶颗粒的间隙流动，因此其流程短、阻力小、流速快，比小分子先流出层析柱；小分子最后流出。分子大小介于两者之间的物质，则居中流出。这样被分离物质即按分子的大小被分开（图 2-2-2）。可见在凝胶层析过程中，凝胶起着分子筛的作用，因而又称为分子筛层析或排阻层析。

（2）注意事项。

①葡聚糖凝胶的交联度　葡聚糖凝胶不溶于水，但能吸水膨胀，吸水量与交联度成反比，以 G-X 表示交联度的大小。交联度越小，X 值越大，吸水量越大。一般来说，X 值约为该胶粒吸水量的 10 倍。例如：Sephadex G-50 和 G-100，表示吸水量分别为 5 mL/g 凝胶与 10 mL/g 凝胶。此外交联度大，机械强度大，凝胶能承受较高压力，可采用高流速；而交联度小的如 SephadexG-150，G-200，机械强度小，易被压缩，实验时流速需慢些，一般每分钟流量不大于2.0 mL。

②葡聚糖凝胶的选用　葡聚糖凝胶可分离的分子大小从几百到数十万。可根据被分离物质的分子大小及目的选择使用。一般交联度为 G-10～G-15 的凝胶通常用于分离肽或“脱

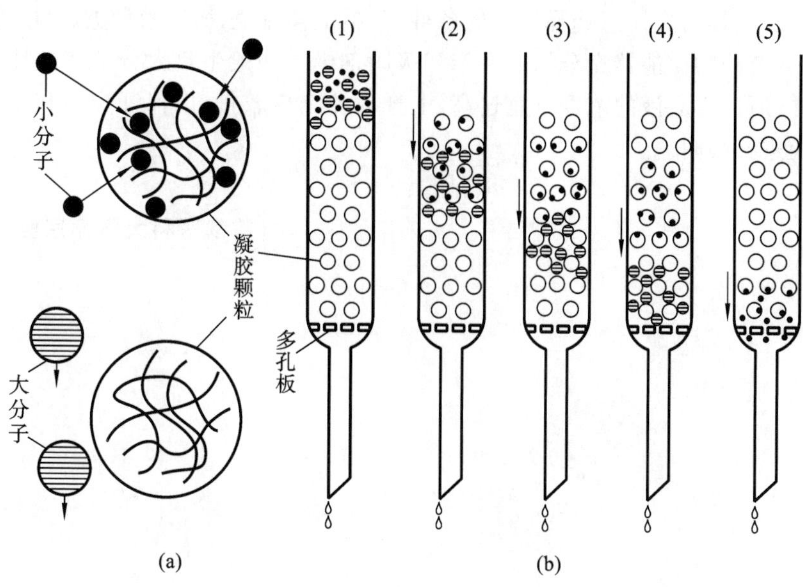

图 2-2-2 凝胶层析原理示意图

盐”。交联度为 G-75～G-200 的凝胶可分离各类蛋白质。此外还有聚丙烯酰胺凝胶、琼脂糖凝胶、交联琼脂糖等。

5. 亲和层析

(1) 原理。

亲和层析是以能与生物高分子进行特异性结合的配基作为固定相，对混合物中某一生物高分子进行分离纯化的层析技术。

生物高分子具有能与其结构相对应的专一分子进行可逆特异性结合的特点。如酶与底物、产物、辅酶、别构调节剂和抑制剂结合，抗原与相对的抗体结合，激素与受体结合，核酸之间部分互补序列的结合等。把作为配基的分子(如酶的底物、辅酶、抗体等)以共价键连接到不溶性载体(如葡聚糖凝胶、纤维素)上，使其固化，然后将固化的载体装入层析柱，作为层析的固定相，把待分离物加到柱上，这时混合物中与不溶性配基具有高度亲和性的蛋白质被结合，其他不能与配基结合的蛋白质则直接从柱中流出。再用缓冲溶液洗脱结合在配基表面的非亲和吸附物，然后更换洗脱液，把特异吸附的待分离物质从固定相上洗脱下来(图 2-2-3)。

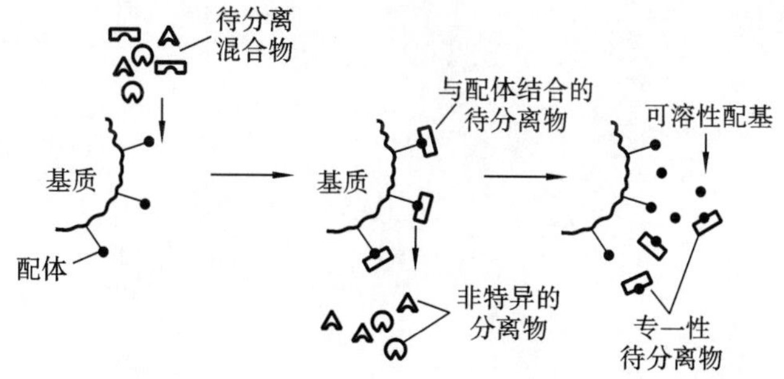

图 2-2-3 亲和层析原理示意图

(2) 注意事项。

① 配体的选用 琼脂糖凝胶广泛用作亲和层析的配体，珠状琼脂糖凝胶(Sepharose 2B、4B 和 6B)活化后即可作为亲和吸附的载体。其中活化的 Sepharose 4B 是亲和层析中使用最广泛的载体。

② 上样 亲和层析纯化生物大分子通常采用柱层析的方法。亲和层析柱一般很短，通常

NOTE

为 10 cm 左右。上样时应注意选择适当的条件，包括上样流速、缓冲液种类、pH、离子强度、温度等，以使待分离的物质能够充分结合在亲和吸附剂上。一般生物大分子和配体之间达到平衡的速度很慢，所以样品液的浓度不宜过高，上样时流速应较慢，以保证样品和亲和配体有充分的接触时间进行吸附。

(首都医科大学燕京医学院　王凡)

第三节 电泳技术

2.3.1 电泳技术发展史

电泳(electrophoresis)指带电粒子在电场中向着与其所带电荷性质相反方向电极移动的现象。利用电泳对物质进行分离、制备和分析的技术称为电泳技术。蛋白质、多肽、病毒粒子,甚至细胞或小分子的氨基酸、核苷等均可用电泳技术进行分离、制备和分析。电泳技术具有设备简单、操作方便、易重复、快速等特点,尤其适用于蛋白质、核酸、氨基酸等生物分子的分离、分析和制备。电泳技术、层析技术、超离心技术并称为生物化学和分子生物学三大分离分析技术。

1809 年,俄国物理学家 Pейce 首次发现电泳现象。同年,Michaelis 首次将胶体离子在电场中的移动称为电泳。1937 年,Tiselius 对电泳仪器做了改进,建立了研究蛋白质的移动界面电泳方法,并首次证明血清由清蛋白及 α-、β-、γ-球蛋白组成,Tiselius 因电泳技术方面的杰出贡献而获得 1948 年诺贝尔化学奖。1948 年 Wieland 和 Fischer 重新发展了以滤纸为支持物的电泳方法,对氨基酸进行分离,许多组分分离为不同区带,由此出现了区带电泳,使得电泳结果的分析大为简化。从 20 世纪 50 年代起,特别是 1950 年 Durrum 用纸电泳进行了各种蛋白质的分离以后,开创了利用各种固体物质(如滤纸、醋酸纤维素薄膜、琼脂凝胶、淀粉凝胶等)作为支持介质的区带电泳方法,电泳的分辨率不断提高。结合银氨、考马斯亮蓝等染色法大大提高了生物样品的着色与分辨能力。1959 年,Raymond 和 Weintraub 利用人工合成的凝胶作为支持介质,创建了聚丙烯酰胺凝胶电泳,极大地提高了电泳的分辨率,开创了电泳技术的新时代。聚丙烯酰胺凝胶电泳是目前生物化学和分子生物学中对蛋白质、多肽、核酸等生物大分子使用最普遍,分辨率最高的分析鉴定技术。

20 世纪 60 年代,Svensson 和 Shapiro 等先后研发了等点聚焦电泳和 SDS-聚丙烯酰胺凝胶电泳,1975 年,O'Farrel 及 Klose、Scheele 等人发明了双向凝胶电泳,极大地提高了蛋白质分离的分辨率,尤其是双向电泳技术在蛋白质组学研究中成为核心技术之一。20 世纪 80 年代发展起来的毛细管电泳技术,是生物化学和分子生物学分析鉴定技术的重要发展,在生命科学、食品及药品检验、环境保护等领域应用广泛。随着当代科学技术的迅速发展,电泳技术与其他技术的结合也在不断发展,涌现出新的分析方法。例如,电泳分离和免疫反应相结合,使分辨率不断朝着微量和超微量(0.001～1 ng)水平发展。

本节主要介绍区带电泳的原理及其应用。

2.3.2 电泳技术的基本原理

带电粒子在直流电场中可定向移动,又因不同粒子性质的差异(电性和电量不同),移动速度和方向不同,故在一定条件下可将混合在一起的各种粒子分开。粒子在电场中的迁移速度(v)可表示为

$$v=d/t$$

式中,d 是在一定时间(t)内粒子的移动距离,受粒子的性质及电场强度的影响。d 的单位是 cm,t 的单位是 s。各种粒子在电场中的移动速率用迁移率(m)表示。m 的定义是带电粒子在单位电场强度下的迁移速度,即

$$m=v/E=(d/t)/(\Delta U/L)$$

式中,E 为电场强度,单位为 V/cm 。L 为支持物与两个电极溶液交界面间的距离,单位

为 cm。ΔU 为实际施加的电位差，单位为 V。故 m 的单位是 $cm^2/(V\cdot s)$。m 的大小取决于粒子的性质，与电场强度无关。粒子在实际电场中的迁移速度为

$$v=m\cdot E$$

对于球状分子，其迁移率 m 又和粒子的半径 r、所带的电荷量 Q 及溶液的黏度 η 有关：

$$m=Q/6\pi r\eta$$

上式说明迁移率 m 与粒子的净电荷量、半径及电泳时所在介质（溶液、支持物）的阻力有关。总体来说，粒子所带的净电荷越多、半径越小或越接近球状，迁移率越大；反之，迁移率越小。故不同粒子在同一条件下电泳，能否被分离取决于粒子迁移率的差异，而与电场条件无关。

蛋白质、核酸等生物大分子虽然并非标准的球状分子，但在同一电泳条件下，这些带电颗粒的迁移速度与其净电荷量（密度）基本成正比；与其相对分子质量大小及伸展程度（越接近球状，伸展程度越小）基本成反比。

2.3.3 电泳支持物及装置

电泳支持物主要有薄膜和凝胶。

根据凝胶形状常分为柱状电泳和平板电泳。柱状电泳是将凝胶灌装入玻璃管内，样品被分开后形成的区带非常窄，呈圆盘状。

平板电泳更为常用，其优点如下：①表面积大易冷却；②可同时点加多个样品便于相互比较；③一个样品在第一次电泳后可将平板调转 90°，进行第二次电泳；④便于放射自显影等各种鉴定方法直观显示结果。

2.3.4 影响样品迁移的因素

1. 电场强度

电场强度是指每 1 cm 的电位差，即电势梯度。可根据待分离样品的性质及种类、分离要求和支持物性质，选择适当的电场强度。一般低压电泳电场强度为 2～20 V/cm，电泳时间较长，约数小时至数天；高压电泳电场强度为 20～100 V/cm，电泳时间较短，有时仅需数分钟。通常大分子样品分离、分析选用常压；小分子选用高压。

2. 溶液的 pH

溶液的 pH 决定化合物的解离度，决定粒子所带净电荷的性质和数量。对于蛋白质、核酸、氨基酸等两性电解质，溶液的 pH 距待分离组分的等电点越远，则组分所带的净电荷越多，迁移率越大。故对于一组混合样品的分离，应当选择适当 pH 的缓冲液，确保各组分带电情况差异明显，利于各组分的分离，同时保持电泳过程中溶液 pH 的恒定。

3. 溶液的离子强度

溶液的离子强度（I）可表示为

$$I=\Sigma CZ^2/2$$

式中，C 为溶液中某一离子的浓度；Z 为某一离子的电荷数。

溶液离子强度高，电泳时区带分离清晰，但电泳速度慢，产热多。离子强度低，电泳速度快但分离区带不清晰，如离子强度过低，缓冲液的缓冲容量小，不易维持 pH 的恒定，过高或过低的溶液离子强度均会影响电泳的顺利进行，使结果出现偏差。

4. 电渗

由于固体支持物本身的性质，会吸附溶液中的正离子或负离子，使其附近的溶液相应地带上负电荷或正电荷，在电场中定向移动，这种现象称为电渗。例如纸上电泳中，滤纸可带有一定量的负电荷，故与滤纸接触的溶液带正电荷，向阴极以一定的速度移动，此时溶液中带正电

荷的粒子的迁移速度比其固有的速度快，带负电荷的粒子则相反。电渗现象是在固体支持物上点加不带电荷的染料或有色中性物质，通过这些物质在电场中的定向移动进行观察的。

在一些特殊的或精度要求较高的电泳分析中，电渗会对结果产生干扰，尽量避免选用具有高电渗作用的支持物。

5. 电流产热

电流产生的热量导致样品区带自由扩散增强、生物大分子变性、迁移率提高、介质黏度降低等，散热形成的温度梯度导致区带弯曲变形等。电流强度高、缓冲液离子强度大，产热大，可能烧断电泳支持物。除控制电场条件外，也可安装冷却、散热装置。支持物的厚度也可影响散热。

6. 凝胶孔径

凝胶孔径是分离不同大小颗粒的重要因素。

2.3.5 电泳过程监控和结果显示

利用溴酚蓝等物质在电场中比大多数蛋白质及核酸迁移速度快的特征，可作为前沿示踪染料，监控电泳过程。

用专一性染料对蛋白质或核酸进行染色，显示各区带。

2.3.6 电泳法分离的主要原理

电泳技术种类很多，目前没有统一的命名及分类规则。根据支持物分类，有滤纸电泳、薄膜电泳、琼脂糖凝胶电泳、聚丙烯酰胺凝胶电泳等；根据电泳装置的形式分类，有毛细管电泳、垂直板电泳、U 形管电泳等；根据电泳目的分类，有血清蛋白质电泳、脂蛋白电泳、DNA 测序电泳等；根据分离原理分类，有 SDS 电泳、等电聚焦电泳等。在具体命名时多以上述方法联合使用，如血清蛋白质醋酸纤维素薄膜电泳。有些电泳方法还可以用作混合物中某组分的制备。利用分离原理不同可将电泳技术分为以下三类。

1. 按组分所带的净电荷数量(密度)进行分离

在一定条件下，各组分可带有数量不同的净电荷数量(密度)，迁移速度不同，可达到分离的目的。如血清醋酸纤维素薄膜电泳、滤纸电泳、琼脂糖凝胶电泳等。

2. 按组分的等电点进行分离

各组分具有一定的等电点，在等电点环境中所带净电荷为零，在电场中不移动，可达到分离的目的。如等电聚焦电泳。

3. 按组分的相对分子质量进行分离

用特定的方法将各组分相对分子质量的差异转化为迁移速度的差异，可达到分离的目的。本法还可用于蛋白质等物质相对分子质量的测定。如 SDS 电泳、凝胶梯度电泳、DNA 测序电泳等。

电泳技术可以与其他技术结合，拓展电泳技术的应用范围。例如，用特殊的纤维素作为支持物进行电泳，除按各组分所带净电荷分离外，还具有离子交换层析效应；在含有抗体的凝胶板上进行的火箭电泳，可将抗原与其他蛋白质分开，测定抗原的含量，鉴定抗原的纯度。

2.3.7 醋酸纤维素薄膜电泳

醋酸纤维素薄膜微孔均一致密，厚度为 0.1～0.15 mm，是电泳法分离蛋白质时常用的支持物。电泳速度快，分辨率较高；对蛋白质吸附较小，样品拖尾轻微；基本不吸附染料，薄膜上背景染料可完全洗去，不干扰测定。电泳后可制成透明的折射率均一的薄膜，可用分光光度计扫描定量。虽然有电渗作用，但作用均匀，一般不影响分离和定量。

醋酸纤维素薄膜电泳适用于大批量的蛋白质分析（如大量病人的血清常规分析），可用于分离及鉴定血清蛋白质、糖蛋白、脂蛋白、血红蛋白及同工酶等。

普通蛋白质用氨基黑、考马斯亮蓝等染色；糖蛋白用甲苯胺蓝染色；脂蛋白用苏丹黑、品红亚硫酸染色；氨基酸用茚三酮染色。

2.3.8 琼脂糖凝胶电泳

琼脂糖是一种天然线状高分子，是由半乳糖及其衍生物聚合而成的中性高分子多糖。琼脂糖在 45 ℃或更低温度，最低在 0.2%浓度即可形成刚性凝胶，具有较高的机械强度。琼脂糖凝胶具有大量微孔，具有良好的筛分性能，其孔径取决于浓度。浓度越高，形成的凝胶孔径越小；反之，凝胶孔径越大。可根据待分离样品的分子大小，制备适当规格的凝胶，常用浓度为 0.5%～0.8%。

琼脂糖凝胶可分离大分子病毒颗粒、脂蛋白及核蛋白，小分子（0.2 kb）的 DNA；尤其适合核酸的分离。琼脂糖凝胶浓度与要分辨的 DNA 大小的关系见表 2-3-1。

表 2-3-1 琼脂糖凝胶浓度与要分辨的 DNA 大小的关系

凝胶浓度/(%)	DNA/kb	凝胶浓度/(%)	DNA/kb
0.3	60～5	1.2	6～0.4
0.6	20～1	1.5	4～0.2
0.7	10～0.8	2.0	3～0.1
0.9	7～0.5		

相对分子质量相同但不同构型的 DNA 分子在琼脂糖凝胶电泳中迁移率不同，迁移速度从快至慢依次为共价闭环 DNA＞链状 DNA＞开环双链 DNA。

琼脂糖凝胶电泳速度快，区带整齐，分辨率高，电渗作用小，对蛋白质吸附轻微，区带清晰。0.5%的凝胶可代替醋酸纤维素薄膜，对小分子和大分子物质均可得到满意的分离效果。琼脂糖凝胶的孔径较大，可用于分离病毒、脂蛋白、酶复合物和核酸等超大颗粒；同时琼脂糖凝胶也是免疫电泳和免疫扩散的理想材料。琼脂糖凝胶染色、脱色便捷，透明度好，可直接或干燥成薄膜后进行各组分染色，且凝胶对紫外线无强吸收，有利于分光光度计扫描定量。琼脂糖具有热可逆性，样品易回收。

但琼脂糖凝胶无法配制成过浓的溶液，对于很小的分子无法分离，如 0.1～1 kb 的 DNA 常用聚丙烯酰胺凝胶电泳分离。

2.3.9 聚丙烯酰胺凝胶电泳

聚丙烯酰胺凝胶电泳（polyacrylamide gel electrophoresis，PAGE）以聚丙烯酰胺凝胶为支持物。聚丙烯酰胺凝胶有以下优点：化学性质稳定，无电渗及吸附作用，机械强度大，透明，孔径规格齐全，分子筛效应明显。聚丙烯酰胺凝胶电泳具有以下优势：样品用量小，分辨率很高，血清蛋白质可被分为 20 多条区带；特别适合较小分子蛋白质及核酸的分离分析；经常用于蛋白质相对分子质量的测定；虽电泳速度较慢，对于带电性质相近但分子大小有差异的样品分辨率很高。但对于相对分子质量很大的蛋白质与核酸，因超出了聚丙烯酰胺凝胶的最大滤过值，分离效果差。

1. 聚丙烯酰胺凝胶的制备

聚丙烯酰胺凝胶（PAG）是一种人工合成的热不可逆性凝胶，是由丙烯酰胺（Acr）和交联

剂亚甲基双丙烯酰胺(Bis)在催化剂作用下，聚合交联而成的大分子化合物，具有网状立体结构。聚丙烯酰胺凝胶制作过程复杂，易受各种因素影响。高纯度试剂、合适且稳定的聚合条件才能保证凝胶电泳的重现性。另外，原料 Acr 及 Bis 对神经系统和皮肤有一定毒害作用。

2. 聚丙烯酰胺凝胶的选用

聚丙烯酰胺凝胶可通过控制 Acr 的浓度及 Acr 与 Bis 的比例合成不同孔径的凝胶，适用于相对分子质量大小不同物质的分离。电泳分离不同大小的蛋白质及核酸，可选用不同规格的凝胶，见表 2-3-2。

表 2-3-2　电泳分离蛋白质及核酸选用的聚丙烯酰胺凝胶规格

凝胶浓度/(%)	蛋白质/kD	凝胶浓度/(%)	核酸/kb
20～30	≤10	10～20	≤10
15～20	10～40		
10～15	40～100	5～10	10～100
5～10	100～500		
2～5	≥500	2～3.6	100～2000

“标准凝胶”含 7%～7.5%的 Acr 及适当比例的 Bis，广泛用于大多数蛋白质的分离分析。对未知蛋白质样品分离时，可使用 4%～10%的系列浓度，摸索实验条件。

3. 不连续聚丙烯酰胺凝胶电泳

对于缓冲液成分、凝胶孔径、pH 均相同的连续电泳，不连续电泳分辨率更高。以高 pH (pH 8～9)不连续聚丙烯酰胺凝胶电泳系统(图 2-3-1)为例，其适用于分离多数蛋白质。

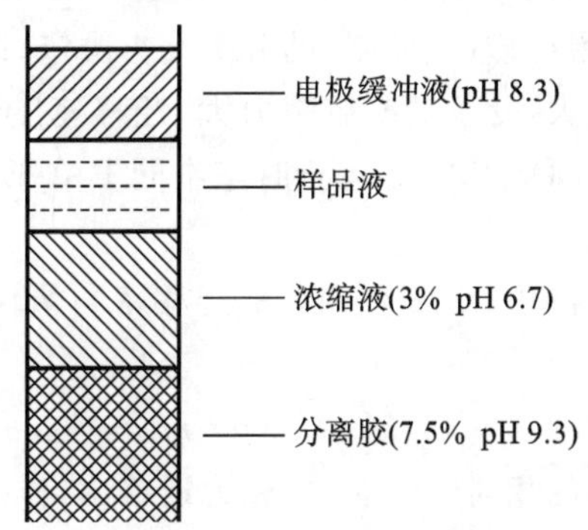

图 2-3-1　不连续聚丙烯酰胺凝胶电泳系统示意图

1) 样品的浓缩效应

(1) 凝胶的不连续性　①样品液用 40%～50%蔗糖溶液与样品原液混合，加溴酚蓝等为示踪染料。②浓缩胶为大孔凝胶，分子大小不等的颗粒在其中均可较快地迁移，至分离胶表面聚集为薄层，提高分辨率。③浓分离胶为小孔凝胶，其有防止扩散的作用，各种颗粒依据其净电荷量及分子大小，尤其是分子大小，进行分离。

(2) 缓冲液离子成分的不连续性　①样品原液及浓缩胶由 pH 6.7 的 Tris-HCl 缓冲液配制，分离胶由 pH 8.9 的 Tris-HCl 缓冲液配制；电泳缓冲液为 pH 8.3 的 Tris-甘氨酸。②在浓缩胶中，pH 6.7 条件下，HCl 完全解离出 Cl^-，它在电场中迁移速度快，走在最前面，称为快离子；而 Gly 解离度小，解离出的 Gly^- 非常少，且迁移速度慢，称为慢离子；Pr^- 迁移速度介于两者之间。

(3) 电位梯度的不连续性　由于快离子很快超过蛋白质样品，最终形成蛋白质样品的前低压、后高压梯度状态，快、慢离子将蛋白质夹在中间，形成狭窄的中间层，等速向阳极移动。

(4) pH 不连续性　在浓缩胶中，Gly^- 迁移速度慢，保证蛋白质样品浓缩；进入分离胶后为 pH 8.9，Gly 完全解离出 Gly^-，其迁移速度加快，超过样品，蛋白质的迁移速度不再受离子界面控制。

2）电荷效应

混合样品被浓缩后进入分离胶，依据其电荷量迁移速度不同。

3）分子筛效应

由于凝胶微孔产生的阻力，小分子迁移速度快，大分子迁移速度慢。

4. 聚丙烯酰胺凝胶电泳结果显示

通常采用垂直平板装置。蛋白质用考马斯亮蓝或银氨染色法显示结果，银氨染色法的灵敏度为考马斯亮蓝染色法的 50～100 倍。

2.3.10　常用电泳法简介

1. SDS-聚丙烯酰胺凝胶电泳

SDS-聚丙烯酰胺凝胶电泳（SDS polyacrylamide gel electrophoresis，SDS-PAGE）主要是利用聚丙烯酰胺凝胶的分子筛效应，将不同大小的蛋白质或多肽分离，并可测定其相对分子质量。

十二烷基硫酸钠（sodium dodecyl sulfate，SDS）是一种阴离子表面活性剂，能与蛋白质中的疏水基团结合，使蛋白质变性，对于由亚基聚合形成的蛋白质还可将亚基解聚，形成 SDS-蛋白质或 SDS-亚基。此时蛋白质或亚基变成棒状，短轴基本都是 1.8 nm，长轴与相对分子质量成正比，SDS 以恒定的质量比（1.4 g SDS/1 g 蛋白质）结合到多肽链上，蛋白质（亚基）本身的电荷完全被掩盖，带上相同密度的负电荷。各种 SDS-蛋白质（或 SDS-亚基）在电场中受到的作用力基本相同，迁移速度由蛋白质（或亚基）的分子大小决定，即由聚丙烯酰胺凝胶的分子筛效应进行分离。相对分子质量大，受到的凝胶阻力大，迁移速度慢；反之，迁移速度快，由此可将不同的蛋白质（亚基）分离。SDS-PAGE 运行时基本同 PAGE，可采用连续系统或不连续系统，分辨率很高。

在一定的相对分子质量范围内，SDS-蛋白质的迁移率与蛋白质相对分子质量的关系可由以下公式表示：

$$\lg M_r = k - b \cdot m$$

式中，M_r 为蛋白质（亚基）的相对分子质量；m 为迁移率（样品迁移距离与示踪染料迁移距离之比）；b 为斜率；k 为常数。

由上式可见蛋白质（亚基）的迁移率与蛋白质（亚基）相对分子质量的对数之间呈直线关系，可用一系列已知相对分子质量的蛋白质进行 SDS 电泳，可得迁移率与相对分子质量对数之间的标准曲线（图 2-3-2）。

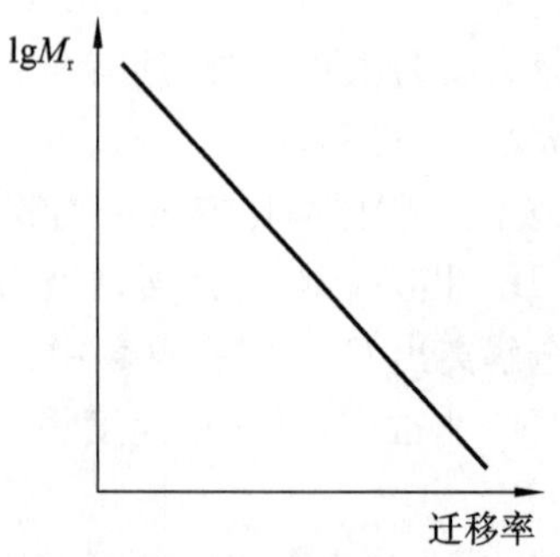

图 2-3-2　迁移率与相对分子质量对数之间的标准曲线

相同条件下进行待测蛋白质的 SDS 电泳，即可通过标准曲线查出蛋白质的相对分子质量。SDS 的作用可使亚基解聚，所以本法也可用于蛋白质中各亚基相对分子质量的测定。本法测定蛋白质的相对分子质量，便捷且精确度较高（一般误差在±10%以内）。

SDS-PAGE 的缺点是蛋白质空间结构被 SDS 破坏，从而使其变性失活。虽然除去 SDS 后蛋白质可复性，但手续较烦琐且复性效率不高，故不适用于样品的制备分离。

2. 等电聚焦电泳

蛋白质处于等电点的 pH 环境中，在电场中不迁移。

制备一个连续 pH 梯度的凝胶电泳支持系统，低 pH 一端置于电场阳极，高 pH 一端置于电场阴极。各种蛋白质依据所处的 pH 环境，会带不同性质、数量的电荷，定向迁移至各自等电点的 pH 位置，不再移动，聚集形成一条狭窄的区带，这就是等电聚焦电泳（isoelectric focusing electrophoresis，IFE）。

由于电场的作用，各个区带的扩散作用可被抵消，分辨率高，可将等电点相差 0.01 pH 的蛋白质分开，即使含量很低也可检出。血清蛋白质等电聚焦电泳可得到 40 个以上区带。等电聚焦电泳还可用于蛋白质、氨基酸的制备分离，一次实验即可对粗品进行克数量级的精制、纯化，快速、分辨率高。即使大量蛋白质聚集一处也不影响结果，可将杂蛋白迁移至凝胶板两端，目标样品高度聚集。

3. 双向电泳

双向电泳（two-dimensional electrophoresis，2-DE）又称为二维凝胶电泳。通常是等电聚焦电泳和 SDS-PAGE 的组合。先进行柱状等电聚焦电泳（按照蛋白质的 pI 分离），然后将等电聚焦电泳结束后的凝胶柱固定在凝胶板上，进行不连续的 SDS-PAGE（按照蛋白质的相对分子质量分离），经染色得到二维分布的蛋白质图谱。

电泳后的染色及斑点检测，是保证双向电泳高分辨率和重复性的关键之一。银氨染色法可检测 2～5 ng 的蛋白质；染料荧光标记也可在纳克级进行染色，还可进行不同的颜色标记。最后通过凝胶成像系统扫描，用计算机程序分析结果。

双向电泳于 1975 年首次建立并成功分离 *E. coli* 中的约 1000 种蛋白质，且蛋白质谱是不稳定的，随环境变化而变化。随着技术的飞速发展，已能分离出 10000 个以上的斑点，双向电泳已成为蛋白质组学研究的核心技术之一。

4. 凝胶梯度电泳

制备一个孔径逐渐减小的凝胶板，形成一定范围的凝胶孔径梯度。电泳时，蛋白质在电场推动下移动，随着凝胶孔径的逐渐减小，较大的分子不能通过某一孔径而停止；较小的分子继续前移，直至被更小的孔径所阻不再向前移动；各种蛋白质最终停留位置只与分子大小有关。本法点样点可以较宽，适当扩散也不影响最终结果。可使用较大的电压，较长的时间，尽量将区带压至最窄。

凝胶梯度电泳可将带电量相近而分子大小有一定差异的蛋白质较清晰地分开，是分离蛋白质的电泳法中分辨率较高的方法之一，可将血清蛋白质分离得到近 50 条区带。凝胶梯度电泳过程中蛋白质基本不变性，亚基不解聚，可制备得到完整的活性蛋白质。

（内蒙古医科大学　叶纪诚）

第四节　离心技术

离心技术是利用离心机旋转时产生的离心力以及被离心物质的浮力密度或沉降系数的差别，使某种物质得以浓缩或与其他物质分离的一种操作技术，主要应用于各种生物分子的分离、纯化、鉴定等，是生物化学与分子生物学中最常见的一项实验技术。

2.4.1　离心技术的基本原理

1. 离心力

当物体以一定的速度做圆周运动时会产生一个背离轴心向外的力，即离心力 F_c，F_c 的大小可由下面的公式表示：

$$F_c = m\omega^2 r$$

式中 F_c 为离心力(N，牛顿)；m 为物体质量(kg)；ω 为角速度(rad/s)；r 为物体所做圆周运动的半径(cm)。

2. 相对离心力

离心力要克服样品颗粒的地球重力(gravitational force，F_g)以及其浮力和摩擦力的影响(后两者可以忽略不计)，故离心力的大小通常用相对重力的大小表示，称为相对离心力(relative centrifugal force，RCF)，单位是 g(重力加速度，取 g 为＝980 cm/s^2)。例如，“5000 $\times g$”表示为重力加速度的 5000 倍。相对离心力指在离心场中，作用于样本颗粒上的离心力 F_c 相当于重力 F_g 的倍数。

$$\begin{aligned}RCF &= F_c/F_g = m\omega^2 r/mg = \omega^2 r/g = (2\pi RPM/60)^2 r/g \\ &= (\pi^2 RPM^2/30^2) r/g = 1.12\times10^{-5} rRPM^2\end{aligned}$$

即

$$RCF = 1.12\times10^{-5} rRPM^2$$

式中，r 为物体所做圆周运动的半径；RPM 为离心机每分钟的转速(round per minute，r/min)。因此，只要知道离心机的旋转半径 r，RCF 和 RPM 之间就可以互相换算。

2.4.2　离心机类型

1. 根据离心机转速大小的不同，常用离心机大致可分为低速离心机、高速离心机以及超速离心机三种。

(1) 低速离心机。

低速离心机最大转速小于 7000 r/min，最大 RCF 可达 7 000 g，主要用于细胞或细胞碎片的沉降分离等(图 2-4-1)。

(2) 高速离心机。

高速离心机最大转速可达 25 000 r/min，最大 RCF 可达 89 000 g，主要用于质粒、核酸以及蛋白质的提取等(图 2-4-2)。

(3) 超速离心机。

超速离心机转速可达 50 000～80 000 r/min，最大 RCF 可达 510 000 g，主要用于细胞器、亚细胞结构以及病毒的收集(图 2-4-3)。

2. 根据温度控制的不同，又可将离心机分为普通离心机和冷冻离心机，普通离心机没有制冷系统，不能对温度进行调控。而冷冻离心机带有制冷系统，能调节温度最低可至－20 ℃，最高可至 40 ℃。

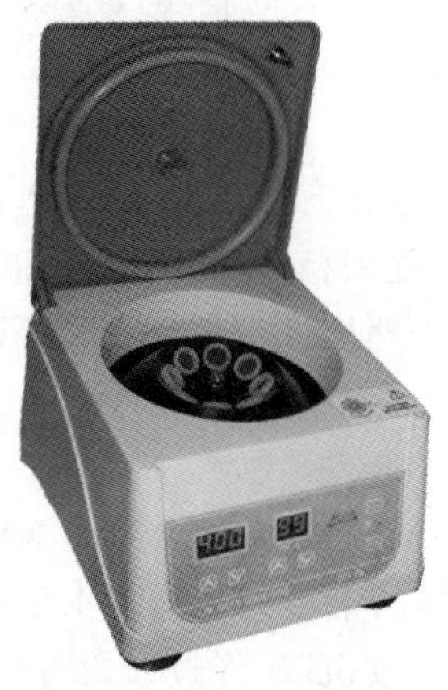

图 2-4-1 低速离心机

图 2-4-2 低温高速离心机

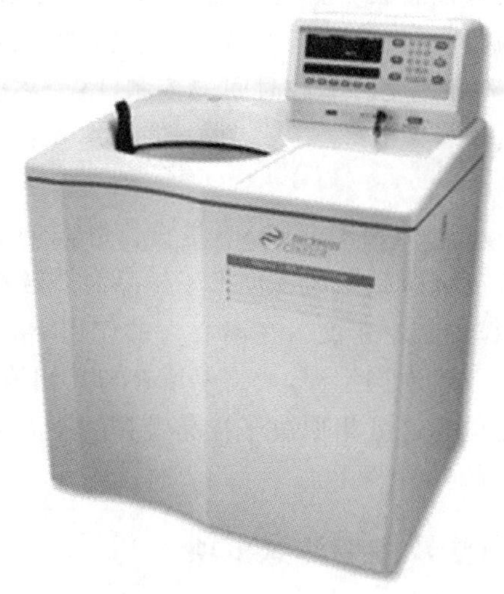

图 2-4-3 超速冷冻离心机

2.4.3 离心技术的分离方法

1. 沉淀离心法

沉淀离心法(pelleting centrifugation)是指用离心机对悬浊液进行简单、快速的离心,使悬浊液中的可溶性物质和不溶性物质得以分离,在较短时间内达到固液分离的效果,以代替耗时的过滤操作。沉淀离心法中决定分离效果的主要因素有离心机转子半径、离心机转速及离心时间。其中离心沉淀所需的时间取决于样品的沉降系数,沉降系数(sedimentation coefficient)是指单位离心力作用下样品颗粒的沉降速率。故沉降系数越大,颗粒沉降速率越快,离心沉淀所需时间越短;反之,沉降系数越小,颗粒沉降速率越慢,离心沉淀所需时间越长。

沉淀离心法是从悬浊液中分离固体颗粒的一种常见方法,主要用于收集悬浊液中的颗粒物质。

2. 差速离心法

差速离心法(differential velocity centrifugation)是利用不同颗粒之间沉降系数不同从而引起沉降速率的差异,在通过高速与低速交替离心或逐渐增加离心转速后,使具有不同沉降系数的样品颗粒从混合液中分批沉降至离心管底部,从而实现分离的目的。该方法适用于混合样品中各沉降系数差别较大的组分之间的分离,差别越大,分离效果越佳。

NOTE

在进行差速离心时关键是要把握好分步离心的速度和时间，离心的转速过高或时间过长容易使本不该沉降的样品颗粒沉降下来，影响分离纯化的效果。

3. 密度梯度离心法

密度梯度离心法（density gradient centrifugation）是指样本在有密度梯度的介质液中进行离心沉降或沉降平衡，即在一定离心力作用下把样品颗粒分配到相应梯度介质液的位置上，形成不同区带而使样品颗粒得到分离。密度梯度离心又可分为速度区带离心法和等密度梯度离心法。

(1) 速度区带离心法。

速度区带离心法（rate zonal density gradient centrifugation）是指将混合样品颗粒添加在预先制备好的密度梯度介质液（如甘油、蔗糖、CsCl 等）顶部，样品中不同颗粒间由于存在沉降速率差异，在一定的离心力作用下，不同的颗粒将以其各自的速度沉降，经过一段时间后，不同的颗粒逐渐分开，最后根据沉降系数的大小由下而上形成一系列界面清楚的不连续区带。

离心时，沉降系数越大的样品颗粒，向下沉降的速度越快，所呈现的区带的位置也越低；反之，沉降系数越小的样品颗粒，向下沉降的速度越慢，所呈现的区带的位置也越高。速度区带离心法成功与否的关键是对离心速度和离心时间的控制，整个离心过程必须在沉降速度最快的颗粒到达离心管底前结束。

(2) 等密度梯度离心法。

等密度梯度离心法（isopycnic centrifugation）是指待分离的混合样品颗粒的密度在密度梯度介质液密度范围内（即梯度介质液最大密度大于样品混合颗粒中的最大密度，而梯度介质液最小密度低于样品混合颗粒的最小密度），在离心力的作用下，不同样品颗粒根据其浮力密度差异在梯度介质液中或向下沉，或向上浮，最终停留在与其相等的密度梯度位置上而形成区带。因此，等密度梯度离心法的离心效果取决于样品颗粒的浮力密度差，差值越大分离效果越好，区带的位置不受离心时间的影响。

2.4.4 离心机操作方法及主要注意事项

离心机的使用存在一定的风险，如若操作不规范，不仅会损坏仪器，还可能出现安全事故。因此，在使用离心机时应小心谨慎，操作规范。下面介绍常用离心机的操作方法和主要注意事项。

1. 常用离心机的操作方法

(1) 离心之前必要的检查：检查离心管与离心转头孔位是否相配；离心转头外观是否有划痕或裂纹，如有，根据情况停用或减速使用；清除离心舱内或离心套管内离心容器碎片、残留水等异物等。

(2) 装液：将需要离心的液体装入离心管，加样体积一般的原则是使用无盖离心管时液体不要装得过满，以免离心时甩出液体，而在高速或超速离心使用可以密封的离心管时，则常要求装满。

(3) 平衡：在天平上平衡两支离心管和其内容物。

(4) 放置：将已经平衡好的两支离心管对称放入离心机的离心孔内。

(5) 离心：设置所需离心时间、速度、温度等参数后，启动离心机。

(6) 停止：离心结束后，打开盖子，取出离心管，关闭电源，盖上盖子。

2. 注意事项

(1) 装液时应检查离心管是否有裂纹、变形、老化等现象，注意擦干离心管外壁上的水迹，以免对离心机造成损坏。

(2) 离心管配平。有的离心机还应包含离心机的套管一起平衡。

(3) 平衡对称放置离心管。

(4) 离心机盖子盖上后才能开启离心按钮。

(5) 启动离心机后不能随即离开，需要观察离心机是否平稳运行，如有任何异常声响应立即停机检查。

(6) 离心结束后，须待转头完全停止转动后，才能开启离心机盖子，切勿在转头未完全停止时就用手制停。

(贵州医科大学　吴宁　钟曦)

第五节 印迹技术

2.5.1 印迹技术发展史

Southern 在 1975 年首先提出分子印迹的概念。他将琼脂糖凝胶电泳分离的 DNA 片段在凝胶中进行变性，使其成为单链，然后将一张硝酸纤维素(nitrocellulose，NC)膜放在凝胶上，放上吸水纸巾，利用毛细管作用原理使凝胶中的 DNA 片段转移到 NC 膜上，使其成为固化分子。载有 DNA 单链分子的 NC 膜就可以在杂交液中与另一种带有标记的 DNA 或 RNA 分子(即探针)进行杂交，具有互补序列的 RNA 或 DNA 结合到存在于 NC 膜的 DNA 分子上，经放射自显影或其他检测技术就可以显现出杂交分子的区带。由于这种技术类似于用吸墨纸吸收纸张上的墨迹，因此称为 blotting，译为“印迹技术”。

生物大分子印迹技术发展极为迅速，已广泛用于 DNA、RNA、蛋白质的检测。通常人们将 DNA 印迹技术称为 southern blotting，将 RNA 印迹技术称为 northern blotting，将蛋白质印迹技术称为 western blotting，将不经凝胶的印迹技术称为斑点印迹(dot blotting)。

2.5.2 印迹技术的基本原理

生物大分子物质(如核酸或蛋白质)印迹到固相载体上，经淬灭试剂处理后，可与相应的探针(酶标记)反应，接着用适当的溶液漂洗，漂洗后置于含底物的溶液中显色，即可出现谱带。如所用探针为放射性核素标记物时，则应将漂洗后的载体进行放射自显影，即可检测出样品中特异的成分。

Southern blotting 是将基因组 DNA 经限制性内切核酸酶酶解、琼脂糖凝胶电泳分离，使 DNA 片段按相对分子质量大小排列在琼脂糖凝胶上。经碱处理凝胶使 DNA 变性(使双链 DNA 变成单链)，通过具有一定盐离子浓度溶液的虹吸作用，将凝胶中变性的单链 DNA 片段原位地吸印到硝酸纤维素滤膜或尼龙膜上，经过干燥或紫外线照射处理。单链 DNA 片段的极性基团与支持膜上的基团结合而使 DNA 分子牢牢地固定到转移膜上，转移后的单链 DNA 分子与 ^{32}P 或 ^{35}S 标记的 DNA 探针按互补原理进行杂交。经放射自显影对特定位置上显现的特异 DNA 片段进行分析。

Northern blotting 的基本过程与 southern blotting 极为相似，首先通过琼脂糖凝胶电泳使完全变性的 RNA 按大小分离，然后通过印迹技术将 RNA 分子转移到固相支持物上，固定后再采用特异性的探针进行杂交，得到的结果可以反映所测核酸样品的信息，常用于基因表达的特异性分析和定量分析。

Western blotting 是根据抗原抗体的特异性结合检测复杂样品中某种蛋白质的方法。该方法采用的是聚丙烯酰胺凝胶电泳(polyacrylamide gel electrophoresis，PAGE)，被检测物是蛋白质，“探针”是抗体，“显色”用标记的二抗。经过 PAGE 分离的蛋白质样品，转移到固相载体(例如硝酸纤维素薄膜)上，固相载体以非共价键形式吸附蛋白质，且能保持电泳分离的多肽类型及其免疫学特性不变。以固相载体上的蛋白质或多肽作为抗原，与对应的抗体起免疫反应，再与酶标记的第二抗体起反应，经过底物显色以检测电泳分离的特异性蛋白质成分。Western blotting 具有 SDS-PAGE 的高分辨率和固相免疫测定的高特异性和灵敏度，现已成为蛋白质分析的一种常规技术，常用于鉴定某种蛋白质，并能对蛋白质进行定性和半定量分析，因此广泛应用于检测蛋白质水平的表达。

(遵义医科大学珠海校区　杨愈丰)

第六节 PCR 技术

2.6.1 PCR 技术的基本原理

聚合酶链反应(polymerase chain reaction,PCR),是 20 世纪 80 年代 K. Mullis 等建立的一种体外酶促快速扩增特定 DNA 片段的技术。PCR 是在试管中进行的类似体内 DNA 复制的反应,基本工作原理是以待扩增的 DNA 分子为模板,以一对与模板两侧互补的寡核苷酸为引物,利用 4 种脱氧核苷三磷酸(dNTP)在耐热的 DNA 聚合酶的作用下,按照半保留复制方式和碱基互补配对的原则,合成与模板互补的 DNA 链,经过多次循环,可使目的基因大量扩增。每进行一轮循环都包括三个基本步骤:变性、退火及延伸,具体过程如下:①变性(denaturation):目的 DNA 在高温下(90~95 ℃)解链成两条单链 DNA。②退火(annealing):一对引物在适宜温度(一般较 T_m 低 5 ℃)与模板上的目的序列互补结合。③延伸(extension):DNA 聚合酶在最适温度(70~75 ℃)下,以引物3′-OH为起点,以 dNTP 为底物合成与模板 DNA 链互补的新链。以上三步组成一轮循环,产生的 DNA 可作为下一轮循环的模板,理论上每经一轮循环使目的 DNA 扩增一倍,这样经过 25~30 次的循环后可使 DNA 扩增 10^6~10^9 倍。PCR 技术具有操作简便、灵敏度高、特异性强、省时等特点,因此主要应用于目的基因的克隆、基因体外突变、DNA 和 RNA 的微量分析、测序及基因突变分析中。

2.6.2 PCR 体系

引物、酶、dNTP、模板和缓冲溶液五种物质组成 PCR 体系。

1. 引物

引物决定了 PCR 产物的特异性和长度,PCR 中有两条引物,即 5′引物和 3′引物。在进行 PCR 前要根据扩增目的 DNA 已知序列区域,设计其互补的寡核苷酸链作为引物,目前 PCR 引物设计大都通过计算机软件进行,但应遵循以下原则。

(1) 引物长度:一般为 15~30 bp,最好是 20~24 bp。引物过短会降低扩增的特异性,理论上每增加一个核苷酸,引物的特异性提高 4 倍。但是引物过长则会导致退火不完全,引物与模板结合不完全,扩增产物明显减少。

(2) 引物扩增跨度:以 200~500 bp 为宜,特定条件下可扩增长至 10 kb 的片段。

(3) 引物碱基:4 种碱基随机分布,G+C 含量以 40%~60%为宜,避免出现连续 3 个相同的碱基,特别是 G 或 C。避免引物内部出现二级结构,两引物间不应有较多互补序列存在,避免引物二聚体的形成不应与非目的扩增区同源。引物 3′-端的碱基一定要与模板 DNA 严格配对,否则将导致错误引发,末位碱基最好选用 A、C、G。引物 5′-端的碱基对特异性影响不大,可在引物设计时加上限制性酶切位点,突变位点或进行标记。

(4) 引物浓度:每条引物的浓度为 0.1~1 μmol/L 或 10~100 pmol/L,高浓度可导致非靶序列扩增或自身形成二聚体;浓度低,则产量降低。利用分光光度计,在 260 nm 波长下,根据公式可计算出引物的浓度:

[引物] mol/L= OD_{260}/A(16000)+C(70000)+G(12000)+T(9600)。

(5) 引物的特异性:引物应与核酸序列数据库的其他序列无明显同源性。

2. dNTP 浓度

dNTP 是 PCR 的合成原料,它的浓度决定了 PCR 扩增效率,dNTP 最适浓度可根据特定靶序列长度和碱基组成来决定。为减少错配误差和提高使用效率,4 种 dNTP 要等当量配制,

反应中每种 dNTP 的终浓度为 20～200 μmol/L，其中任何一种浓度不同于其他几种时(偏高或偏低)，就会引起错配。dNTP 溶液呈酸性，其原液可配成 5～10 mmol/L，在 －20 ℃条件下保存，应用时用 NaOH 调 pH 至 7.0～7.5。

3. 模板

模板是待扩增的核苷酸片段，也称为靶序列，既可为 DNA 也可为 RNA，在一定范围内，PCR 的产量随模板 DNA 浓度的升高而增加。一般模板量为 10^2～10^5，相当于 0.1 μg/100 μL，但模板量过多，会导致扩增的非特异性增加。用时需部分纯化以除去抑制 PCR 的物质。

4. 酶及其浓度

PCR 中使用的 DNA 聚合酶是耐高温的 Taq DNA 聚合酶，目前有两种：一种是从栖热水生杆菌中提纯的天然酶；另一种为大肠菌合成的基因工程酶。此酶无校正功能，在 95 ℃高温下不会失活，最适 pH 为 8.3～8.5，最适温度为 75～80 ℃，一般为 72 ℃。某种 dNTP 或 Mg^{2+} 浓度过高时会增加其错配率。浓度一般为每 100 μL 含有 0.5～5 个单位。浓度过高可引起非特异性扩增，浓度过低则合成产物量减少。

5. 缓冲溶液

一般由 50 mmol/L 氯化钾、10～50 mmol/L Tris-HCl、1.5 mmol/L 氯化镁组成。其中 Mg^{2+} 浓度是缓冲溶液的关键成分，影响 Taq DNA 聚合酶的活性、解链和退火的温度及 PCR 扩增的特异性和产量等，各种 dNTP 浓度为 200 μmol/L 时，Mg^{2+} 浓度应为 1.5～2.0 mmol/L。Mg^{2+} 浓度过低，易出现非特异性扩增，浓度过高则会抑制 Taq DNA 聚合酶的活性，使反应产物减少。目前厂商提供的 Taq DNA 聚合酶均有其相应的 Mg^{2+} 缓冲液，特殊实验应采用不含 Mg^{2+} 的缓冲液。

2.6.3 PCR 条件及优化

PCR 条件为温度、时间和循环次数。PCR 过程中设置了变性—退火—延伸三个温度点。

1. 变性温度与时间

模板变性是否完全是 PCR 成功与否的关键，变性温度取决于 PCR 中 DNA 的解链温度。一般在第一轮循环前于 94～95 ℃预变性 3～10 min，使模板完全解链，接着 94 ℃变性 30～60 s，使反应体系完全达到适当温度并使双链 DNA 充分解链。

2. 退火(复性)温度与时间

退火温度一般低于引物本身变性温度 5 ℃。引物长度为 15～25 bp 时，可通过下列公式计算退火温度。

$$T_m(\text{解链温度})=4(G+C)+2(A+T)$$

$$\text{退火温度}=T_m-(5\sim10\ ℃)$$

一般退火温度为 40～60 ℃，时间为 30～45 s。若 G+C 含量低于 50%，则退火温度低于 55 ℃。

3. 延伸温度与时间

延伸温度应在 Taq DNA 聚合酶的最适温度范围之内，一般为 70～75 ℃，通常为 72 ℃。延伸时间据待扩增片段的长度和浓度而定，一般 1 kb 以内的 DNA 片段，延伸时间为 1 min；3～4 kb 的 DNA 片段需 3～4 min；10 kb 的 DNA 片段需约 15 min。对低浓度模板的扩增，延伸时间需稍长些。有些反应由退火和延伸两步合并，只需两个温度即可完成扩增循环，节约时间并提高特异性。

4. 循环次数

循环次数主要由模板 DNA 的浓度决定，一般循环次数设置在 25～30 次已足够，过多的循环次数会增加非特异扩增产物，循环次数过少则会降低产率。通常经过 25～30 次循环后，

Taq DNA 聚合酶的量已不足。

PCR 产物积累规律如下。

在反应初期产物呈 2^n 指数形式增加，至一定的循环次数后，引物、模板、Taq DNA 聚合酶形成一种平衡，产物进入一个缓慢增长时期（"停滞效应"），产物不再随循环次数明显增加，即"平台效应"。平台期会使原来出现的低浓度非特异性产物继续扩增。因此，为减少非特异性产物，尽量调整循环数，在平台期出现前结束 PCR。到达平台期所需 PCR 循环次数与模板量、PCR 扩增效率、聚合酶种类、非特异产物竞争有关。

2.6.4 PCR 产物分析

依据研究对象和目的不同选择不同的分析方法，判断 PCR 产物是否准确可靠。

1. 凝胶电泳分析 PCR 产物

产物电泳，经溴乙锭或核酸染料染色后在紫外仪下观察，对产物的长度可进行粗略的鉴定，以判断扩增的特异性。PCR 产物片段的大小应与预计相一致，特别是多重 PCR，应用多对引物，其产物片段都应符合预计的大小。

(1) 琼脂糖凝胶电泳：通常用 1%～2%的琼脂糖凝胶来检测，是常用和简便的 PCR 产物检测方法。该法能对 PCR 产物的长度和含量进行粗略测定。

(2) 聚丙烯酰胺凝胶电泳：6%～10%聚丙烯酰胺凝胶电泳分离效果比琼脂糖好，条带比较集中，可用于 PCR 扩增指纹图、多重 PCR、PCR 产物限制性片段长度多态性（PCR-RFLP）分析等。

2. 酶切分析

根据 PCR 产物中限制性内切核酸酶的位点，用相应的酶切、电泳分离后，获得符合理论的片段，此法既能进行产物的鉴定，又能对靶基因分型，还能进行变异性研究。

3. 分子杂交

分子杂交是检测 PCR 产物特异性的有力证据，也是检测 PCR 产物碱基突变的有效方法。

4. Southern 印迹杂交

在两引物之间另合成一条寡核苷酸链（内部寡核苷酸）标记后作为探针，与 PCR 产物杂交。此法既可做特异性鉴定，又可以提高检测 PCR 产物的灵敏度，还可知其相对分子质量及条带形状，主要用于科研。

5. 斑点杂交

斑点杂交是将 PCR 产物点在硝酸纤维素膜或尼膜薄膜上，再用内部寡核苷酸探针杂交，观察有无着色斑点，其主要用于 PCR 产物特异性鉴定及变异分析。

6. 核酸序列分析

核酸序列分析是检测 PCR 产物特异性的最可靠方法，分为直接测序和产物经克隆后测序两种方式。

2.6.5 常见的几种 PCR

1. 逆转录 PCR(reverse transcription PCR, RT-PCR)

RT-PCR 是将逆转录过程和 PCR 联合进行，是检测 mRNA 表达的方法。首先提取组织或细胞中的总 RNA，利用特定引物，以 mRNA 为模板逆转录合成互补的 cDNA 链，再以 cDNA 为模板，进行 PCR 扩增，得到所需要的目的基因。

2. 荧光定量 PCR(Fluorescence quantitative PCR, FQ-PCR)

FQ-PCR 是对核酸进行微量分析的一项技术，在 PCR 中引入荧光标记分子，并使荧光信号强度与 PCR 产物量成正比，实时分析每一反应时刻的荧光信号，即可计算出每一个循环的产物量。

3. 多重 PCR(multiples PCR)

多重 PCR 是在同一 PCR 体系中加入多对引物同时对模板 DNA 上的多个区域进行扩增。在对多对引物进行设计时,必须保证多对引物之间不形成引物二聚体,引物与目标模板区域具有高度特异性。多重 PCR 主要用于基因诊断,对与疾病相关的基因(庞大)进行扩增检测。

4. 不对称 PCR(asymmetric PCR)

不对称 PCR 是在扩增循环中引入不同浓度的一对引物(比例一般为 1∶50 或 1∶100),以得到单链 DNA 并进行序列测定的 PCR 技术,主要用于了解目的基因的序列。在最初的 10～15 个循环中,其扩增产物主要为双链 DNA,但当低浓度的引物消耗完后,高浓度引物引导的 PCR 扩增就会产生大量的单链 DNA。

5. 反向 PCR(inverse polymerase chain reaction)

反向 PCR 是用反向互补的引物来扩增两引物以外的 DNA 片段,对一个已知的 DNA 片段两侧的未知序列进行扩增和研究。

6. 锚定 PCR(anchored polymerase chain reaction)

锚定 PCR 是在未知序列末端添加同聚物尾序列,用人工合成与同聚物尾互补的引物作为锚定引物,在与基因已知序列端配对的特异引物参与下,扩增含同聚物尾的 DNA 序列。这样就克服了序列未知或序列未全知带来的障碍。

7. 原位 PCR(In situ PCR,简称 IS PCR)

原位 PCR 是在组织或细胞标本片上直接进行的 PCR,对细胞中的靶 DNA 进行扩增,通过掺入标记基团直接显色或结合原位杂交进行检测的方法。

8. 双温 PCR(two-temperature PCR)

双温 PCR 仅仅执行两步温度程序——合并退火与延伸温度。一般常用温度是 94～95 ℃和 46～47 ℃。该法可以提高反应的速度和特异性。

(内蒙古医科大学　邓秀玲)

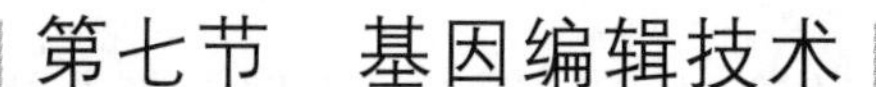

第七节 基因编辑技术

20 世纪 80 年代，哺乳动物细胞中同源重组（homologous recombination，HR）现象被证实，胚胎干细胞分离和体外培养技术逐渐成熟，传统的靶向特定等位基因的同源重组技术被使用，从而实现了早期的基因编辑。总体而言，传统的基因编辑技术存在效率低、成本高的缺点，制约了其在基础研究和临床的应用。高效酶技术的快速发展对该领域具有革命性的贡献，主要包括锌指核酸酶（zinc finger nuclease，ZFN）技术、转录激活因子样效应物核酸酶（transcription activator-like effector nucleases，TALENs）技术和成簇的规律间隔的短回文重复序列系统（clustered regularly interspaced short palindromic repeats，CRISPR/CRISPR-associated(Cas) 9 system，CRISPR/Cas9）。近年来，以 CRISPR/Cas9 为代表的基因编辑技术已经广泛应用于细胞水平和个体水平的基因功能研究，使得研究人员在许多模式生物中更加容易地编辑感兴趣的基因。

2.7.1 ZFN 技术

1985 年，在非洲爪蟾卵母细胞中发现了第一个含锌指结合区域的转录因子Ⅲ。21 世纪初，科学家首次利用 ZFN 技术在非洲爪蟾卵母细胞内介导同源重组，ZFN 技术的成功运用引起生命科学研究领域的广泛关注。ZFN 由两个结构域组成：具有 DNA 结合功能的锌指蛋白（zinc finger proteins，ZFPs）和具有 DNA 切割功能的核酸酶 *Fok* Ⅰ。ZFPs 是一类具有序列特异性且可以灵活组装的真核细胞转录因子。ZFPs 一般由 3～6 个 Cys_2-His_2 锌指重复单位串联而成，每个 ZFP 约含 30 个氨基酸，形成两个反向的 β-折叠片，可识别 3 个连续的碱基。ZFP-DNA 共结晶的结果表明，每个 ZFP 和 DNA 之间的相互作用很大程度上是功能自主的。于是有人提出“积木组装”的概念，即将几个不同的 ZFPs 组装成能够识别特定的靶标序列的多肽，并与核酸酶 *Fok* Ⅰ形成融合蛋白以实现基因组特异性切割的目的。由于 *Fok* Ⅰ只有形成二聚体才具有核酸内切酶活性，所以需要设计识别相邻序列的两个 ZFNs，以相对方向分别特异性识别并结合 DNA 正反义链，才能实现对目的 DNA 的切割。研究表明，两个结合位点之间相隔 5～7 bp 时效率较高（图 2-7-1）。

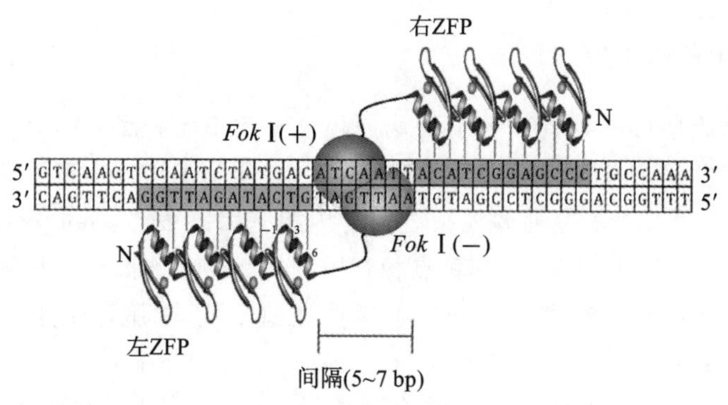

图 2-7-1　ZFN 原理示意图

通过转染或显微注射，将一个编码特异性 ZFN 的质粒 DNA 或信使 RNA 导入细胞或者胚胎，经过翻译后，两个 ZFNs 双向识别并结合在特异性靶点上，随后 F*ok* Ⅰ核酸酶能将特异 DNA 进行剪切。在真核生物细胞中，ZFN 介导 DNA 剪切后，会出现 DNA 双链断裂（double-strand break，DSB），然后利用同源介导修复（homology directed repair，HDR）或非同源末端连接(non-homologous end joining,NHEJ)机制进行切口修复,从而达到精确定点修饰的目的。

NHEJ 是 DNA 损伤自发修复的一种方式。NHEJ 修复有错配倾向,经常发生一些碱基对的插入或缺失,这些突变会导致移码突变或基因阻断,从而引起基因破坏(gene disruption)或基因敲除(gene knock-out)。HDR 也称为同源重组(HR),是通过引入含有 DSB 两侧各一段同源臂的外源供体 DNA,基于 HR 机制实现对靶位点的定点修正(gene correction)或基因突变;也可引入各种报告基因或其他功能元件,实现基因插入(gene addition)(图 2-7-2)。

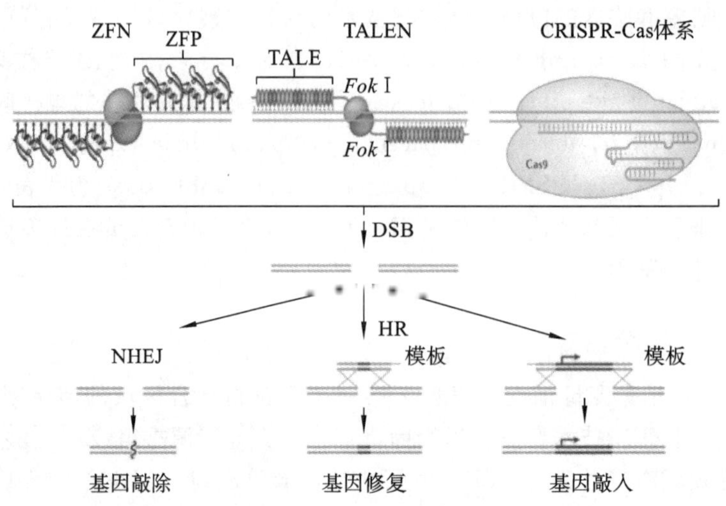

图 2-7-2　三种基因编辑技术介导的基因组定点修饰类型

虽然 ZFN 具有高效的靶向效率,但 ZFN 技术仍然存在很多缺点:①设计和筛选具有高效性、高特异性的 ZFN 仍然存在一些技术障碍,目前尚无法实现对任意一段序列均可设计出满足要求的 ZFN,也还做不到在每一个基因或其他功能性染色体区段都能够顺利找到适合的 ZFN 作用位点;②ZFN 的细胞毒性,主要是非特异切割(脱靶切割)所带来的副作用,对其应用造成一些限制以及不确定性,特别是在涉及基因治疗等领域时,这一问题更为突出;③ZFN 的设计对专业知识要求高,而且需要很大的工作量和很长的时间去构建。因此还需要探索以开发出更加有优势的基因编辑技术。

2.7.2　TALENs 技术

TALE 蛋白家族来自一类特殊的植物病原体——黄单胞杆菌(*Xanthomonas spp.*)。早在 1989 年,人们就发现该家族的第一个成员 AvrBs3。TALEs 类似于真核生物的转录因子,它可以通过识别特异的 DNA 序列调控宿主植物内源基因的表达,从而提高宿主对该病原体的易感性。直到 20 年后,TALEs 与其靶点相互识别的奥秘才被揭开。利用此特性,人们构建了转录激活因子样效应物核酸酶(TALENs),其脱靶概率低、细胞毒性小,是一种能够高效简洁地靶向目的基因的新技术。

TALEs 由三个结构域组成:DNA 结合结构域、核定位信号(nuclear localization signal(s),NLS)和激活基因转录结构域(transcriptional activation domain,AD)。TALEs 的 DNA 结合结构域由 12～30 个重复单元串联构成,每个重复单元能够识别 1 个 DNA 碱基。每个重复单元由 34 个氨基酸残基组成,其中第 12、13 位氨基酸残基是高度可变的,因此被称为重复可变双残基(repeat variable di-residue,RVD)。每个重复单元的 RVD 负责识别 1 个 DNA 碱基,不同的 RVD 能够特异地识别 4 种碱基中的 1 种或多种,并将不同的 TALEs 重复单元串联起来，设计出能够识别靶标序列的TALEs。TALEs重复序列上融合有*Fok* Ⅰ核酸内切酶的催化区域，这就产生了在特异位点有识别和切割能力的TALENs。*Fok* Ⅰ的催化区域形成具有核酸酶活性的二聚体，该二聚体在特异位点识别DNA序列后，能产生位点特异的DSBs并通过NHEJ或HR机制进行DNA修复，进而有利于基因编辑(图2-7-3)。

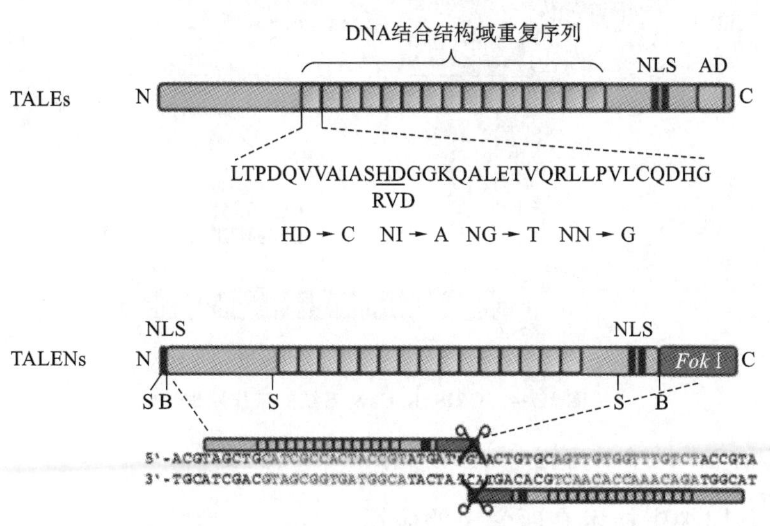

图 2-7-3 TALEs 和 TALENs 结构示意图

虽然TALE重复单元识别的是单个碱基，相对于ZFPs识别三个碱基具有更大的灵活性，但因重复序列多而导致的分子克隆和构建载体困难是其一大缺点。为了规避这个缺点有几种快速合成方案可供选择，包括GoldenGate分子克隆方法、固相合成的高通量方法和长黏末端的LIC(ligation-independent cloning)组装方法等。

2.7.3 CRISPR/Cas9 系统

CRISPR/Cas9是近年来人们发现的一种新的基因编辑技术。其中，CRISPR是在细菌基因组中发现的重复的DNA序列片段，这些片段可以保护机体对抗入侵的外来核酸，如病毒或质粒。CRISPR广泛存在于许多原核生物基因组中，其中改造自产脓链球菌(*Streptococcus*)的Ⅱ型CRISPR/Cas9系统可以依赖Cas9内切酶家族靶向剪切外源DNA。

CRISPR/Cas9系统需要Cas9核酸酶和一种向导RNA(guideRNA，gRNA)的共同作用才能发挥基因编辑功能。gRNA是一个从crRNA(CRISPRRNA)和tracrRNA(trans-activating crRNA)的融合物构建而来的单一RNA嵌合体，其5′-末端有20个核苷酸的修饰，可以指导Cas9到预定的切割位点。转录后，每个crRNA和tracrRNA结合在一起，并和Cas9核酸酶形成一个复合物。Cas9核酸酶在crRNA的指引下，识别保守的间隔相邻基序(protospacer adjacent motif，PAM)并靶向结合到DNA上，产生特异性的DSBs，从而允许特异位点的基因编辑(图2-7-4)。研究证明，CRISPR/Cas9系统能在许多哺乳动物细胞和一些真核生物中诱导特定位点的靶向切割。

与ZFN和TALEN相比，CRISPR/Cas9系统采用DNA-RNA结合的方式代替DNA与蛋白质的结合方式，该系统设计简洁、效率更高，使得哺乳动物基因编辑的成功率大大提升。CRISPR/Cas9技术的效率非常高，可以在3～4个星期内生产突变基因的小鼠，而传统的技术则需要长达几年的时间。目前，作为一种新型的靶向基因编辑技术，CRISPR/Cas9技术不存在动物物种的限制，已成功在细菌、斑马鱼、小鼠和大鼠等多个物种中得到广泛应用。但是，CRISPR/Cas9系统也存在着一些不足，比如，对gRNA的设计要求较高，脱靶率还有待进一

NOTE

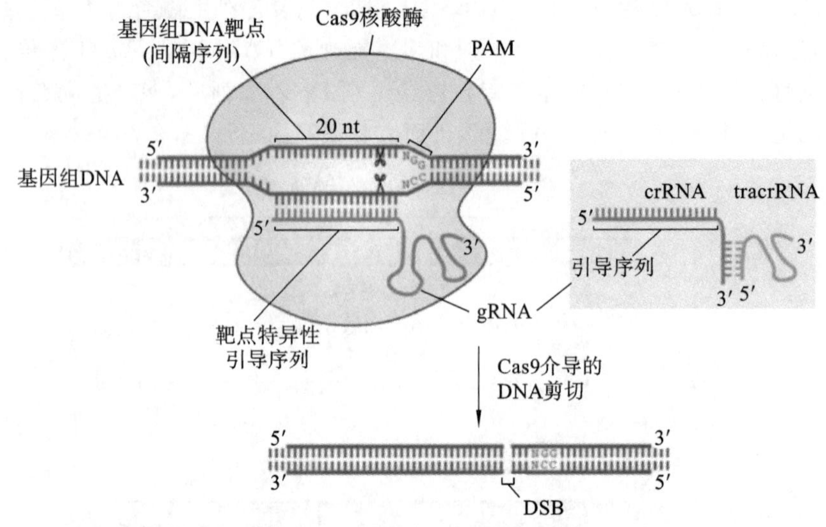

图 2-7-4　CRISPR/Cas9 系统的工作原理

步确定，而且该方法也会在特定靶点外产生多余的 DNA 突变等。

2.7.4　基因编辑技术在医学上的应用

与传统的遗传学方法相比，上述基因编辑技术能更精准、高效地对特定基因进行编辑修饰，在基因组水平实现对细胞及个体的基因敲除、敲入、修正以及改造。这些基因修饰技术对未来改革生物学研究和促进个性化的医疗实现具有重要意义。

1. 基因功能研究

随着人类基因组测序的基本完成，很多新的基因被发现，而这些新基因的功能及作用还有待进一步的研究。其中，基因敲除是研究基因功能及其相关表型最重要、最直接的方法和策略。我们可以通过上述基因编辑技术敲除某个基因，研究该基因缺失后对细胞或生物机体表型或疾病造成的影响，从而确定该基因在细胞或机体中的功能和作用。

2. 建立疾病相关动物模型

疾病相关动物模型的构建对医学和生命科学都是至关重要的。通过改变某些疾病相关的特定基因可以建立某种疾病的模式动物，为研究疾病的发生、发展以及治疗提供研究基础。目前，自然或诱发产生的疾病模型数量已不能满足研究人员的需求。上述的基因编辑技术可使研究者高效、快速地获得特定基因修饰的动物模型，通过对动物模型的深入研究，最终达到促进人类相关疾病的诊断及治疗的目的。

研究者已经在许多模式生物(兔子、大鼠)、大中型动物(猪、牛)中通过 ZFN 技术编辑某特定基因，从而实现基因敲除。TALENs 也被用于一些人类细胞系中的目标基因位点，包括胚胎干细胞(hESC)和诱导多功能干细胞(iPSCs)。此外，基因编辑技术也被运用到果蝇、蠕虫、蟾蜍和斑马鱼中。利用基因敲除技术可以获得很多人类疾病模型，如小鼠糖尿病模型，*p*53 基因敲除引起的肿瘤模型，以及很多免疫缺陷模型。总之，研究人员可以利用上述基因编辑技术复制出更多有助于研究疾病发生和药物筛选的动物模型。

3. 基因治疗

基因治疗(gene therapy)是以改变人的遗传物质为基础的生物医学治疗手段，是将人的正常基因或有治疗作用的基因，通过一定技术方式导入人体靶细胞内来纠正基因缺陷从而达到治疗作用。例如，研究人员利用 ZFN 技术得到了具有 HIV 抗体的人干细胞和治疗 HIV 的药物。也有研究人员利用 TALENs 技术来治疗地中海贫血病，利用 CRISPR/Cas9 技术来对抗

肿瘤。目前已有应用 CRISPR/Cas9 技术来纠正遗传疾病基因的报道。2016 年，世界上第一例 CRISPR/Cas9 人体试验在中国四川大学华西医院启动，他们的攻克目标是肺癌。基因编辑技术在治疗一些人类遗传性疾病方面是很有前景的，但是作为一种新的治疗手段，目前还需要很多进一步的研究和验证来确保治疗的安全性。

（台州学院　龚莎莎）

第八节　原位杂交技术

2.8.1　基本原理

核酸分子杂交是一项基本的分子生物学检测技术，其基本原理是应用核酸分子的变性与复性的性质，即在加热、变性剂等理化因素的作用下，核酸分子内双链间的氢键断裂，形成两条单链，这种现象称为 DNA 的变性。在适宜条件下变性单链核酸分子，重新配对成为新双链核酸分子，称为复性。将不同的单链 DNA 或 RNA 分子置于同一体系中，给予合适的条件复性时，只要单链分子间碱基可互补配对，不同来源的单链就可以形成双链杂合分子，称为核酸分子杂交，分子杂交可在 DNA 与 DNA、RNA 与 RNA 或 RNA 与 DNA 以及人工合成寡核苷酸单链与 DNA 或 RNA 的单链间进行。杂交的两条链是待测 DNA 或 RNA 和已知的 DNA 或 RNA 序列片段，已知的 DNA 或 RNA 序列片段称为探针(probe)。此方法运用已知序列探针分子检测未知核酸序列的同源性。根据探针与样品的存在状态，可将分子杂交分为液相杂交与液-固杂交，液-固杂交应用较广，其中又以滤膜杂交最为常用。

2.8.2　探针

探针是已知序列的核酸分子，且带有可供检测的适宜标记物，根据来源可分为基因组 DNA 探针、cDNA 探针、RNA 探针及人工合成的寡核苷酸探针等种类。根据探针分子的标记方法不同可粗分为放射性探针和非放射性探针两大类。放射性同位素是最早采用也是目前最常用核酸探针标记方法。常用的放射性同位素有 ^{32}P 和 ^{35}S，^{32}P 能量高，信号强，适用范围广。放射性同位素标记探针敏感度高，但其辐射有危害、受半衰期限制(^{32}P 半衰期 14.3 天，^{35}S 半衰期为 87.1 天)，且每次探针需重新制备。而非放射性标记具有使用安全、重复性高等特点，越来越多探针制备选择此类标记方法。常用非放射性标记物有酶类(如辣根过氧化物酶、半乳糖苷酶或碱性磷酸酶)、荧光物质(如 FITC)、半抗原(如地高辛、生物素)等。以下分别简单介绍常用的放射性标记物及非放射性标记物的标记方法。

1. 放射性同位素标记探针

(1) 切口平移法：其原理为首先用 DNase Ⅰ 酶对双链 DNA 探针分子进行消化，使其在一条链上产生一些切口，切口处具有 3′-OH 末端，再通过大肠杆菌 DNA Polymerase Ⅰ 的 5′→3′ 聚合酶活性和 5′→3′ 核酸外切酶活性聚合与水解作用，在 3′-末端进行新链延伸，聚合反应所用底物为放射性同位素标记的核苷酸分子，同时在 5′-末端核苷酸依次被切除。结果在 DNA 链中用具有大量放射性标记的核苷酸替换原来的核苷酸。

(2) 随机引物法：用长度为 6～8 个寡核苷酸的随机序列片段与变性的 DNA 或 RNA 模板退火，以每一个片段退火到模板上，起到 DNA 合成引物的作用，然后在 DNA 聚合酶催化下合成 DNA 链，同样在反应过程中含 ^{32}P 标记的 dNTP 掺入新链，变性处理后，使新合成链与模板解离，即得到各种大小的探针 DNA。

(3) DNA 5′-末端的标记：先用碱性磷酸酶处理 DNA 或 RNA 片段，使 DNA 或 RNA 片段水解掉 5′-末端的磷酸基团，再用 T4 多核苷酸激酶催化使 DNA 或 RNA 的 5′-OH 末端磷酸化，因所用的 ATP 为 α-^{32}P 标记的 ATP，从而使核酸片段 5′-末端被标记。

(4) PCR 标记法：进行 PCR 时，同样选用带有标记物标记的 dNTP，在 DNA 合成过程中，标记物标记核苷酸掺入新合成的 DNA 链上。此方法也应用于非放射性标记探针的制备。

2. 非放射性标记探针

(1) 酶促生物素标记核酸探针:方法同上述切口平移法和随机引物延伸法,只以生物素代替相应放射性标记脱氧核糖核苷酸,经 DNA 聚合酶催化聚合掺入 DNA 分子中。此方法还可用于一些半抗原标记核酸。

(2) 酶标核酸探针:将辣根过氧化物酶(HRP)或碱性磷酸酶(AP)与变性后的 DNA 结合,生成酶标记的 DNA 探针分子。目前最常用的方法是将辣根过氧化物酶(HRP)通过对苯醌(PBQ)与聚乙烯亚胺(PEI)连接而成(HRP- PBQ- PEI),然后在戊二醛的作用下再与变性的 DNA 结合,使 HRP 与 DNA 连接在一起。

(3) 地高辛标记核酸探针:地高辛标记脱氧尿嘧啶三磷酸核苷酸生成 Dig-11-dUTP。通过切口平移法和随机引物延伸法,将 Dig-11-dUTP 分子掺入 DNA 分子中,生成地高辛标记探针分子。

(4) 荧光素标记核酸探针:常用标记核酸的荧光素有异硫氰酸荧光素(呈黄绿色荧光)、四乙基罗丹明(呈橙红色荧光)。探针的荧光素标记通过直接与探针核苷或磷酸戊糖骨架共价联结,同样也可以通过荧光素标记核苷酸掺入核酸分子生成核酸探针分子。另外,也可以将生物素或地高辛半抗原连接在探针分子上,然后用偶联有荧光素的相应半抗原抗体进行检测。

2.8.3 核酸探针检测

(1) 放射性核酸探针检测:可采用放射自显影或计数方法,由于放射自显影技术较为简单易行,只需将杂交膜与 X 线片置于暗室曝光数小时至数天,再显影定影即可。而计数法略微复杂些,通过计数银粒的多少,定量分析杂交信号的强弱。将杂交后的膜漂洗结束后剪成小块,干燥后装入闪烁瓶,加入 2～5 mL 闪烁液,以相同大小的无样品膜作为本底对照,在液体闪烁计数器上自动计数。

(2) 非放射性核酸探针检测:由于标记物的不同,检测体系和方法也不一样。除酶直接标记探针外,其他非放射性标记探针不能直接检测,需进行偶联、显色两步反应进行检测。偶联反应通过探针与检测体系结合生成显色系统作用的中间物质。大多数非放射性标记物是半抗原,通过抗原-抗体免疫体系与显色体系偶联,然后通过酶促显色或荧光法、化学发光法显色。

2.8.4 原位杂交技术

原位杂交(in situ hybridization,ISH)是指将特定标记的已知顺序核酸为探针与细胞或组织切片中核酸进行杂交,从而对特定核酸顺序进行精确定量定位的过程。原位杂交是在分子生物学领域应用极其广泛的实验技术之一,是研究生物体发育过程中的一种极为重要的分子遗传学的研究方法。原位杂交技术最早应用于 20 世纪 60 年代末,由于核酸分子杂交的特异性高,并可精确定位,因此该技术已被广泛应用,例如与细胞内 RNA 进行杂交以观察该组织细胞中特定基因表达部位及水平。另外,原位杂交不需要从组织中提取核酸,对于组织中含量极低的靶序列有极高的灵敏度,并可完整地保持组织与细胞的形态,更能准确地反映出组织细胞的相互关系及功能状态。

原位杂交主要是基于单链的 DNA 或者 RNA,只要它们的序列是互补的,即遵循 AT,CG 和 AU 碱基配对原则,两条核酸链间(DNA-DNA,DNA-RNA,RNA-RNA)就可形成一个稳定的杂交复合体。核酸原位杂交可根据其检测物而分为细胞内原位杂交、组织切片内原位杂交及整体原位杂交;根据其所用探针及所要检测核酸的不同又可分为 DNA-DNA,RNA-DNA,RNA-RNA 杂交。但不论哪种杂交都必须经过组织细胞的固定、预杂交、杂交等一系列步骤,最后需放射自显影或免疫酶法显色以显示杂交结果。

(湖北理工学院　苏振宏)

第九节　微透析技术

2.9.1　微透析技术发展史

微透析技术(microdialysis,MD)是由早期神经化学实验中的灌流取样技术发展和延伸而来的新技术。1961 年 Gaddum 发明了推拉式灌流取样技术并用于检测脑细胞外神经化学物质,这项技术改进后广泛应用于脑中神经递质的检测。20 世纪 70 年代初,西班牙 Delgado 及瑞典 Ungerstedt 教授等人首先提出“微透析”的概念。1972 年 Delgado 等人最早报告组织透析取样技术。1982 年 Ungerstedt 等人进一步发展了微透析技术。经过微透析取出的样品不需要预处理即可直接进行高效液相色谱分析,同时由于灌流液仅限于透析管内流动,与细胞外液没有直接接触,极大地减小了对活体组织的损害程度。刚性微透析探针适用于脑、中枢神经系统和麻醉动物的其他组织。随后出现的灵活性微透析探针,与刚性探针的基本构造相似,只是探针的外套采用具有弹性的硅胶管等材料制成。灵活性微透析探针的出现大大拓宽了微透析取样的应用范围。微透析技术因其独有的微创性和取样的连续性,现已被广泛应用于脑组织各种病理生理现象的探索性实验、神经生物化学的监测和药物代谢研究,它可提供递质释放、摄取和代谢的必要信息。近年来,微透析技术甚至被用于局部的治疗性给药。

微透析技术

2.9.2　微透析技术的基本原理

微透析技术是一种将灌流取样和透析技术结合起来并逐渐完善的一种从生物活体内进行动态微量生化取样的新技术,具有活体连续取样、动态观察、定量分析、采样量小、组织损伤轻等特点,可在麻醉或清醒的生物体上使用,特别适合于深部组织和重要器官的活体生化研究。

微透析技术是以透析原理作为基础,通过对插入生物体内的微透析探头在非平衡条件(即流出的透析液中待测化合物的浓度低于它在探针膜周围样品基质中浓度)下进行灌流。微透析技术的关键是透析膜,其孔径允许小分子自由扩散通过而阻止蛋白质等大分子通过,当探针置入组织间隙时,组织中待测化合物沿浓度梯度逆向扩散进入透析管,透过膜的小分子物质被透析管内连续流动的灌流液不断带出,样品不断地收集并用标准的化学分析技术进行分析,从而达到活体组织取样的目的(图 2-9-1)。

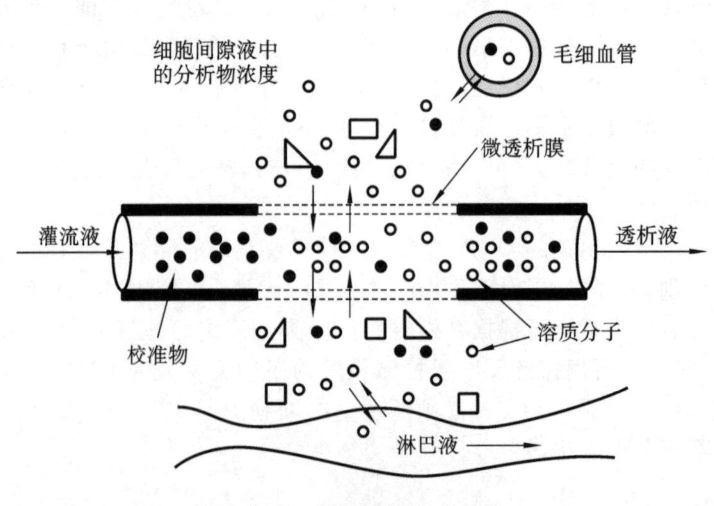

图 2-9-1　微透析原理示意图

单位时间内穿过膜的分子数即通量 J，可表达为

$$J=-P_{m}A\Delta C=-\frac{D_{m}A}{l}\Delta C=\frac{-KTA}{6\pi\tau\eta rl}\Delta C \tag{1}$$

式(1)中 P_m 为渗透率；A 为膜面积；ΔC 为膜内外的浓度梯度；l 为样品基体厚度；τ 为曲率；D_m 为扩散系数；K 为 Boltzmann 常数；T 为绝对温度；η 为样品的黏度；r 为分子半径。

式(1)说明若两个分子大小不同，其通量将显著不同。选择适当相对分子质量的透析膜，可将蛋白质等大分子排除，处于与蛋白质等大分子结合状态的小分子也不能穿过透析膜，因而微透析取样所得到的是游离态的小分子化合物。式(1)还说明透析速度不仅依赖于膜参数，而且还依赖于样品基体的性质(l, τ, η)，因而导致微透析活体分析定量的复杂性。

2.9.3 微透析系统的组成

微透析系统的基本部件包括探针、输入和输出连接管、灌注液、注射泵和样品收集器(图 2-9-2)。样品可以通过样品收集器收集，也可以通过在线注射阀引入分析系统。实验动物置于相应的装置中，要求动物自由活动而不影响或者破坏连接管(图 2-9-3)。

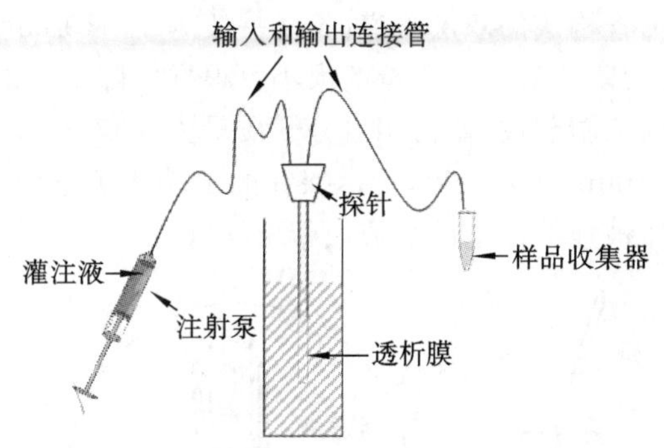

图 2-9-2 微透析系统的基本组成

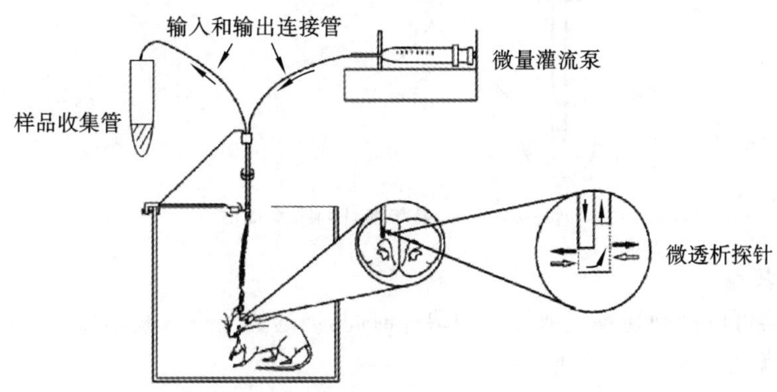

图 2-9-3 体内微透析系统

1. 微量泵

以注射泵为佳，有利于减少恒流泵和蠕动泵的波动，流速一般为 1～5 μL/min。

2. 微透析探针

微透析探针有多种形式，按其构造可分为同心圆式、环形、线形和分流式探针四类(图 2-9-4)。同心圆式探针是由两个套管套在一起组成的，透析液在内管中流动，穿过透析膜，通过外管进入收集液。它一般用于脑内神经递质的取样，但由于其硬度太大，动物的运动可能会使刚性探针刺破血管或组织，所以不适合于清醒动物的脉管或体内器官的取样。环形探针是由两根由透析膜覆盖的硅管组成的，它的柔性使其足以在清醒动物的血管内取样，但不能确保

NOTE

探针不伤害靶组织，所以对于体内其他组织如肝、肌肉和肿瘤等，还有一定局限性。线形探针可用于肌肉、皮肤、肝脏和肿瘤等组织。线形探针是将探针穿在组织中，使得透析膜能够完全植入靶组织。分流式探针是将一根线形探针插入一段塑料管中组成的。它可以从流动的液体中取样，常用于胆管取样。

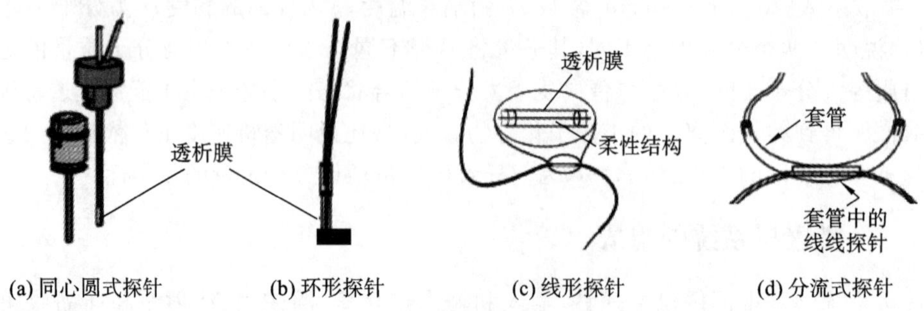

图 2-9-4　微透析探针的种类

下面以刚性同心圆式探针为例介绍探针的基本结构。微透析探针通常是由一管式半透膜与不锈钢、石英或塑料毛细管构成的双层管道，长度一般为 1～10 cm(图 2-9-5)。微透析探针的大小、膜长度、内径以及切割相对分子质量的大小可根据实际应用的要求选定。半透膜由再生纤维素、聚碳酸酯或聚丙烯腈制成，截留相对分子质量为 5000～10000 不等。灌流液由微量注射泵以低流速(1～5 μL/min)注入探针，到达探针的顶端透析管处，与被取样的基体发生物质交换，进入膜的化学物质被连续流动的灌流液带出探针。

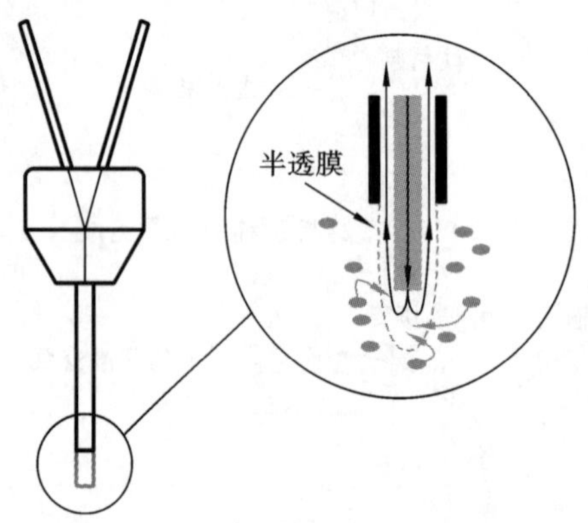

图 2-9-5　微透析探针的基本构造

3. 样品收集器

样品收集器可以准确地预设取样量和取样时间，当透析液进入收集器后，可以联用其他分离检测仪器检测，也可以在线分析。

4. 连接管

连接管必须使用惰性材料，不能与药物发生反应。

2.9.4　回收率的测定

探针回收率是指从灌流液中流出的待测组分与标准浓度之比的百分数。探针回收率是影响微透析结果的重要因素，取决于取样部位的生物学性质、透析膜的物理性质(材料、孔径、长度及几何形状等)、待测物质的相对分子质量、灌流速度、压力、生物体本身的健康条件和生物节律等。目前测定回收率的方法主要有以下几种。

1. 外标法

在计算被测物质相对浓度的变化时，可简单地采用体外回收率法。测定宜在取样后立即

进行，将探针放入已知浓度的标准溶液中，用与体内实验相同的流速灌流探针，达到稳定状态后，收集灌流液并进行检测。测定浓度与标准溶液浓度之比即为体外回收率。此法虽简单易行，但由于没有考虑体内生理因素对回收率的影响，所以只有在体内因素对实验结果影响不大，或只需检测待测物质在体内的变化而不要求绝对含量时，外标法才满足要求。

2. 内标法

内标法是在灌流液中加入已知浓度的内标物，通过体外实验求得待测物质和内标物的回收率之比，并且假设体内实验中，两者的回收率之比不发生变化，通过测定内标物在体内的相对回收率来计算待测物质的回收率。内标法要求所选内标与待测物质的性质相近，一般为结构类似的化合物。内标法的优点是简单、省时。

3. 反透析法

由于内标与待测物在体内的动力学情况不完全相同，因此内标法仍然存在误差，反透析法则可以消除这种误差。反透析法假设待测物在半透膜两侧的渗透性一样。在灌流液中加入一定浓度的内标物（C_{ic}），在与体内透析相同的条件下操作，测定透析液中内标物的浓度（C_{ec}），体内回收率（R_{in}，vivo）可用下式计算：R_{in} vivo＝$(1-C_{ec}/C_{ic})\times100\%$，本法要求内标物具有生物惰性，尽可能与被测物相似。

4. 低流速法

低流速法是将灌流速度尽量降低，一般控制在 50 nL/min 以下，使回收率尽量达到 100％，此时便无须进行回收率校正。此法取样体积很少（一般在 5 μL 以下），不但对仪器的检测灵敏度要求极高，而且取样时间长，易造成样品的挥发或氧化。

5. 外推至零流速法

外推至零流速法是通过测定在不同流速下灌流液中的待测物浓度，并对结果进行非线性回归，外推至流速为零时的浓度即为组织中的待测物浓度，由于流速为零，理论上细胞外液中待测物的浓度和透析液中待测物的浓度相等。

6. 零净流量法

零净流量法是配制一系列不同浓度待测物的灌流液进行微透析实验，如果细胞外液中待测物浓度大于灌流液中待测物的浓度，待测物会沿浓度梯度进入探针，反之，待测物会沿浓度梯度进入组织，当两者浓度相等时，则没有待测物的净扩散。此时以待测物在灌流液中的浓度为横坐标，待测物的浓度变化为纵坐标作图，结果应为一直线，与横轴的交点所对应的浓度即为组织中待测物的浓度，斜率即为相对回收率。零净流量法因为以待测物本身为对照，所以结果更为准确。

虽然减小流速或增加半透膜的面积可以提高相对回收率，但是流速降低会使样品量减少，为了收集足够的样品以达到检测限，需要延长取样的时间间隔，因此降低微透析的时间分辨率，增加半透膜的面积可以提高相对回收率，从而提高时间分辨率，但必须保证探针周围的组织均匀，否则会降低微透析的空间分辨率。因此微透析实验中必须综合考虑回收率、半透膜大小等因素，以得到最优化的结果。

2.9.5 微透析取样技术的特点

（1）微透析可以用于实验动物的活体采样，且对动物的伤害较小，属于微创手术。小型动物（小鼠、大鼠）在采样过程中可以保持清醒活动状态，能使收集的数据较为真实地反映动物的活体生物指标，不受大面积创伤、麻醉等激烈刺激的影响。

（2）可连续跟踪多种化合物随时间的变化，与高效毛细管电泳（high performance capillary electrophoresis，HPCE）、高效液相色谱（high performance liquid chromatography，HPLC）等以分离为基础的分析技术联用，可同时提供多种化合物的浓度-时间曲线，对阐明发生在体内的代谢和生物转化有积极意义。

(3) 微透析时选取适当微透析膜，使微透析液中不含蛋白质和酶等生物大分子，免除复杂的样品前处理及由此而产生的样品损失和误差，从而提高样品的稳定性。由于微透析取出的样品体积小，为微升(μL)级，易于挥发，因此取出后不宜久放，直接由液相色谱、质谱等精密仪器分析，省时高效，避免样品处理过程中损耗所造成的数据偏差。

(首都医科大学燕京医学院　鄢雯)

第十节 ELISA 技术

2.10.1 ELISA 技术发展史

酶联免疫吸附测定(enzyme-linked immunosorbent assay,ELISA)是以免疫学反应为基础,将抗原、抗体的特异性反应与酶对底物的高效催化作用相结合的一种测定方法。其中的"吸附"是指待测的样品多是血清、血浆、尿液、细胞或组织培养上清液,操作时需要将抗原或抗体结合到固相载体表面,从而形成抗原-抗体-酶-底物复合物,吸附在载体上。

临床免疫检验技术是 ELISA 方法的基本框架,它的出现最早可追溯至 19 世纪末。经过长期的探索,以免疫凝集和免疫沉淀反应为基础的免疫检验技术获得了极大的发展,其操作简便、应用广泛,但是由于该方法检测灵敏度较低,主要用来进行定性测定。20 世纪 40 年代,人们开始尝试在抗原抗体反应中引入标记物。在经历荧光免疫、放射性免疫之后,1966 年,美国的 Nakane 和 Pierce 以及法国的 Avrameas 和 Uriel 建立了酶标免疫测定技术。他们用酶代替荧光素,用于抗原在组织中的定位,可通过光学显微镜和电子显微镜来观察酶催化的显色反应。1971 年 Engvall 和 Perlmann 发表了用酶标固相免疫测定技术,即 ELISA 技术,定量测定 IgG 的文章,使得该技术的应用从抗原定位发展到液体标本中微量物质的定量测定。ELISA 技术因为具有灵敏度高、特异性强,酶免疫试剂的性质比较稳定,操作方法简便快速、无放射性污染以及应用范围广等很多优点,发展十分迅速,目前已被广泛应用于生物学和医学的多项领域。

2.10.2 ELISA 技术的基本原理

ELISA 技术的基本原理是抗原或抗体的固相化及抗原或抗体的酶标记。它采用抗原与抗体的特异性反应将待测物与酶连接,然后通过酶与底物产生颜色反应,对待测物进行定量分析。测定的对象可以是抗体也可以是抗原。实验成功的前提是,结合在固相载体表面的抗原及抗体仍保持其免疫学活性,酶标记的抗原或抗体既保留其免疫学活性,又保留酶的活性。该方法必须用到三种试剂:①固相的抗原或抗体(免疫吸附剂);②酶标记的抗原或抗体(标记物);③酶促反应的底物(显色剂)。

实验的基本步骤:样品中的受检物质(抗原或抗体)与固相载体表面的抗体或抗原结合,通过洗板除去非结合物,再加入酶标记的抗原或抗体,形成抗原-抗体-酶复合物,然后彻底洗涤未结合的酶标抗原或抗体,结合在固相载体上的酶量与标本中受检物质的量成一定的比例;最后加入该酶的底物,反应后显色,根据颜色的深浅可以判断样品中物质的含量,进行定性或定量的分析。

2.10.3 ELISA 技术的分类

根据试剂的来源、标本的性状及检测的条件不同,ELISA 技术常见的有以下几种类型。

1. 直接 ELISA 法

直接 ELISA 法是 ELISA 方法中步骤最简单的一种,其原理是酶标抗体直接和固相抗原相结合,显色后测定抗原。其中一级抗体的特异性非常重要。直接 ELISA 法原理及步骤见图 2-10-1。

2. 间接 ELISA 法

间接 ELISA 法是检测抗体常用的方法。其原理是利用酶标记的抗抗体(二抗)以检测与

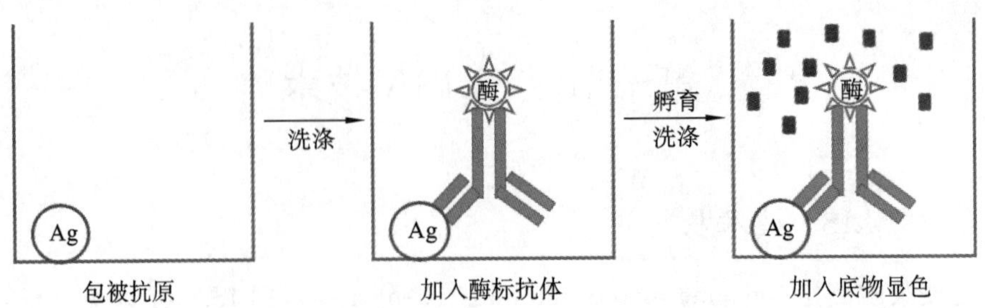

图 2-10-1　直接 ELISA 法原理及步骤

固相抗原结合的待测抗体，故称为间接 ELISA 法。只要变换包被抗原，该方法就可利用同一酶标二抗检测相应抗体。间接 ELISA 法临床上主要用于对病原体抗体的检测，进行传染病的诊断。间接 ELISA 法的原理及步骤见图 2-10-2。

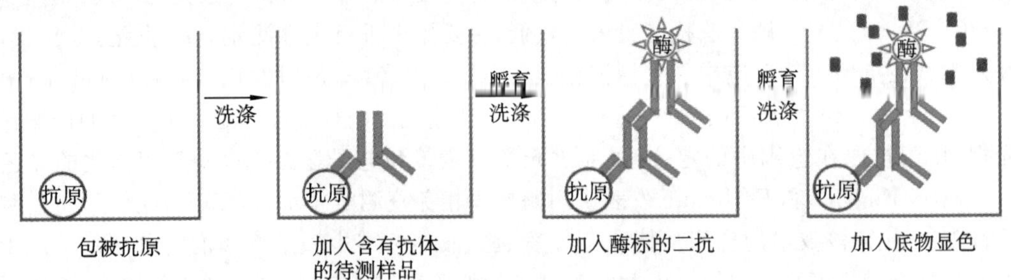

图 2-10-2　间接 ELISA 法的原理及步骤

3. 双抗体夹心 ELISA 法

双抗体夹心 ELISA 法是检测抗原最常用的方法，其针对抗原分子上两个不同抗原决定簇的单克隆抗体分别作为固相抗体和酶标抗体，具有很高的特异性。该方法适用于测定二价或二价以上的大分子抗原，而且可以将受检标本和酶标抗体一起保温反应，做一步检测，使操作更加方便快捷。但由于半抗原及小分子单价抗原不能形成两位点夹心，因此并不适宜用该方法。双抗体夹心 ELISA 法的原理及步骤见图 2-10-3。

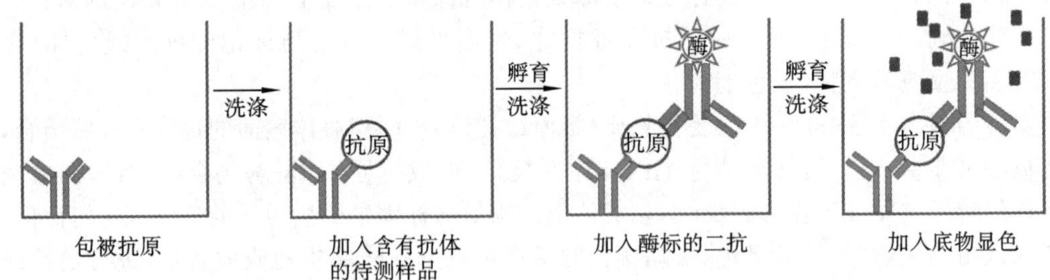

图 2-10-3　双抗体夹心 ELISA 法的原理及步骤

4. 双抗原夹心 ELISA 法

其操作与间接 ELISA 法基本相同，但利用特异性的抗原代替酶标二抗，所以特异性比间接法更好。另外，由于间接 ELISA 法中使用的二抗一般只能识别 IgG，而双抗原夹心 ELISA 法中任何类似的免疫球蛋白都可以被检测出，因此双抗原夹心 ELISA 法比间接 ELISA 法更灵敏。由于和前述方法类似，不再单独作图。

5. 竞争抑制 ELISA 法

竞争抑制 ELISA 法的主要原理是用待测抗原或抗体与一定量的酶标抗原或抗体竞争固相抗体或抗原，最终显色的结果与待检抗原或抗体呈负相关。将该方法和基础的 ELISA 法结

合可以派生出多种检测方案，如直接竞争抑制 ELISA 法、间接竞争抑制 ELISA 法、夹心竞争抑制 ELISA 法等特殊的 ELISA 方法。此法一般用于抗原材料中的干扰物质不易除去，或没有足够的纯化抗原的情况。由于竞争法测定抗原只要有一个结合部位即可，因此对小分子抗原如激素和药物类的测定常用此法。该法的优点是检测速度快，但是需要较多量的酶标记抗原。竞争抑制 ELISA 法的原理及步骤见图 2-10-4。

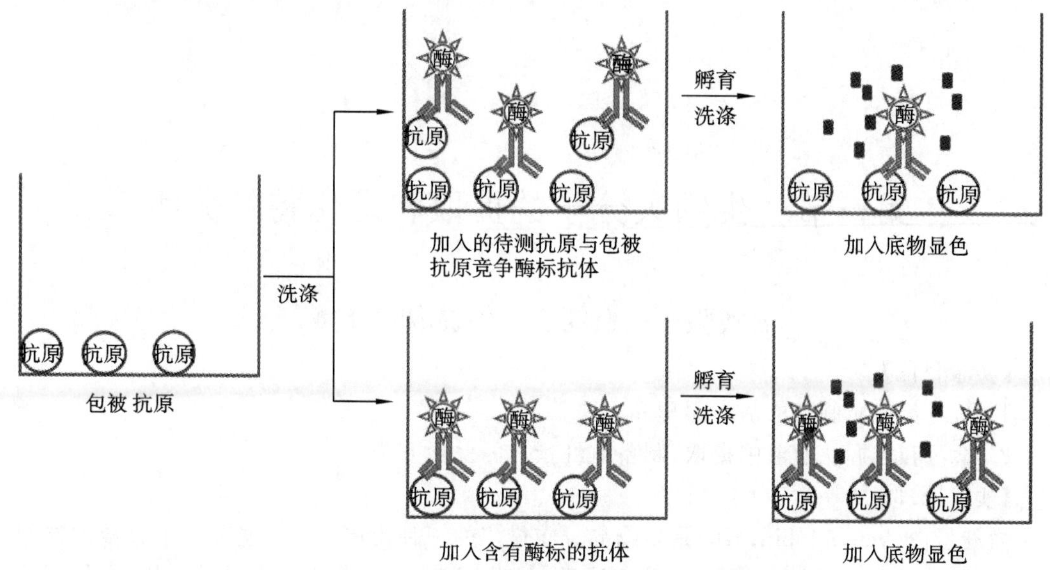

图 2-10-4 竞争抑制 ELISA 法的原理及步骤

总而言之，ELISA 法利用抗原抗体的结合反应和酶促反应的原理，抗原决定簇与抗体的抗原结合位点在化学结构和空间构型上存在严格的互补关系，而酶促反应具有高度的催化效率，可以显著地放大免疫反应的结果，使该法具有高特异性、高灵敏度的优点。因此 ELISA 技术是分泌蛋白质检测首选方法之一，可以在细胞或亚细胞水平上定位抗原或抗体的所在部位，对于多个样本在微克甚至纳克水平上的定量更是发挥出巨大的作用。

（河南大学　葛振英）

第三章　生物化学与分子生物学基础实验项目

第一节　生物大分子的提取和理化特性分析

实验一　血红蛋白的提取和分离

【实验目的】

1. 学习蛋白质制备的基本原理和方法。

2. 学习和掌握从血液中提取、制备血红蛋白的一般方法。

【实验原理】

血红蛋白(hemoglobin,Hb)是生物界分布最广的一种蛋白质，普遍存在于脊椎动物的红细胞中。血红蛋白的提取常用冻融溶血法和一般提取法。冻融溶血法耗时较长，需使用特殊的缓冲介质，但能完整保留各类血红蛋白，适合于科学研究或临床检验、鉴定。一般提取法简便快速，适合于一般实验和工业制备。

本实验采用一般提取法进行血红蛋白的提取。血液先用柠檬酸钠抗凝，后用生理盐水洗涤红细胞以除去血浆蛋白和白细胞。洗净的红细胞以甲苯-水介质溶血，释放血红蛋白。通过离心、过滤、分液等分离操作分出血红蛋白，通过透析法除去小分子，进一步纯化血红蛋白粗品。

【实验材料、试剂与仪器】

1. 材料：新鲜脊椎动物血液(鸭血，抗凝处理)；透析袋。

2. 试剂

(1) 柠檬酸钠：抗凝用，100 mL 血液中加入 3.0 g 柠檬酸钠。

(2) 生理盐水：质量分数为 0.9%的 NaCl 溶液，即 9.0 g NaCl 加入蒸馏水溶解，配制成 1 L溶液。

3. 仪器：离心机、磁力搅拌器。

【实验步骤】

1. 红细胞的洗涤

洗涤红细胞的目的是除去杂蛋白，以利于后续步骤的分离和纯化。采集的血样(每组取抗凝血 10 mL)须及时分离红细胞，分离时采用低速短时间离心(1500 r/min，离心 3 min)。然后用吸管吸出上层透明的黄色血浆。将下层暗红色的红细胞液体倒入烧杯中，加入 5 倍体积的生理盐水，缓慢手动匀速搅拌数分钟，使溶液体系混匀，低速短时间离心。如此重复洗涤 3 次，直至上层清液不再呈现黄色，表明红细胞已洗涤干净。

2. 血红蛋白的释放

将洗好的红细胞倒入烧杯中，加蒸馏水至原血液的体积，再加入总体积 40%的甲苯，置于磁力搅拌器上充分搅拌(搅拌器上最大的转速)10 min。在蒸馏水和甲苯的作用下，红细胞破裂，释放出血红蛋白。

3. 分离血红蛋白溶液

将上述混合液移至 15 mL 塑料离心管中，5000 r/min 离心 10 min，注意观察溶液的分层情况：可观察到试管中的溶液分为四层（图 3-1-1）。从上往下，第一层无色透明，为甲苯层；第二层为白色薄层固体，是脂溶性物质的沉淀层；第三层为红色透明液体，为血红蛋白溶液，直接用滴管取该层的液体；第四层为其他杂质的暗红色沉淀物。对离心管中的溶液进行过滤，除去沉淀物，滤液于分液漏斗中静置，分出下层的红色透明液体。或者直接吸取中间的血红蛋白液层。

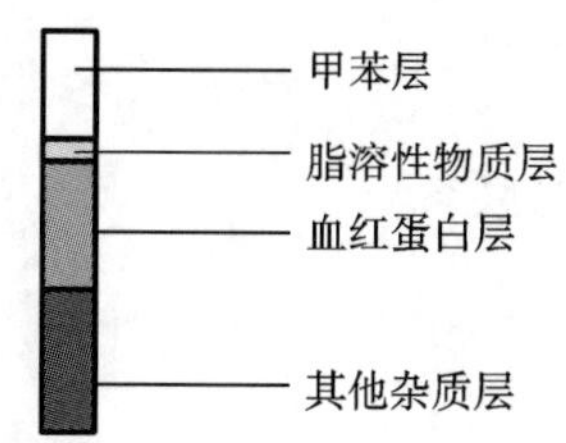

图 3-1-1 血红蛋白溶液分层图示

4. 透析

每组取 3 mL 的血红蛋白溶液进行透析。

血红蛋白溶液装入透析袋中，将透析袋放入 300 mL 物质的量浓度为 20 mmol/L 的磷酸缓冲液（pH 7.0）中，透析 12 h。

【注意事项】

1. 观察所处理的血液样品离心后是否分层，如果分层不明显，可能是洗涤次数少、未能彻底除去血浆蛋白的原因。

2. 离心速度过快或时间过长，会使白细胞和淋巴细胞一同沉淀，也得不到纯净的红细胞，影响后续血红蛋白的提取纯度。

【临床知识拓展】

在人的红细胞中血红蛋白的浓度为 34%，占红细胞总蛋白量的 90%，每一个红细胞约含 2.8×10^{9} 个血红蛋白分子。

血红蛋白增多或减少的临床意义与红细胞计数的临床意义基本相似，但是血红蛋白能更好地反映临床疾病。

血红蛋白增多常见下列情况。

（1）生理性增多。

常见于高原地区的居民、胎儿和新生儿，以及剧烈活动、恐惧、冷水浴等情况。

（2）病理性增多。

常见于严重的先天性及后天性心肺疾患和血管畸形，如法洛四联症、发绀型先天性心脏病、阻塞性肺气肿、肺源性心脏病、肺动脉或肺静脉瘘及携氧能力低的异常血红蛋白病等；也见于某些肿瘤或肾脏疾病，如肾癌、肝细胞癌、肾胚胎瘤及肾盂积水、多囊肾等。

血红蛋白减少常见于以下情况。

（1）生理性减少。

因生长发育迅速而导致的造血系统造血相对不足，主要见于 3 个月大的婴儿至 15 岁以下的儿童，一般较正常成年人低 10%～20%。此外，妊娠中期和后期由于血容量增加而使血液被稀释；老年人由于骨髓造血功能逐渐减弱，可导致红细胞和血红蛋白含量减少。

（2）病理性减少。

①骨髓造血功能衰竭，如再生障碍性贫血、骨髓纤维化所伴发的贫血。

②因造血物质缺乏或利用障碍所致的贫血，如缺铁性贫血、叶酸或维生素 B_{12} 缺乏所致的巨幼红细胞性贫血。

③因红细胞膜酶遗传性的缺陷而导致的贫血，如遗传性球形红细胞增多症、珠蛋白生成障碍性贫血、阵发性睡眠性血红蛋白尿症、异常血红蛋白病。

④因外来因素所致红细胞破坏过多而导致的贫血，如免疫性溶血性贫血、心脏体外循环的大手术或某些生物或化学等因素所致的溶血性贫血。

⑤因某些急性或慢性失血所致的贫血。

【思考题】

思考题答案

1. 血液中有哪些成分？

2. 血清、血浆与全血有何区别与联系？

（厦门大学　郑红花）

实验二 凝胶过滤层析纯化血红蛋白和核黄素

【实验目的】

1. 掌握血红蛋白与核黄素的凝胶层析分离的原理及应用。

2. 了解离子交换柱层析、亲和层析及吸附层析等分离纯化的原理。

【实验原理】

凝胶过滤层析简称凝胶层析，又称为凝胶排阻层析、凝胶过滤、分子筛层析或凝胶渗透层析，是一种按分子大小分离物质的层析方法，广泛应用于蛋白质、核酸、多糖等生物分子的分离纯化。其原理如下：将混合物样品加载到填充了凝胶颗粒的层析柱中，选用适当的缓冲液洗脱，大分子无法进入凝胶颗粒微孔中，只能在凝胶颗粒间的流动相中，以较快的速度从层析柱中洗脱出来，而小分子能自由出入凝胶颗粒微孔，并很快在流动相和固定相之间形成动态平衡，因此需花费较长的时间流经柱床，从而使不同大小的分子得以分离。

凝胶层析所用基质是具有立体网状结构、筛孔直径一致，且呈珠状颗粒的物质(图 3-1-2)。本实验通过凝胶过滤，以分离小分子核黄素(黄色，相对分子质量为 267)和大分子血红蛋白(红色，相对分子质量为 67000)的混合物。核黄素相对分子质量小，能自由出入凝胶颗粒中，因此要花费较长时间方可从凝胶柱中洗脱出来，在层析柱中呈现其本来的黄色带而远远落在血红蛋白后面。

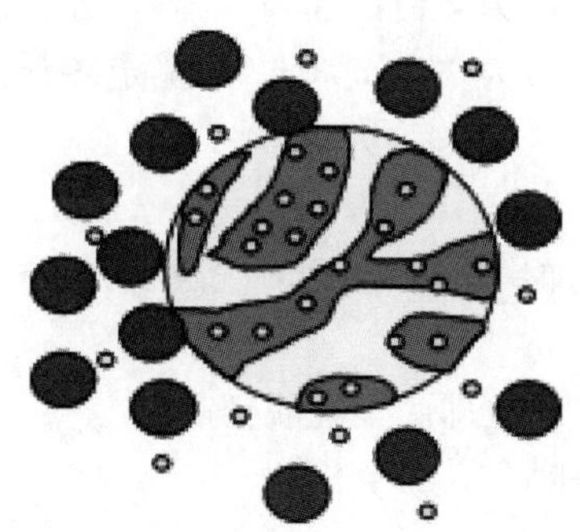

图 3-1-2 大小不同的分子凝胶颗粒示意图

【实验材料、试剂与仪器】

1. 材料：医用镊子、5 mL 带刻度滴管、250 mL 试剂瓶、50 mL 烧杯；层析柱：10 mm×20 cm 10 支。

2. 试剂

(1) 0.1 mol/L 磷酸缓冲液(pH 7.2)：量取 0.1 mol/L 磷酸二氢钠 280 mL 与 0.1 mol/L 磷酸氢二钠 720 mL，混匀。

(2) 核黄素饱和水溶液。

(3) 生理盐水，甲苯，葡聚糖凝胶：Sephadex G-25 或 G-50。

(4) 血红蛋白样品的制备：取 2 mL 抗凝血于离心管中，2000 r/min 离心 10 min，使血细胞沉淀，弃去血浆和白细胞层。向红细胞沉淀中加入生理盐水 4 mL，振摇洗涤，2000 r/min 离心 10 min，弃去上清液，共洗涤 3 次。向沉淀中加入蒸馏水 2 mL，混匀，再加入甲苯 1 mL，剧烈振摇促使红细胞溶血释放血红蛋白，2000 r/min 离心 10 min，取上层血红蛋白溶液备用。

3. 仪器：恒流泵、分光光度计。

【实验步骤】

1. 葡聚糖凝胶的预处理

取 Sephadex G-25 5 g 或 Sephadex G-50 3 g，浸泡于 50 mL 蒸馏水中充分溶胀(室温，12 h)，然后反复倾斜除去表面的悬浮微粒，再加入 pH 7.2 的磷酸缓冲液于沸水浴中 2～3 h，以除去颗粒内部空气，最后加入 pH 7.2 的磷酸缓冲液浸泡过夜备用。

2. 葡聚糖凝胶柱的制备

(1) 将层析柱垂直固定在铁架台上，将层析柱出口接上乳胶管，注意上下不要颠倒。

(2) 将层析柱下端的止水螺丝旋紧，向柱中加入 1～2 cm 高的缓冲液，把溶胀好的糊状凝胶边搅拌边缓慢倒入柱中，最好一次连续装完，直至凝胶床高达 18 cm，要求凝胶床无气泡，无断层，表面平整。

3. 葡聚糖凝胶柱的平衡

调节以恒流泵控制流速为每 5 s 1 滴，用磷酸缓冲液洗脱 10 min。注意不要使液面低于凝胶表面，否则凝胶床可能干裂，影响液体在柱内的流动与分离效果。

4. 制样

将等体积核黄素饱和水溶液和血红蛋白溶液混匀即可。

5. 上样

将柱中多余的液体从底部流出后立即关闭止水阀，取 0.5 mL 备好的混合液，沿层析柱加入凝胶柱中，打开止水阀，使样品溶液流入柱床内。

6. 洗脱

用缓冲液进行洗脱，控制缓冲液流速为每 5 s 1 滴，每 3 mL 一管，用分光光度计比色，选用的波长为 240 nm，以磷酸缓冲液为空白试剂调零，测定各管血红蛋白溶液的吸光度；选用的波长为 450 nm，同样以磷酸缓冲液为空白试剂调零，测定各管核黄素溶液的吸光度，以管号为横坐标，吸光度为纵坐标作图。

7. 清洗

待所有色带流出层析柱后，加快流速，继续清洗层析柱 2 min。

【注意事项】

1. 调整好缓冲液的流速后，应立即收集洗脱样品。

2. 每管收集的液体体积要相同。

【思考题】

思考题答案

1. 比较凝胶层析与分配层析在实验原理上有何区别？

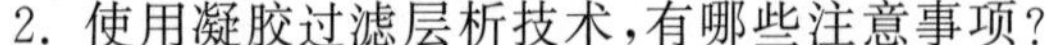

2. 使用凝胶过滤层析技术，有哪些注意事项？

（湖北理工学院　苏振宏　袁超）

实验三 电泳技术分离血清蛋白:聚丙烯酰胺凝胶电泳和醋酸纤维薄膜电泳

1. 聚丙烯酰胺凝胶电泳技术分离血清蛋白

【实验目的】

1. 掌握聚丙烯酰胺凝胶电泳的基本原理。

2. 熟悉聚丙烯酰胺凝胶电泳的操作步骤。

【实验原理】

血清中含有多种蛋白质,其相对分子质量、等电点不同,分子形状也不尽相同,在同一 pH 溶液中可解离成带有不同电荷的离子,在电场作用下,以不同的电泳速度聚集在不同的区域,在支持介质上呈现出不同的电泳区带,从而实现分离血清中各种不同蛋白质成分的目的。电泳时,蛋白质在介质中的迁移速度与其分子大小、形状和所带的电量有关。

聚丙烯酰胺凝胶具有网状结构,其网眼的孔径大小可通过改变凝胶液中单体的浓度或单体与交联剂的比例加以控制。在催化剂过硫酸铵(ammonium peroxydisulfate,AP)和加速剂四甲基乙二胺(tetramethylethylenediamine,TEMED)的作用下,丙烯酰胺(Acr)单体和交联剂 N,N- 亚甲基双丙烯酰胺(Bis)发生聚合反应,生成聚丙烯酰胺凝胶(polyacrylamide gel)。十二烷基硫酸钠(sodium dodecyl sulfate,SDS)是阴离子去污剂,不影响凝胶的形成,在聚丙烯酰胺凝胶中加入 SDS,能使蛋白质分子中的氢键和疏水键断裂,并按一定的比例和蛋白质分子结合成复合物,使蛋白质带负电荷的量远远超过其本身原有的电量,掩盖了各种蛋白质分子间天然的电荷差异,因而可消除不同蛋白质分子间的电荷差异和结构差异。所以,蛋白质的电泳迁移速度主要取决于自身相对分子质量的大小。本实验选用相对分子质量为 10000~70000 的标准蛋白质,使用 7.5%的聚丙烯酰胺凝胶,其配制方法参照 U. K. Laemmli(1970 年)的方法,以垂直板电泳槽、不连续电泳系统进行电泳。

【实验材料、试剂与仪器】

1. 材料

(1) 新鲜人血清或动物血清,无溶血。

(2) 1.5 mL 离心管。

2. 试剂

(1) 标准蛋白质(Marker):用于 SDS-PAGE 测定未知蛋白质的相对分子质量。

(2) 30%丙烯酰胺(凝胶储液):丙烯酰胺(简称 Acr)30 g,N,N-亚甲基双丙烯酰胺(Bis) 0.8 g,加双蒸水至 100 mL,过滤后置于棕色瓶中,4 ℃下保存可用 2~3 月。

(3) 样品溶解液:0.01 mol/L pH 7.2 磷酸盐缓冲液,包括 1%SDS、1%巯基乙醇、40%蔗糖或 10%甘油、0.02%溴酚蓝,用于溶解标准蛋白质及待测固体蛋白质样品。配制方法见表 3-1-1。

表 3-1-1 样品溶解液配方

SDS	甘油	巯基乙醇	溴酚蓝	0.2 mol/L 磷酸盐缓冲液	加双蒸水至最后总体积
100 mg	1 mL	0.1 mL	2 mg	0.5 mL	10 mL

(4) 4×浓缩胶缓冲液(pH 6.8):Tris 15 g,12 mol/L 浓盐酸 9.7 mL,加蒸馏水至 250 mL,4 ℃下保存。

(5) 4×分离胶缓冲液(pH 8.8):Tris 45.38 g,12 mol/L 浓盐酸 5.3 mL,加蒸馏水至 250 mL,4 ℃下保存。

(6) 5×电极缓冲液:甘氨酸 36 g,SDS 1.25 g,Tris 7.55 g,加蒸馏水至 500 mL。

(7) 1%TEMED(四甲基乙二胺):取 TEMED 1 mL,加双蒸水至 100 mL,过滤后置于棕色瓶 4 ℃下保存。

(8) 10%过硫酸铵(AP):AP 10 g,加双蒸水至 100 mL,置于棕色瓶 4 ℃下保存。

(9) 染色液:0.1%考马斯亮蓝 R-250,40%甲醇、10%冰醋酸、50%蒸馏水。

(10) 脱色液:7%冰醋酸,5%甲醇,88%蒸馏水。

3. 仪器

(1) 离心机。

(2) 夹心式垂直板电泳槽。

(3) 电泳仪。

【实验步骤】

1. 安装垂直板电泳槽

具体步骤见说明书。

2. 凝胶配置及凝胶板的制备

(1) 配胶。

其具体配方见表 3-1-2。

表 3-1-2 12% SDS-PAGE 电泳制胶配方

浓缩胶(T=5%)		分离胶(T=7.5%)	
凝胶储备液	0.66 mL	凝胶储备液	2.5 mL
4×浓缩胶缓冲液	0.5 mL	4×分离胶缓冲液	2.5 mL
蒸馏水	2.8 mL	蒸馏水	4.8 mL
10%SDS	40 μL	10%SDS	100 μL
10%APS	40 μL	10%APS	100 μL
TEMED	4 μL	TEMED	4 μL

(2) 凝胶板的制备。

组装好凝胶电泳模具后,按表 3-1-2 先配制好 7.5%分离胶溶液,注意最后加入 10%APS 和 TEMED,轻轻搅匀。将分离胶溶液用滴管沿隔板缓慢加入模具内,避免产生气泡。待凝胶液面加至距梳子下缘线约 0.5 cm 处时,轻轻覆盖一层厚度为 1~5 mm 的水层,使分离胶表面变得平整。室温下静置 30~60 min,分离胶凝固,用微量注射器吸净水层。

灌制按表 3-1-2 配制的 5%浓缩胶溶液,并插入 1.0 mm 的梳子,室温下静置 30 min,待浓缩胶凝固后,小心拔出梳子,将整个模具放入电泳槽内并倒入 1×电泳缓冲液即可加样。

3. 样品的处理与加样

按 0.5~1 mg/mL 溶液比例,向样品中加入样品溶解液,待溶解后,将其转移到 1.5 mL 离心管中,盖上盖子,以免加热时迸出,在 100 ℃沸水浴中煮沸 3 min,取出冷却后加样。若处理好的样品暂时不用,可将其置于冰箱内 −20 ℃下保存较长时间。加样时,上样体积需根据样品浓度及凝胶厚度灵活掌握,一般加样体积为 10~15 μL。若样品槽中有气泡,可用微量注射器针头挑除。加样时,将微量注射器的针头通过电极缓冲液伸入加样槽内,尽量接近底部,轻轻推动微量注射器,注意针头勿碰破凹形槽胶面。由于样品溶解液中含有密度较大的蔗糖或甘油,因此样品溶液会自动沉降在凝胶表面形成样品层。

4. 电泳

电泳时浓缩胶稳压为 80 V,电泳时间约为 1 h,电流为 13~20 mA;样品进入分离胶后,将电压调至 130 V,电泳时间约为 1.5 h,待染料前沿迁移至距硅橡胶框底边 1~1.5 cm 处,停止

电泳。

5. 剥胶

电泳结束后，取出凝胶板，卸下硅橡胶框，用不锈钢药铲或镊子撬开短玻璃板，在凝胶板切下一角作为加样标志。

6. 染色与脱色

将染色液倒入培养皿中，染色 1 h 左右，用蒸馏水漂洗数次，再用脱色液脱色，直到蛋白质区带清晰可见，即可计算相对迁移率。

【注意事项】

1. 丙烯酰胺和 N,N-亚甲基双丙烯酰胺有很强的神经毒性，容易吸附在皮肤上，并有累积作用，称量时要小心，要戴手套和口罩。聚合后可认为无毒，但应避免有未聚合的丙烯酰胺单体。

2. SDS 纯度：在 SDS-PAGE 中，需高纯度的 SDS，市售化学纯 SDS 需结晶一次或两次方可使用。

3. 对样品的要求：在处理蛋白质样品时，每次都应在沸水浴中煮沸 3～5 min，以免有亚稳聚合物存在。加样量以 10～15 μL 为宜，如果样品为较稀的液体，为保证区带清晰，加样量可适当增加，或将样品溶解液浓度提高两倍或更高。

【临床知识拓展】

在临床上，聚丙烯酰胺凝胶电泳可用于多种疾病的分析，如肠胃疾病、神经系统疾病、肿瘤、内分泌疾病等。通过对比凝胶上的条带可对患者体内某些特定蛋白质或酶进行定量分析，此为判断疾病的指标，如电泳分离乳酸脱氢酶的 5 种同工酶。

【思考题】

1. SDS 的作用是什么？

2. 浓缩胶的作用是什么？

思考题答案

2. 血清蛋白醋酸纤维素薄膜电泳

【实验目的】

1. 掌握醋酸纤维素薄膜电泳的基本原理。

2. 熟悉电泳分离血清蛋白质的方法。

【实验原理】

醋酸纤维素薄膜电泳是以醋酸纤维素薄膜为支持物的一种电泳方法。纤维素的羟基经乙酰化形成纤维素醋酸酯，即醋酸纤维素，然后将其溶解在有机溶剂，如氯仿、丙酮、氯乙烯、乙酸乙酯等中，并涂抹成均匀的薄膜，即制成醋酸纤维素薄膜。醋酸纤维素薄膜具有均一的泡沫状结构、渗透性强、对分子移动的阻力小、分离速度快、区带清晰、操作简便、没有吸附现象等优点，目前已广泛应用于血清蛋白、糖蛋白、脂蛋白、同工酶的分离和鉴定。

本实验采用 pH 8.6 的巴比妥缓冲液，该 pH 大于血清中各蛋白质的等电点，故在溶液中蛋白质分子带负电荷，因此电泳时，蛋白质会向正极移动，电泳仪的负极应与醋酸纤维素薄膜上的加样端相接触。

【实验材料、试剂与仪器】

1. 材料

(1) 血清：新鲜人血清或动物血清，无溶血。

(2) 醋酸纤维素薄膜。

(3) 滤纸。

NOTE

2. 试剂

(1) pH 8.6 巴比妥缓冲液(离子强度 0.06 mol/L):称取巴比妥钠 12.76 g,巴比妥 1.66 g,加蒸馏水至 1000 mL。

(2) 染色液:称取氨基黑 10B 0.5 g,加冰醋酸 10 mL 和甲醇 50 mL,混匀,用蒸馏水稀释至 100 mL。

(3) 漂洗液:量取 95%乙醇 45 mL,加冰醋酸 5 mL,混匀,用蒸馏水稀释至 100 mL。

(4) 洗脱液:0.4 mol/L 氢氧化钠溶液。

3. 仪器

(1) 电泳仪。

(2) 镊子。

(3) 染色缸。

(4) 漂洗缸。

(5) 载玻片。

(6) 盖玻片。

【实验步骤】

1. 准备

(1) 电泳槽。

将巴比妥缓冲液倒入电泳槽的电极槽内,液面距电泳支架约 2 cm,使正负极两槽的液面等高。调节电泳支架宽度,使其正好适合醋酸纤维素薄膜的长度。用 4 层纱布作盐桥,一端浸入缓冲液中,另一端覆盖在电泳支架上。电泳槽内倒入缓冲液后要密闭,避免水分蒸发,并将电泳槽与电泳仪电源正负极连接好。

(2) 醋酸纤维素薄膜的处理。

取 8 cm×2 cm 醋酸纤维素薄膜,于无光泽面距薄膜宽约 1.5 cm 处用铅笔做一小标记,然后轻轻放至巴比妥缓冲液中,浸泡约 5 min,使其完全浸透,待薄膜上无白色斑痕,用镊子取出,夹在清洁的滤纸中,并吸去多余的缓冲液。

2. 点样

(1) 用盖玻片的一边均匀蘸取少量血清,点在薄膜原划好的标记处,至血清完全浸入薄膜,点样线粗细为 2~3 mm。

(2) 薄膜的无光泽面向下,两端紧贴在电泳槽支架的纱布上,中间平直悬空,点样端靠近负极,但点样线不能与负极端纱布或滤纸接触。待全部排好薄膜后,盖上电泳槽盖,静置平衡 5 min。

3. 电泳

打开电源开关,将电压调至 90~120 V,电流为 0.4~0.6 mA,通电 60 min 左右,关闭电源。

4. 染色与漂洗

电泳完毕后,用镊子小心将薄膜取下,浸入染色液中,染色 3 min 后取出,再用漂洗液浸洗三次,每次约 3 min,直至背景无色为止。取出晾干,辨认薄膜图谱中各蛋白质区带。

正常人血清蛋白电泳图谱从正极端到负极端依次为清蛋白(A)、α_1-球蛋白、α_2-球蛋白、β-球蛋白和 γ-球蛋白,如图 3-1-3 所示。

【注意事项】

1. 在电泳实验中应选择吸水性好、结构均匀、有一定坚韧度、对蛋白质吸附作用小的薄膜。点样前将薄膜用缓冲液充分浸透,可以防止电泳时出现拖尾现象。

2. 点样时,血清加量要适中,不要沾到点样处以外的区域,保持薄膜清洁。

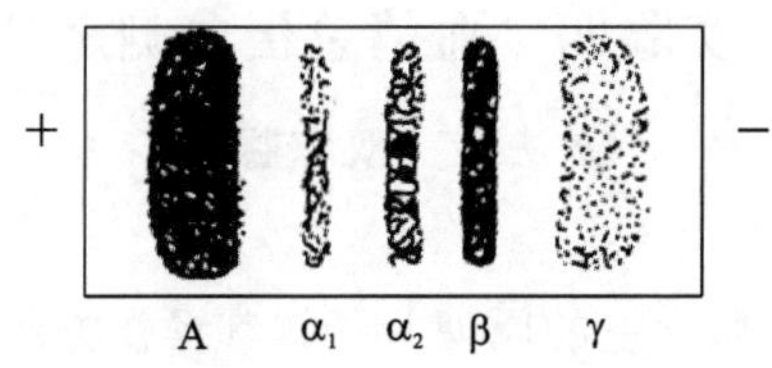

图 3-1-3　正常人血清蛋白电泳图谱

3. 电泳时，如果电场强度过大，通过支持介质的电流增大，产生的热效应也增大，电泳体系过热会导致介质缓冲液离子强度改变，引起蛋白质变性，致使电泳实验失败。如果电场强度过低，样品电泳速度太慢，延长电泳时间就会引起样品严重扩散，导致电泳区带分辨率下降，故电泳时要选定最佳的电场强度。

【临床知识拓展】

在肝炎患者血清中，清蛋白、α_1-球蛋白、α_2-球蛋白、β-球蛋白含量下降，γ-球蛋白含量上升。在肝硬化患者血清中，清蛋白、α_1-球蛋白、α_2-球蛋白、β-球蛋白含量显著下降，γ-球蛋白含量显著升高。肾病综合征患者血清中，清蛋白含量下降，α_2-球蛋白、β-球蛋白含量升高。

【思考题】

1. 血清样品点在支持介质的什么位置？为什么？
2. 电泳时，为什么要检查醋酸纤维素薄膜的无光泽面是否朝下放置？

思考题答案

（首都医科大学燕京医学院　王凡）

实验四　血清总蛋白测定

方法一　双缩脲法

【实验目的】

1. 掌握双缩脲法测定蛋白质含量的原理并了解其操作方法。

2. 掌握分光光度计的使用。

【实验原理】

在碱性溶液中，双缩脲（$H_2N—CO—NH—CO—NH_2$）与二价铜离子（Cu^{2+}）作用生成紫红色的配合物，这一反应称为双缩脲反应。凡分子中含两个或两个以上酰胺基（$—CO—NH_2$），或与此相似的基团[如$—CH_2—NH_2$，$—CS—NH_2$，$—C(NH)NH_2$]的任何化合物，无论这类基团直接相连还是通过一个碳或氮原子间接相连，均可发生上述反应。蛋白质分子含有多个肽键（—CO—NH—），可发生双缩脲反应，且呈色强度在一定浓度范围内与肽键数量即与蛋白质含量成正比，可用比色法测定蛋白质含量。蛋白质含量测定范围为 1～10 mg。干扰这一测定的物质主要有硫酸铵、Tris 缓冲液和某些氨基酸等（图 3-1-4）。

此法的优点是快速，不同的蛋白质产生颜色的深浅相近，以及干扰物质少。主要缺点是灵敏度差。因此双缩脲法常用于快速，但并不需要结果十分精确的蛋白质的测定。

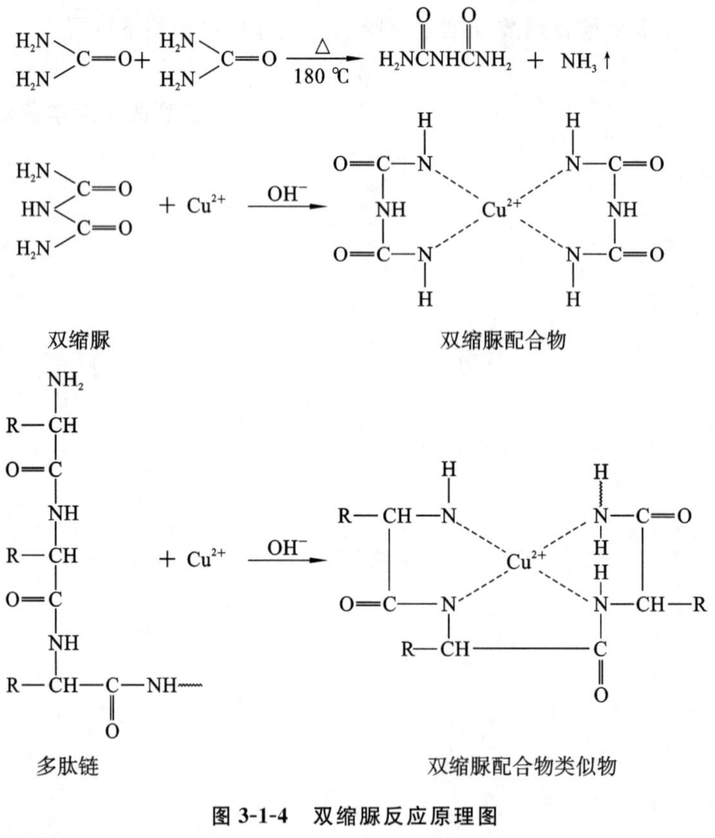

$$(H_2N)_2C{=}O + (H_2N)_2C{=}O \xrightarrow[180\ ℃]{\triangle} H_2NCONHCONH_2 + NH_3\uparrow$$

双缩脲 $+ Cu^{2+} \xrightarrow{OH^-}$ 双缩脲配合物

多肽链 $+ Cu^{2+} \xrightarrow{OH^-}$ 双缩脲配合物类似物

图 3-1-4　双缩脲反应原理图

【实验试剂与仪器】

1. 试剂

(1)双缩脲试剂：称取硫酸铜（$CuSO_4 \cdot 5H_2O$）1.5 g，酒石酸钾钠（$NaKC_4H_4O_6 \cdot 4H_2O$）6.0 g，分别用蒸馏水约 250 mL 溶解后，全部转移至 1000 mL 容量瓶中，混匀，再加入 10% NaOH 溶液 300 mL，边加边摇匀。最后用蒸馏水稀释至 1000 mL。保存于塑料瓶中或内壁涂一层纯净石蜡的普通试剂瓶中，如无红色或黑色沉淀出现，此试剂可长期使用。

(2)生理盐水:9 g/L NaCl 溶液。

(3)蛋白质标准液(10 mg/mL):称取干燥牛血清白蛋白 100 mg,以少许生理盐水溶解后倒入 10 mL 容量瓶中,润洗数次,一并倒入容量瓶中,最后加生理盐水至刻度。或用凯氏定氮法测定血清蛋白质的含量,然后稀释成 10 mg/mL 作为蛋白质标准液。

(4)待测血清样品:将人血清或动物血清用生理盐水稀释 10 倍,即可用于测定。

2. 仪器

(1) 721 型分光光度计。

(2) 比色皿。

(3) 玻璃仪器:试管、1 mL 刻度吸管、5 mL 刻度吸管。

【实验步骤】

1. 取试管 3 支,编号,按表 3-1-3 操作并记录。

表 3-1-3 双缩脲法测蛋白质含量 单位:mL

试剂	空白管	标准管	测定管 1
血清	—	—	0.10
蛋白质标准液	—	1.00	—
生理盐水	1.00	—	0.90
双缩脲试剂	4.00	4.00	4.00

混匀各管,室温下放置 30 min。以空白管调零,在 540 nm 波长处比色,测定并记录各管吸光度。

2. 计算

血清总蛋白(mg/mL)=(测定管吸光度/标准管吸光度)×蛋白质标准液浓度(mg/mL)×10

【注意事项】

1. 影响本实验结果的因素很多,要求所有器材必须洁净、干燥,试剂取量必须准确。

2. 各管加样后必须充分混匀。待充分显色反应后才能测定吸光度。

【临床知识拓展】

蛋白质浓度测定的方法很多,每种方法有各自的灵敏度和优缺点,具体见表 3-1-4。部分测定方法的介绍见后续实验内容。

表 3-1-4 各方法的灵敏度和优缺点

方法	灵敏度/mg	优点	缺点
双缩脲法	1~10	干扰相对少,较快	灵敏度低
Folin-酚法(改良 Lowry 法)	0.02~0.25	简便、迅速、灵敏度高	干扰物质多、耗时、操作严格
考马斯亮蓝法(Bradford 法)	0.001~0.005	灵敏、简便、快速	不同蛋白质测定时有较大偏差
BCA 法	0.01~0.2	灵敏度高,操作简单,稳定性佳	受螯合剂和略高浓度的还原剂的影响
紫外吸收法	50~100	快速简便,无损样品	灵敏度低,干扰物较多
凯氏定氮法	0.2~1.0	干扰少,准确	操作复杂,耗时

NOTE

方法二　Folin-酚试剂法

【实验目的】

1. 掌握Folin-酚试剂法测定蛋白质含量的原理并熟悉其操作方法。

2. 掌握分光光度计的使用。

【实验原理】

Folin-酚试剂法是蛋白质浓度测定最常用的方法。Lowry最早确定了蛋白质测定的基本步骤，后该法经改良后在生化工作领域里被广泛应用，也称改良Lowry法。

Folin-酚试剂的显色原理包括两步反应：第一步是在碱性条件下，蛋白质中的肽键能与Cu^{2+}作用生成蛋白质-铜复合物（类似双缩脲反应）；第二步是蛋白质-铜复合物中的酪氨酸、色氨酸、半胱氨酸等氨基酸残基还原Folin-酚试剂中的磷钼酸-磷钨酸试剂，生成蓝色的钼蓝和钨蓝混合物。两步反应显色效果叠加使得检测蛋白质的灵敏度大大提高，在一定条件下，显色强度与蛋白质含量成正比，可在650 nm波长处进行比色测定。本法优点是操作简便、迅速、灵敏度高，可检测到每毫升微克水平。本法测定蛋白质的含量范围是25～250 μg/mL，比双缩脲法灵敏100倍；缺点是酚试剂配制较烦琐，且受蛋白质特异性的影响，即不同蛋白质的显色强度稍有不同，标准曲线也并非严格的直线。由于本法可受含—SH的化合物、糖类、酚类等还原物质，甚至Tris等缓冲液的干扰，所以限制了其在临床的应用。

【实验试剂与仪器】

1. 试剂

(1)试剂甲：包括试剂(A)和试剂(B)。试剂(A)：10 g碳酸钠、2 g氢氧化钠和0.25 g酒石酸钾（或钠盐）溶解于500 mL蒸馏水中；试剂(B)：0.25 g硫酸铜（$CuSO_4 \cdot 5H_2O$）溶解于100 mL蒸馏水中。每次使用前将试剂(A)和试剂(B)按50∶1的比例混合，即为试剂甲。

(2)试剂乙：Folin-酚试剂储备液：在容量为1.5 L的磨口回流瓶中加入100 g钨酸钠（$Na_2WO_4 \cdot 2H_2O$）、25 g钼酸钠（$Na_2WO_3 \cdot 2H_2O$）和700 mL蒸馏水，再加入50 mL 85%磷酸，100 mL盐酸充分混合，接上回流冷凝管以小火回流10 h。回流结束后，加入150 g硫酸锂（$Li_2SO_4 \cdot H_2O$）、50 mL蒸馏水及数滴液溴，冷却后溶液呈黄色，轻微带绿色（如仍呈绿色，须再重复滴加液体溴的步骤），稀释至1 L。过滤置于棕色试剂瓶中保存。

Folin-酚试剂工作液：Folin-酚试剂储备液与蒸馏水以1∶1稀释，用标准NaOH溶液滴定，以酚酞为指示剂，使其终浓度为1 mol/L。

(3)标准蛋白质溶液：将牛血清白蛋白溶于蒸馏水中，配制成250 μg/mL的蛋白质溶液。

(4)待测样品。

2. 仪器

721型分光光度计，比色皿，试管及试管架，1.0 mL及5.0 mL刻度吸管。

【操作步骤】

1. 取14支干燥的试管，分两组编号后按表3-1-5的顺序加入各种试剂，加入每种试剂后应混合均匀。

2. 加入试剂乙后，立即混匀（这一步混合速度要快，否则会使显色程度减弱），室温下放置30 min，以不含蛋白质的试剂空白组（0号管）为对照比色。721分光光度计选用波长为650 nm的光测定吸光度。

3. 绘制标准曲线：标准蛋白质溶液的浓度为250 μg/mL，据此表格中1～5号标准管分别对应的蛋白质含量为50 μg/mL、100 μg/mL、150 μg/mL、200 μg/mL、250 μg/mL。以蛋白质含量（μg/mL）为横坐标，各管吸光度(A)（两组平均值）为纵坐标，绘制标准曲线。

表 3-1-5 Folin-酚试剂法测定血清总蛋白含量 单位：mL

试剂	空白管	标准管					测定管
	0	1	2	3	4	5	6
蛋白质标准液	—	0.1	0.2	0.3	0.4	0.5	—
蒸馏水	0.5	0.4	0.3	0.2	0.1	—	—
待测血清	—	—	—	—	—	—	0.5
试剂甲	2.5	2.5	2.5	2.5	2.5	2.5	2.5
室温下放置 10 min，在各试管中再加入试剂乙							
试剂乙	0.25	0.25	0.25	0.25	0.25	0.25	0.25

4. 用测定管吸光度在标准曲线上查找相应蛋白质的含量，计算出待测样品的蛋白质含量。

【注意事项】

1. 按操作表顺序添加试剂，移取试剂时一定要准确，以免标准曲线误差过大。

2. Folin-酚试剂（试剂乙）在酸性条件下较稳定，碱性条件下（碱性铜溶液）易被破坏，因此一旦加 Folin-酚试剂（试剂乙）后，要立即混匀，使 Folin-酚试剂在破坏前被还原。试剂甲需新鲜配制，当天使用。

【思考题】

1. 比较 Folin-酚试剂法与双缩脲法测定蛋白质含量的原理、灵敏度、特异性。

2. 为什么加酚试剂后必须马上混匀？

思考题答案

方法三 考马斯蓝亮蓝染色法

【实验目的】

1. 掌握考马斯蓝亮蓝染色法测定蛋白质含量的原理并熟悉其操作方法。

2. 掌握分光光度计的使用。

【实验原理】

考马斯亮蓝法测定蛋白质含量是利用蛋白质与染料结合染色的原理，定量测定微量蛋白质浓度的一种快速、灵敏的方法。

考马斯亮蓝 G-250 存在两种不同的颜色形式，即红色和蓝色。它和蛋白质通过范德华作用力结合，在一定蛋白质浓度范围内，蛋白质和染料以一定比例结合。染料与蛋白质结合后颜色由红色转变成蓝色，最大吸收波长由 465 nm 变成 595 nm，通过测定 595 nm 波长处吸光度的增加量可知与其结合的蛋白质的量。

蛋白质和染料结合是一个很快的过程，约 2 min 即可完成反应，呈现最大吸光度，并可稳定 1 h，随后蛋白质-染料复合物发生聚合并沉淀。蛋白质-染料复合物具有很高的消光系数，使该实验灵敏度很高。当蛋白质含量为 5 μg/mL 时，吸光度就有 0.275 的变化，比改良 Lowry 法灵敏 4 倍，蛋白质含量测定范围为 10～100 μg，微量测定法蛋白质含量测定范围是 1～10 μg。该实验重复性好，精确度高，线性关系好。标准曲线在蛋白质浓度较大时稍有弯曲，这是由于染料本身的两种颜色的光谱有重叠，试剂背景随着更多染料与蛋白质结合而不断降低，但直线弯曲程度很小，不影响测定。

此方法干扰物少，并可以通过设置相应的对照扣除其影响。但在大量去污剂（如 SDS、Triton X-100 等）存在的情况下，对最终结果颜色影响难以消除，不宜采用。此外，该法易使比

色皿着色且难以清除，影响比色皿的使用寿命。

【实验试剂与仪器】

1. 试剂

(1)考马斯亮蓝试剂：考马斯亮蓝 G-250 100 mg 充分溶于 50 mL 95%乙醇中，再加入 100 mL 85%磷酸，用蒸馏水稀释至 1000 mL，滤纸过滤。最终试剂含 0.01%(W/V)考马斯亮蓝 G-250，4.7%(V/V)乙醇，8.5%(V/V)磷酸。

(2)标准蛋白质溶液：称取一定量的结晶牛血清白蛋白(预先经微量凯氏定氮法测定蛋白氮含量)，用生理盐水配制成 1 mg/mL、0.1 mg/mL 的蛋白质溶液。

(3)待测样品：待测血清样品。

2. 仪器

721 型分光光度计，比色皿，试管及试管架，0.2 mL、1 mL 及 5 mL 移液管(或移液器)。

【操作步骤】

1. 标准曲线绘制

(1) 标准法

取 14 支干燥的试管，分两组编号后按表 3-1-6 的顺序加入各种试剂。

表 3-1-6　标准法制定标准曲线　　单位：mL

试剂	0	1	2	3	4	5	6
1 mg/mL 标准蛋白液	0	0.01	0.02	0.03	0.04	0.05	0.06
生理盐水	0.10	0.09	0.08	0.07	0.06	0.05	0.04
考马斯亮蓝试剂	5.00	5.00	5.00	5.00	5.00	5.00	5.00

摇匀，1 h 以内以 0 号试管为空白对照，在 595 nm 波长条件下测定各管吸光度。以 $A_{595\ nm}$ 为纵坐标，标准蛋白质含量为横坐标，在坐标纸上绘制标准曲线。

(2) 微量法。

取 12 支干燥的试管，分两组编号后按表 3-1-7 的顺序加入各种试剂。

表 3-1-7　微量法制定标准曲线　　单位：mL

试剂	0	1	2	3	4	5
0.1 mg/mL 标准蛋白液	0	0.01	0.03	0.05	0.07	0.09
生理盐水	0.10	0.09	0.07	0.05	0.03	0.01
考马斯亮蓝试剂	1.00	1.00	1.00	1.00	1.00	1.00

摇匀，1 h 以内以 0 号试管为空白对照，在 595 nm 波长条件下测定各管吸光度。以 A_{595} 为纵坐标，标准蛋白质含量为横坐标，在坐标纸上绘制标准曲线。

2. 测定未知样品蛋白质浓度

测定方法同上，取 0.1 mL 待测样品溶液(调节浓度使其测定值在标准曲线的直线范围内)。根据所测定的 A_{595}，在标准曲线上查出其对应的标准蛋白质的含量，从而得出未知样品的蛋白质浓度(mg/mL)。

【注意事项】

1. 注意移取各试剂量的准确性，减少操作误差。

2. 及时清洗使用过的比色皿，减少染色剂对比色皿的污染。

思考题答案

【思考题】

1. 影响考马斯亮蓝法测定蛋白质含量的因素有哪些?

2. 简述考马斯亮蓝法测定蛋白质含量的优缺点。

方法四 BCA 法

【实验目的】

1. 掌握 BCA 法测定蛋白质含量的原理并熟悉其操作方法。

2. 掌握分光光度计的使用。

【实验原理】

BCA(bicinchoninic acid,二辛可酸)法测定蛋白质的原理与改良 Lowry 法相似,即在碱性条件下蛋白质与二价铜离子(Cu^{2+})配位,并将其还原成一价铜离子(Cu^{+})。Cu^{+} 和 BCA 试剂反应,使其由原来的苹果绿形成稳定的紫蓝色复合物,在 562 nm 波长处有强烈的光吸收,且吸光度和蛋白质浓度在广泛范围内有良好的线性关系,因此可用于蛋白质含量的测定。BCA 法测定蛋白质含量的范围是 10～200 μg/mL。

此方法是应用较广泛的蛋白质含量测定方法之一,其特点如下:①操作简单快捷,较经典的改良 Lowry 法快 4 倍;②灵敏度高,最小检测量可达 0.2 μg;③试剂稳定性好,在 20～1000 μg/mL 浓度范围内有良好的线性关系;④成本低,可微量测定,测定可在微板孔中进行(待测样品体积为 1～20 μL),可大大节约样品和试剂用量;⑤干扰因素少,不受绝大部分样品中化学物质的影响,可以兼容样品中高达 5%的 SDS、5% Triton X-100 和 5% 吐温-20、吐温-60 或吐温-80。

但此法受螯合剂和略高浓度的还原剂的影响,需确保 EDTA 的浓度低于 10 mmol/L,无 EGTA,二硫苏糖醇的浓度低于 1 mmol/L,β-巯基乙醇的浓度低于 0.01%。

【实验试剂与仪器】

1. 试剂

(1) 试剂 A:1%BCA 二钠盐,2%无水碳酸钠,0.16%酒石酸钠,0.4%氢氧化钠,0.95%碳酸氢钠,混合均匀,调 pH 至 11.25。

(2) 试剂 B:40 g/L 硫酸铜。

(3) BCA 工作液:试剂 A∶试剂 B=50∶1,例如 5 mL 试剂 A 加 100 μL 试剂 B,混合即可,室温下 24 h 内可稳定保存。

(4) 蛋白质标准液:结晶牛血清白蛋白根据其纯度用标准品稀释液(可用生理盐水或待测样品相似的溶液体系)配制成 0.5 mg/mL 的蛋白质标准液,－20 ℃下可长期保存(纯度可经凯氏定氮法测定蛋白质含量而确定)。

(5) 待测样品。

2. 仪器:酶标仪,恒温培养箱,200 μL、20 μL 移液器,96 孔板,200 μL、20 μL 移液器吸头。

【操作步骤】

1. 标准曲线的制作

(1) 将标准品按 0 μL、1 μL、2 μL、4 μL、8 μL、12 μL、16 μL、20 μL 加到 96 孔板的标准品孔中,加标准品稀释液至 20 μL。

(2) 向各孔中加入 200 μL BCA 工作液,37 ℃下放置 20～30 min。

(3) 测定 A_{562}。

(4) 以蛋白质浓度为横坐标,吸光度为纵坐标,绘制蛋白质含量标准曲线。

2. 待测样品含量的测定

加入适量待测样品于 96 孔板的样品孔中，加标准品稀释液到 20 μL，向样品孔中加入 200 μL BCA 工作液，混匀，37 ℃下放置 20～30 min。测定 562 nm 波长处的吸光度，根据标准曲线计算出样品蛋白质的浓度。

【注意事项】

1. 该法在 96 孔板中进行可节省样品量，如果利用分光光度计测定，需根据比色皿大小，调整 BCA 工作液的体积，样品和标准品的用量可按比例放大。

2. BCA 法测定蛋白质含量时，反应颜色会随着时间的延长而不断加深，且显色反应会因温度升高而加快。如果含量较低，适合在较高温度孵育，或适当延长孵育时间。

3. 该法测定波长范围为 540～595 nm，562 nm 最佳。

【思考题】

思考题答案

1. BCA 法测定蛋白质含量的优缺点是什么？

2. BCA 法和改良 Lowry 法相比较，原理有何异同？

方法五　紫外吸收光谱法

【实验目的】

1. 掌握紫外吸收光谱法测定蛋白质含量的原理并熟悉其操作方法。

2. 掌握紫外分光光度计的使用。

【实验原理】

蛋白质分子中所含的酪氨酸和色氨酸残基在波长 280 nm 处具有最大紫外吸光度。利用一定波长范围内蛋白质溶液的吸光度与其浓度成正比的关系可以进行蛋白质含量的测定。

紫外吸收光谱法操作简便、快速，所需样品量少，测定过程不污染样品，使其能回收利用。低浓度的盐并不干扰测定结果，此法广泛用于柱层析技术中各种组分洗脱液的紫外光吸收测定，能实现连续自动化检测。但凡能在紫外区引起光吸收的物质，均有可能对该法的测定结果造成干扰，因此准确度受到一定影响。

【实验试剂与仪器】

1. 试剂：牛血清白蛋白溶液(0.2 mg/mL～1.0 mg/mL)，待测样品。

2. 仪器：T6 紫外分光光度计，石英比色皿。

【操作步骤】

1. 280 nm 光吸收法

本法利用蛋白质分子中酪氨酸、色氨酸残基在 280 nm 波长处具有最大吸收，并根据公式 $C(\%)=A/E_{1\,\text{cm}}^{\%}$ 可计算出蛋白质的浓度。式中 $E_{1\,\text{cm}}^{\%}$ 为百分消光系数。许多蛋白质在一定浓度一定波长下的吸光度有文献可查。

将待测牛血清白蛋白溶液放在光径为 1 cm 的石英比色皿中，在紫外分光光度计 280 nm 波长处，以蒸馏水调零读取吸光度，代入公式：$C(\%)=A/E_{1\,\text{cm}}^{\%}$ 即可计算出此牛血清白蛋白溶液的浓度。

2. 280 nm 和 260 nm 的吸收差法

在生物制剂中，往往含有核酸类物质，它们的紫外光吸收也很强，对蛋白质测定有干扰。利用核酸类物质在 260 nm 波长处的吸光度大于 280 nm 波长处的吸光度，而蛋白质在 280 nm 波长处的吸光度大于 260 nm 波长处的吸光度这一相反特性，于 280 nm 波长处和 260 nm 波长处测定吸光度，根据其吸光度差求算浓度，一般可按下式粗略地计算：

$$\text{蛋白质浓度(mg/mL)}=1.45A_{280}-0.74A_{260}$$

A_{280}和A_{260}分别为蛋白质溶液在 280 nm 和 260 nm 波长处测得的吸光度。上述公式是通过一系列已知不同浓度比例的蛋白质(酵母烯醇化酶)和核酸(酵母核酸)混合液测定的数据所建立的。

3. 215 nm 和 225 nm 的吸收差法

蛋白质稀溶液不能用 280 nm 光吸收法测定,可用在 215 nm 和 225 nm 波长处的吸光度之差,通过标准曲线法测定其浓度。

用已知浓度的标准蛋白质,配制成 20～100 μg/mL 的系列蛋白质溶液,分别测定各自在 215 nm 和 225 nm 波长处的吸光度,并计算出吸光度差:

$$吸光度差\ \Delta A = A_{215} - A_{225}$$

以蛋白质浓度为横坐标,吸光度差 ΔA 为纵坐标,绘制标准曲线。再测出未知样品的吸光度差,在标准曲线上查出未知样品的蛋白质浓度。

本方法中蛋白质浓度为 20～100 μg/mL 时,其浓度与吸光度成正比,NaCl、$(NH_4)_2SO_4$、0.1 mol/L 磷酸、硼酸、Tris 等缓冲液,对测定均无显著干扰,但 0.1 mol/L NaOH、0.1 mol/L 乙酸、琥珀酸、邻苯二甲酸、巴比妥等缓冲液在 215 nm 波长处的吸光度较大,必须将其浓度降到 0.005 mol/L 以下才无显著影响。

4. 肽键测定法

蛋白质溶液在 238 nm 波长处的吸光度的强弱与肽键的数量成正比,用标准蛋白质溶液配制一系列 50～500 μg/mL 的蛋白质溶液,测定其 238 nm 波长处的吸光度,以蛋白质含量为横坐标,A_{238}为纵坐标绘制标准曲线,可求得未知样品的蛋白质浓度。蛋白质溶液的柱层析洗脱液也可以用本方法检测蛋白质的峰位。

本方法比 280 nm 光吸收法更灵敏。但多种有机物,如醇、酮、醛、醚、羧酸、酰胺类和过氧化物等对其测定都有干扰,所以最好用无机盐、无机碱的水溶液进行测定。若含有有机溶剂,可先将样品蒸干,或用其他方法除去干扰物质,再用水、稀酸或稀碱溶解后测定。

【注意事项】

1. 紫外分光光度法测定蛋白质含量必须使用石英比色皿,不能用玻璃或塑料代替。

2. 本法受蛋白质中酪氨酸和色氨酸的含量影响较大,应尽可能选择与待测蛋白质氨基酸组成相似的标准蛋白质,以减小误差。

【思考题】

1. 紫外分光光度法测定蛋白质含量有何优缺点?

2. 紫外分光光度计的组成和使用与可见分光光度计有哪些异同?

思考题答案

(遵义医科大学珠海校区　杨愈丰)

实验五　总 DNA 的提取及质量检测

1. 人外周血液基因组 DNA 的提取(KI 法)

【实验目的】

1. 掌握人血液 DNA 提取的原理。

2. 了解 DNA 提取的各种方法。

3. 掌握提取基因组 DNA 的检测方法。

【实验原理】

从全血中制备白细胞 DNA,可选用低渗溶液通过低渗作用直接使红细胞、白细胞及其他细胞的细胞膜和核膜破裂,当选取适宜低渗溶液以及合适条件时,不同红细胞破裂速度不同,首先红细胞破裂释放血红蛋白,再选用合适的裂解液裂解白细胞及其他血液细胞,再用氯仿/异戊醇使蛋白质变性以除去,最后用乙醇沉淀 DNA,通过检测 A_{260}/A_{280}、A_{260}/A_{230} 以测定 DNA 杂质的含量,再经琼脂糖电泳定性检测提取完整的 DNA,同时通过检测 A_{260} 从而测定 DNA 的浓度。

【实验材料、试剂与仪器】

1. 材料:新鲜抗凝血、离心管。

2. 试剂

(1) 红细胞裂解液:称取 Tris 2.422 g 溶于 800 mL 灭菌双蒸水,用稀盐酸调节使其 pH 为 7.6,定容至 1000 mL。

(2) 5 mol/L KI 溶液:称取 8.3 g KI,加双蒸水并定容至 10 mL。

(3) 0.9% NaCl 溶液。

(4) 氯仿/异戊醇(24∶1)。

3. 仪器:离心机、分光光度计、微量移液器。

【实验步骤】

1. DNA 提取

(1) 取 500 μL 抗凝血,加入 3 倍体积的红细胞裂解液,盖好离心管盖,上下颠倒以充分混匀,于室温下静置 10 min,8000 r/min 离心 5 min,弃上清液。

(2) 加入 500 μL 红细胞裂解液振摇充分,分散细胞团块,再加入 2 倍体积的红细胞裂解液,盖好离心管盖,混匀,于室温下静置 10 min,8000 r/min 离心 5 min,弃上清液。

(3) 重复步骤 2 直至无色(一般重复 2～3 次)。

(4) 向沉淀中加入 5 mol/L KI 溶液 40 μL,旋涡振荡 30 s。

(5) 加入 0.9%NaCl 溶液 200 μL,再加入 300 μL 氯仿/异戊醇,振荡 30 s,10000 r/min 离心 5 min。

(6) 小心吸取上清液转移至另一离心管中,加入冰无水乙醇 1 mL(至终浓度 75%),静置 10 min,10000 r/min 离心 5 min,弃上清液。

(7) 用新鲜配制的 70%乙醇洗涤一次。

(8) 待 DNA 样品自然干燥,加适量(50 μL)双蒸水或 TE 溶解 DNA,于−20 ℃下保存。

2. 杂质检测

吸取 1 μL DNA 溶液,用紫外分光光度计检测 A_{260}/A_{280}、A_{260}/A_{230}。

3. 凝胶制备

取 1 g 琼脂糖,加电泳缓冲液 100 mL,轻轻搅拌混合均匀,置于微波炉中加热至沸腾,于实验台上冷却至不烫手温度,加溴化乙锭(ethidium bromide, EB)至 0.5 μg/mL(先用蒸馏水配制成 10 mg/mL,用铝箔或黑纸包裹容器,储于室温)。

4. 电泳检测(完整性)

取 DNA 样品 2 μL,加缓冲液 10 μL(含溴酚蓝指示剂和甘油),在 0.8 %琼脂糖凝胶中进行水平微型电泳(电压 5 V)约 0.5 h,用紫外灯观察分析。

【注意事项】

1. 浓度测定时紫外分光光度计必须调零。

2. 加热制胶槽温度很高,注意安全。

3. 溴化乙锭具有强致癌性,注意安全。

【思考题】

1. 溴化乙锭的工作原理是什么?

2. 凝胶的浓度如何确定?

思考题答案

2. 动物组织基因组 DNA 的提取(SDS 法)

【实验目的】

1. 掌握动物组织基因组 DNA 的提取原理。

2. 了解 DNA 提取的其他方法。

3. 掌握提取基因组 DNA 的检测方法。

【实验原理】

DNA 是一切生物细胞的重要组成成分,主要存在于细胞核中,动物细胞线粒体也含有 DNA,提取收集 DNA,需破坏细胞结构使 DNA 分子游离出细胞。十二烷基磺酸钠(SDS)是离子型表面活性剂,可以溶解细胞膜和核膜蛋白,使细胞膜和核膜破裂。再加入酚和氯仿等表面活性剂,使蛋白质变性以除去。最后加入无水乙醇以沉淀 DNA;沉淀的 DNA,即为动物组织总 DNA,溶于 TE 溶液中保存备用。通过检测 A_{260}/A_{280}、A_{260}/A_{230} 来测定 DNA 杂质的含量,再经琼脂糖电泳定性检测提取的 DNA,同时通过检测 A_{260} 来测定 DNA 的浓度。

【实验材料、试剂与仪器】

1. 材料:动物肝组织、离心管。

2. 试剂

(1) 分离缓冲液:10 mmol/L Tris·HCl pH 7.4,10 mmol/L NaCl,25 mmol/L EDTA。

(2) 10% SDS。

(3) 蛋白酶 K:200 mg 蛋白酶 K 粉溶于 10 mL 双蒸水。

(4) 酚∶氯仿∶异戊醇(25∶24∶1)。

(5)其他溶液:无水乙醇及 70%乙醇,5 mol/L NaCl,3 mol/L 醋酸钠,TE。

3. 仪器:高速冷冻离心机、水浴锅,微量移液器。

【实验步骤】

1. DNA 提取

(1) 切取组织 5 g 左右,剔除结缔组织,用吸水纸吸干血液,剪碎放入研钵(越细越好)。

(2) 倒入液氮,磨成粉末,加入 10 mL 分离缓冲液。

(3) 加入 1 mL 10% SDS,混匀,此时样品变得很黏稠。

(4) 加入 50 μL 或 1 mg 蛋白酶 K,37 ℃下保温 1~2 h,直到组织完全解体。

(5) 加入 1 mL 5 mol/L NaCl,混匀,5000 r/min 离心数秒钟。

(6) 取上清液于新离心管中,用等体积酚∶氯仿∶异戊醇(25∶24∶1)抽提。待分层后,3000 r/min离心 5 min。

(7) 取上层水相至干净离心管中,加 2 倍体积乙醚抽提(在通风情况下操作)。

(8) 移去上层乙醚,保留下层水相。

(9) 加 1/10 体积 3 mol/L NaAc,及 2 倍体积无水乙醇颠倒混合沉淀 DNA。室温下静置 10~20 min,DNA 沉淀形成白色絮状物。

NOTE

(10) 10000 r/min 离心 5 min,弃上清液收集沉淀。

(11) 在 70%乙醇中洗涤一次。

(12) 待 DNA 样品自然干燥,加适量(50 μL)双蒸水或 TE 溶解 DNA,并于－20 ℃下保存。

2. 杂质检测

吸取 1 μL DNA 溶液,用紫外分光光度计检测 A_{260}/A_{280}、A_{260}/A_{230}。

3. 凝胶制备

取 1 g 琼脂糖,加电泳缓冲液 100 mL,轻轻搅拌,混合均匀,置于微波炉中加热至沸腾,置于实验台上冷却至不烫手温度,加溴化乙锭(ethidium bromide, EB)至 0.5 μg/mL(先用蒸馏水配制成 10 mg/mL,用铝箔或黑纸包裹容器,储于室温)。

4. 电泳检测(完整性)

取 DNA 样品 2 μL,加缓冲液 10 μL(含溴酚蓝指示剂和甘油),在 0.8%琼脂糖凝胶进行水平微型电泳(电压 5 V)约 0.5 h。用紫外灯观察分析。

【注意事项】

1. 浓度测定时,紫外分光光度计必须调零。
2. 加热制胶槽温度很高,注意安全。
3. 溴化乙锭具强致癌性,注意安全。

【思考题】

思考题答案

1. DNA 分子中混杂的蛋白质和 RNA 该如何去除?
2. 提取过程中氯仿、苯酚及乙醇的作用是什么?

(湖北理工学院　苏振宏)

实验六 总 RNA 的提取及质量检测

细胞 RNA 的提取和分析(Trizol 法)

【实验目的】

1. 掌握细胞总 RNA 的提取和分析方法。

2. 了解选择性沉淀 RNA 除去 DNA 的原理。

3. 掌握提取基因组 RNA 的检测方法。

【实验原理】

应用 Trizol 试剂是目前最常用、最简便的提取高质量 RNA 的方法。RNA 是一类极易降解的分子,要得到完整的 RNA,必须最大限度地抑制提取过程中内源性及外源性核糖核酸酶对 RNA 的降解。Trizol 试剂可溶解蛋白质,破坏细胞结构,使核蛋白与核酸分离,使 RNA 酶失活,所以 RNA 从细胞中释放出来时不被降解。细胞裂解后,在一定 pH 时,RNA 和 DNA 在有机相与水相中的分配比不同,从而可以分离 RNA 与 DNA,蛋白质和细胞碎片再通过酚、氯仿等有机溶剂处理除去。由于难于直接检测种类繁多的 mRNA ,我们选择总 RNA 进行电泳实验,若大量 rRNA 均保持完整,则各类 RNA 分子应保存完好。

【实验材料、试剂与仪器】

1. 材料:培养细胞、EP 管。

2. 试剂:Trizol、氯仿、乙醇、异丙醇、琼脂糖、溴化乙锭(EB)。

3. 仪器:电泳仪、紫外-可见分光光度计、移液器及吸头、水平式电泳装置、冷冻台式高速离心机。

【实验步骤】

1. RNA 的提取

(1) 当细胞培养瓶细胞覆盖度超过 90%时,可将培养液去除,用 1×PBS 清洗一次。按每 10 cm^2生长的培养细胞加入 1 mL Trizol,室温裂解数分钟,用移液枪吹打细胞使其脱落,再转移至 EP 管中。

(2) 加入 500 μL 氯仿,充分振荡至溶液无分层现象,室温下静置 5 min。4 ℃下,取 12 kg 样品离心 10 min。将 EP 管中最上层的无色上清液小心吸出,转移至另一 EP 管(记体积数),然后再加入等体积的异丙醇,混合均匀,室温下静置 10 min。于 4 ℃下离心 15 min。

(3) 小心弃去上清液,沿管壁加入 1 mL DEPC 水配制的 70%的乙醇,混合均匀,4 ℃下静置 10 min,并离心 10 min。

(4) 弃去上清液,室温下干燥沉淀 2~5 min 至无液体残留。

(5) DEPC 用水溶解后,于-80 ℃下保存。

2. RNA 浓度、杂质检测

吸取 1 μL RNA 溶液,用紫外-可见分光光度计检测 A_{260}/A_{280}、A_{260}/A_{230}。

3. 琼脂糖凝胶制备

取 1 g 琼脂糖,加电泳缓冲液 100 mL,轻轻搅拌混合均匀,置于微波炉中加热至沸腾,并置于实验台冷却至不烫手温度,加 EB 至终浓度为 0.5 μg/mL,混匀并倒置胶槽中制备凝胶。

4. 电泳鉴定(完整性检测)

加 1×TE 电泳缓冲液,覆盖凝胶约 1 mm。将 RNA 样品加到凝胶点样孔中,在电压为 100 V的条件下电泳 20 min,在紫外灯下观察结果。

【注意事项】

1. 浓度测定时仪器必须调零。

2. 加热制胶槽温度很高,注意安全。

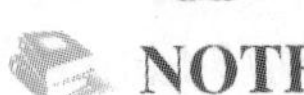

NOTE

3. 使用DEPC时，应在通风橱中戴手套操作。

【思考题】

思考题答案

1. Trizol法提取RNA时，为什么要除去DNA分子？
2. 什么结论可以说明RNA未被降解？

（湖北理工学院　苏振宏）

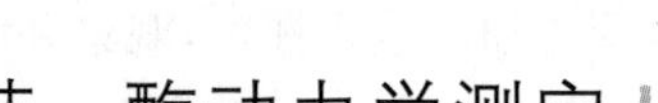

第二节 酶动力学测定

实验一 酶的基本性质考察:影响酶活性的因素

1. 温度对酶活性的影响

【实验目的】

1. 掌握温度与酶活性的关系。

2. 了解测定唾液淀粉酶活性的原理和方法。

【实验原理】

温度对酶活性有显著影响。温度降低，酶促反应减弱或停止;温度升高，酶促反应加快。当上升至某一温度时，酶促反应速度达到最大值，此温度称为酶的最适温度。温度继续升高，反应速度反而迅速下降。温度达到80 ℃时，酶活性几乎完全丧失。低温保存的酶在一定条件下可以复性。

本实验以唾液淀粉酶为例。唾液淀粉酶催化淀粉水解生成各种糊精和麦芽糖。

$(C_6H_{10}O_5)n \rightarrow (C_6H_{10}O_5)m \rightarrow C_{12}H_{22}O_{11}$

淀粉　　糊精 $m<n$　　麦芽糖

淀粉溶液属胶体溶液，具有乳样光泽，与碘反应呈蓝色。根据糊精分子大小不同，与碘反应时呈现蓝、紫、红等不同的颜色。麦芽糖不与碘反应。因此，可以用碘检查淀粉是否水解及其水解程度，间接判断淀粉酶是否存在活性及活性大小。

【实验材料、试剂与仪器】

1. 材料:唾液(自取)。

2. 试剂

(1) 1 %淀粉液和蒸馏水。

(2) 稀碘液:称取碘化钾 2 g 溶于少量蒸馏水中，再加碘 1 g，溶解后以蒸馏水稀释至300 mL，置于棕色瓶中密闭保存。

3. 仪器:试管及试管架、恒温水浴箱、吸量管、电磁炉、制冰机。

【实验步骤】

1. 收集唾液:用少量蒸馏水漱口，然后含水于口腔中1～3 min，收集唾液于烧杯中备用。

2. 取试管2支，各加稀释唾液2 mL，一管直接加热煮沸，另一管置于冰浴中预冷5 min，放置备用。

3. 另取试管4支，编号，按表3-2-1操作。

表3-2-1 温度对酶活性的影响

步骤	1	2	3	4
第1步	淀粉液2 mL	淀粉液2 mL	淀粉液2 mL	淀粉液2 mL
第2步	置于0～4 ℃水浴中5 min		置于37 ℃水浴中5 min	
第3步	预冷唾液10滴	预冷唾液10滴	唾液10滴	煮沸唾液10滴
第4步	摇匀置于0～4 ℃水浴中10 min		摇匀置于37 ℃水浴中10 min	
第5步	稀碘液2滴	移至37 ℃水浴中2 min 再加稀碘液2滴	稀碘液2滴	稀碘液2滴

注意加唾液后应混匀各管。加碘液后摇匀，观察并解释结果。

【注意事项】

1. 严格控制加碘的时间。

2. 保证合适的唾液稀释浓度。

2. 激活剂和抑制剂对酶活性的影响

【实验目的】

1. 了解激活剂与抑制剂的概念。

2. 熟悉唾液淀粉酶激活剂、抑制剂的成分。

【实验原理】

酶的活性在某些物质的作用下可以增强或减弱。凡能提高酶活性的物质称为酶的激活剂；凡能降低或抑制酶活性但并不使酶变性的物质称为酶的抑制剂。以唾液淀粉酶为例，Cl^-使酶的活性增强，Cu^{2+}强烈抑制酶的活性。

【实验材料、试剂与仪器】

1. 材料：唾液（自取）。

2. 试剂

(1) 1 % 淀粉液和蒸馏水。

(2) 1% NaCl、1% $CuSO_4$、1% Na_2SO_4。

(3) 稀碘液：称取碘化钾 2 g 溶于少量蒸馏水中，再加碘 1 g，溶解后以蒸馏水稀释至 300 mL，置于棕色瓶中密闭保存。

3. 仪器：试管及试管架、恒温水浴箱、吸量管、瓷比色盘。

【实验步骤】

1. 收集唾液（同上）。

2. 取清洁试管 4 支，编号，按表 3-2-2 操作（加入 Na_2SO_4的作用是排除这两种离子的影响）。

表 3-2-2 激活剂和抑制剂对酶活性的影响实验

管号	1	2	3	4
1%淀粉液/mL	2	2	2	2
1% NaCl/滴	2	—	—	—
1% $CuSO_4$/滴	—	2	—	—
1% Na_2SO_4/滴	—	—	2	—
蒸馏水/滴	—	—	—	2
稀释唾液/滴	10	10	10	10

将各管混匀，置于 37 ℃水浴中，取瓷比色盘一个，预先加一排碘液，于各凹处加 1～2 滴。每间隔一定时间（根据每个人的酶活性）从第 1 管吸取保温液一滴，测碘反应，直至第 1 管不与碘呈色（即浅棕色）时，向各管中加碘液 2 滴，摇匀观察并解释结果。

【注意事项】

严格控制加碘反应的时间。

3. pH 对酶活性的影响

【实验目的】

了解 pH 对酶活性的影响。

【实验原理】

环境 pH 显著影响酶的活性。pH 既影响酶蛋白又影响底物的解离程度，从而改变酶与底物的结合和催化作用。在某一 pH 时，酶活性达到最强，这时的 pH 称为酶的最适 pH。不同的酶，最适 pH 不尽相同。以唾液淀粉酶为例，该酶最适 pH 为 6.9，过酸或过碱均可使酶活性显著降低。

【实验材料、试剂与仪器】

1. 材料：唾液（自取）。

2. 试剂

(1) 1 %淀粉液、蒸馏水和稀碘液同上。

(2) pH 3.0 磷酸盐缓冲液：量取 0.2 mol/L Na_2HPO_4 82 mL，0.1 mol/L 柠檬酸 318 mL。

(3) pH 6.8 磷酸盐缓冲液：量取 0.2 mol/L Na_2HPO_4 386 mL，0.1 mol/L 柠檬酸 114 mL。

(4) pH 9.0 磷酸盐缓冲液：量取 0.2 mol/L Na_2HPO_4 200 mL，并加入 NaOH 调节 pH。

(5) 0.2 mol/L Na_2HPO_4：称取 Na_2HPO_4 71.636 g 溶于蒸馏水中，定容至 1000 mL。

(6) 0.1 mol/L 柠檬酸：称取柠檬酸 21.008 g 溶于蒸馏水中，定容至 1000 mL。

3. 仪器：试管及试管架、恒温水浴箱、吸量管、瓷比色盘。

【实验步骤】

1. 收集唾液（同上）。

2. 取试管 3 支，编号，按表 3-2-3 加试剂。

表 3-2-3 pH 对酶活性的影响的实验

管号	1(pH 3.0)	2(pH 6.8)	3(pH 9.0)
磷酸盐缓冲液/mL	2	2	2
1%淀粉液/mL	2	2	2
稀释唾液/滴	10	10	10

将各管混匀，置于 37 ℃水浴中。取瓷比色盘一个，预先在各池中分别加 1 滴稀碘液。每隔一定时间从第 2 管吸取保温液 1 滴，加到已有碘液的比色盘小池中，直至此管不与碘呈色（即只显碘的浅棕色）时，向各管中加入碘液 2 滴，摇匀观察并解释结果。

【注意事项】

同上。

【思考题】

1. 影响酶活性的因素有哪些？

2. pH 和温度如何影响酶的活性？

3. 如何设计实验判断一种试剂中的离子是激活剂还是抑制剂？

思考题答案

（扬州大学 李华玲）

实验二　碱性磷酸酶的提取及米氏常数测定

1. 碱性磷酸酶的提取、纯化和比活性测定

【实验目的】

1. 掌握从生物样品中分离纯化酶的一般方法和相关原理。

2. 熟悉碱性磷酸酶分离纯化的方法。

3. 掌握碱性磷酸酶比活性的测定原理和方法。

【实验原理】

碱性磷酸酶(alkaline phosphatase,AKP)广泛分布于人体肝脏、骨骼、肠、肾和胎盘等组织,可经肝脏向胆外排。该酶催化核酸分子脱5′-磷酸基团,使DNA或RNA片段形成5′-OH末端。

1. 碱性磷酸酶的分离纯化

本实验采取有机溶剂沉淀法从家兔肝匀浆液中提取分离AKP。以低浓度乙酸钠(低渗破膜作用)制备肝匀浆液,添加乙酸镁保护和稳定AKP。匀浆液中加入正丁醇可使部分杂蛋白变性,过滤除去杂蛋白。含有AKP的滤液用冷丙酮和冷乙醇进行分离纯化。根据AKP能溶于终浓度为33%的丙酮或30%的乙醇中,而不溶于终浓度为50%的丙酮或60%的乙醇的性质,采用冷丙酮和冷乙醇重复分离提取,可获得初步纯化的AKP。

2. 碱性磷酸酶的比活性测定

比活性是指单位质量蛋白质样品中的酶活性单位。随着酶被逐步纯化,其比活性也逐步升高,比活性可以鉴定酶的纯化程度。国际酶学委员会规定:酶的比活性用每毫克蛋白质具有的酶活性单位(U/mg·Pr)来表示。

本实验以磷酸苯二钠为底物,由AKP催化水解生成游离酚和磷酸盐。酚在碱性条件下与4-氨基安替吡啉作用,经铁氰化钾氧化,生成红色的醌衍生物,颜色深浅与酚的含量成正比。于510 nm波长处比色,即可求出酚的生成量。

本实验采用Folin-酚法测定样品中蛋白质的含量(mg/mL)。规定每毫升酶液在37 ℃、15 min产生1 mg酚为一个活性单位,以测定每毫升样品中的酶活性单位数(U/mL)。

【实验材料、试剂与仪器】

1. 材料:新鲜家兔肝组织。

2. 试剂

(1) 0.5 mol/L乙酸镁溶液:称取乙酸镁107.25 g溶于蒸馏水中,稀释至1000 mL。

(2) 0.1 mol/L乙酸钠溶液:称取乙酸钠8.2 g溶于蒸馏水中,稀释至1000 mL。

(3) 0.01 mol/L乙酸镁-0.01 mol/L乙酸钠溶液:取0.5 mol/L乙酸镁溶液20 mL及0.1 mol/L乙酸钠溶液100 mL,混合后加蒸馏水稀释至1000 mL。

(4) 0.01 mol/L Tris-0.01 mol/L乙酸镁pH 8.8缓冲液:称取三羟甲基氨基甲烷12.1 g,用蒸馏水溶解并稀释至1000 mL,即为0.1 mol/L Tris溶液。量取0.1 mol/L Tris溶液100 mL,加蒸馏水约800 mL,再加0.5 mol/L乙酸镁溶液20 mL,混匀后用1%乙酸调至pH 8.8,用蒸馏水稀释至1000 mL。

(5) 冷丙酮:分析纯丙酮,于0～4 ℃下储存备用。

(6) 95%冷乙醇:分析纯95%乙醇,于0～4 ℃下储存备用。

(7) 正丁醇:分析纯。

(8) 0.04 mol/L基质液:称取磷酸苯二钠($C_6H_5PO_4Na_2 \cdot 2H_2O$)10.16 g或磷酸苯二钠(无结晶水)8.72 g,加蒸馏水溶解,稀释至1000 mL。加氯仿4 mL,置于棕色瓶中,于0～4 ℃下储存,可用一周。

(9) 1 mg/mL 酚标准液：称取结晶酚 100 mg，用 pH 8.8 Tris 缓冲溶液配制成 100 mL，临用前稀释 100 倍。

(10) 碱性溶液：量取 0.5 mol/L NaOH 和 0.5 mol/L $NaHCO_3$ 各 20 mL，混合后加蒸馏水溶解，并稀释至 100 mL。

(11) 0.3% 4-氨基安替吡啉溶液：称取 4-氨基安替吡啉 0.3 g 及碳酸氢钠 4.2 g，用蒸馏水溶解，并稀释至 100 mL，置于棕色瓶中 0～4 ℃下储存保存。

(12) 0.5%铁氰化钾溶液：称取铁氰化钾 5 g 和硼酸 15 g，各溶于 400 mL 蒸馏水中，溶解后将两溶液混合，加蒸馏水至 1000 mL，置于棕色瓶中，避光保存。

(13) 0.1 mg/mL 蛋白标准液：牛血清白蛋白，用生理盐水稀释至 0.1 mg/mL。

(14) 碱性铜试剂。

(15) Folin-酚试剂。

3. 仪器：研钵、离心机、刻度离心管、玻璃漏斗、分光光度计。

【实验步骤】

(一) AKP 的提取

1. 取新鲜家兔肝组织 2 g，置于研钵中剪碎，加入 0.01 mol/L 乙酸镁-0.01 mol/L 乙酸钠溶液 6.0 mL，研磨成匀浆，移入离心管，记录体积。

2. 匀浆液中加入正丁醇 2.0 mL，玻棒充分搅拌 2 min，室温放置 20 min，过滤，滤液置于离心管中。

3. 滤液中加入等体积的丙酮，混匀后离心 5 min(2000 r/min)，弃去上清液，向沉淀中加入 0.5 mol/L 乙酸镁 4.0 mL，充分搅拌使其溶解，同时记录悬浊液的体积。

4. 根据悬浊液的体积，计算当乙醇终浓度为 30%时需要加入的 95%乙醇的量。按计算量加入冷乙醇，混匀，立即离心 5 min(2000 r/min)。上清液倒入另一离心管(记录体积)，沉淀弃去。向上清液中加入 95%乙醇，使乙醇终浓度达 60%(计算方法同前)，混匀后立即离心 5 min(2000 r/min)，弃去上清液。向沉淀中加入 2 mL 0.01 mol/L 乙酸镁-0.01 mol/L 乙酸钠溶液，充分搅拌，使其溶解。

5. 重复操作步骤 4，沉淀用 3 mL 0.5 mol/L 乙酸镁溶液充分溶解。

6. 上述悬浊液中逐滴加入丙酮，使丙酮终浓度达到 33%，混匀后离心 5 min(2000 r/min)，弃去沉淀。上清液倒入另一离心管中(记录体积)，再缓缓加入丙酮，使丙酮浓度达到 50%，混匀后立即离心 10 min(4000 r/min)，弃去上清液，沉淀为初步纯化的碱性磷酸酶。向此沉淀中加入 50 mL pH 8.8 的 Tris 缓冲溶液，使沉淀溶解，再离心 5 min(2000 r/min)，弃去沉淀，上清液倒入另一离心管中(记录体积)，即为初步纯化的酶液。

7. 将以上酶液按 2 mL 分装于 EP 管中，冷冻干燥后或直接于－60 ℃下保存。应用时稀释 5～7 倍测其 K_m。

(二) AKP 的比活性测定

1. AKP 的比活性测定：取试管 3 支，按表 3-2-4 操作。

表 3-2-4 AKP 的比活性测定

单位：mL

试剂	样品管	标准管	空白管
pH 8.8 Tris 缓冲溶液	—	—	1.0
0.04 mol/L 基质液	1.0	1.0	1.0
37 ℃水浴中预温 5 min			
0.1 mg/mL 标准酚应用液	—	1.0	—

续表

试剂	样品管	标准管	空白管
待测酶液	1.0	—	—
37 ℃下保温 15 min			
碱性溶液	1.0	1.0	1.0
0.3% 4-氨基安替吡啉溶液	1.0	1.0	1.0
0.5%铁氰化钾溶液	2.0	2.0	2.0

混匀后室温下放置 15 min，于 510 nm 波长处测定样品管和标准管的吸光度。

每毫升待测酶液中 AKP 活性单位数(U/mL)=($OD_{样1}$×酚含量$_{标1}$)/$OD_{标1}$

上式中，$OD_{样1}$为测定管吸光度；$OD_{标1}$为标准管吸光度；酚含量$_{标1}$为标准管酚含量。

2. 蛋白质含量的测定：取 3 支试管，按表 3-2-5 操作。

表 3-2-5　蛋白质的含量测定　　单位：mL

试剂	样品管	标准管	空白管
pH 8.8 Tris 缓冲液	—	—	1.0
待测酶液	1.0	—	—
0.1 mg/mL 蛋白标准液	—	1.0	—
碱性铜试剂	5.0	5.0	5.0
混匀后室温下放置 10 min			
Folin-酚试剂	0.5	0.5	0.5

混匀后室温下放置 30 min，650 nm 波长处测定样品管和标准管吸光度。

每毫升待测酶液中蛋白质浓度(mg/mL)=($OD_{样2}$×蛋白质含量$_{标2}$)/$OD_{标2}$

上式中，$OD_{样2}$为测定管吸光度；$OD_{标2}$为标准管吸光度；蛋白质含量$_{标2}$为标准管蛋白质的含量。

3. AKP 的比活性(U/mg·Pr)=A/B

注：A 为每毫升待测酶液中 AKP 活性单位数；B 为每毫升待测酶液中蛋白质的质量(毫克)。

【注意事项】

1. 纯化时需准确计算加入的有机溶剂量，加入后应立即离心，不宜久置。
2. 在测定酶的比活性时，每加入一种试剂应立即混匀，避免混浊。
3. 准确记录各步骤中上清液的体积。
4. AKP 的比活性测定实验中，加入碱性溶液的目的是终止酶促反应，必须保证每管保温 15 min。

2. 碱性磷酸酶的 K_m 测定

【实验目的】

1. 通过碱性磷酸酶米氏常数(K_m)的测定，了解其测定方法及意义。
2. 学会用标准曲线法测定酶的活性，加深对酶促反应动力学的理解。

【实验原理】

在室温下，pH 和酶的浓度一定时，酶促反应速率与底物浓度之间的关系可用 Michaelis-Menten(米-曼氏)方程式表示。

$$v=V_{max}\cdot[S]/(K_m+[S])$$

V_{max}为最大反应速率，[S] 为底物浓度，K_m为米氏常数，v 表示反应速率。当 $v=1/2\ V_{max}$ 时，$K_m=[S]$，所以米氏常数是反应速度等于最大反应速度一半时底物的浓度。K_m的单位为 mol/L 或 mmol/L。大多数酶的 K_m为 0.01～100 mmol/L。

Michaelis-Menten 方程式中，v 对[S]作图为矩形双曲线，难以准确求出 K_m。Lineweaver-Burk 将上式变形，得到如下方程式：

$$1/v = K_m/V_{max} \cdot (1/[S]) + 1/V_{max}$$

以 $1/v$ 对 1/[S]作图，即得到图 3-2-1。

以不同的底物浓度 1/[S] 为横坐标，$1/v$ 为纵坐标，将各点连成一直线，此线与横轴相交的截距为 $-1/K_m$，由此可以求得酶的 K_m。

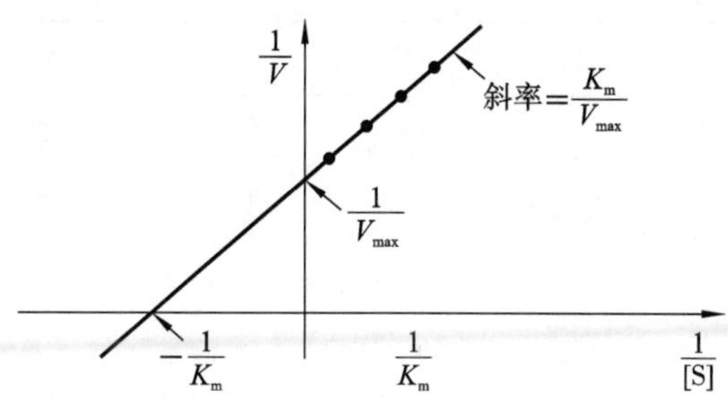

图 3-2-1 Lineweaver-Burk 作图法

本实验以碱性磷酸酶为例，测定不同底物浓度时酶的活性，再根据 Lineweaver- Burk 法作图计算其 K_m。以磷酸苯二钠为底物，经碱性磷酸酶催化水解，生成游离酚和磷酸盐。酚在碱性条件下与 4-氨基安替吡啉作用，经铁氰化钾氧化，生成红色的醌衍生物(图 3-2-2)，颜色的深浅和酚的含量成正比。

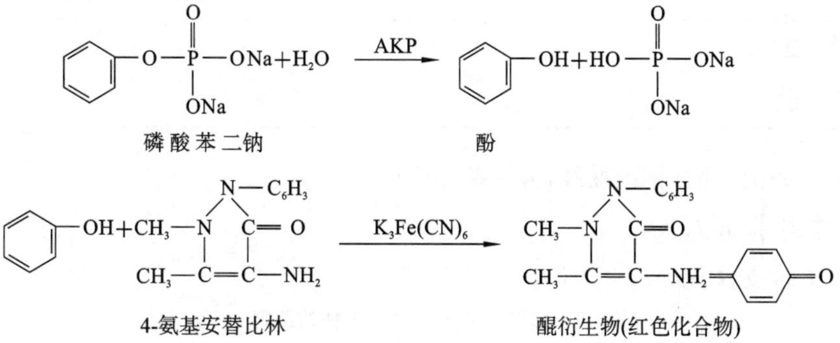

磷酸苯二钠 + H_2O —AKP→ 酚 + 磷酸氢二钠

酚 + 4-氨基安替比林 —$K_3Fe(CN)_6$→ 醌衍生物(红色化合物)

图 3-2-2 反应方程式

【实验材料、试剂与仪器】

1. 材料：本实验“第一部分”获得的 AKP 酶液或新鲜人血清。

2. 试剂

(1) 0.1 mol/L pH 10 碳酸盐缓冲液(37 ℃)：称取无水碳酸钠 6.36 g 及碳酸氢钠 3.36 g，用蒸馏水溶解，稀释至 1000 mL。

(2) 碱性溶液：见实验第一部分。

(3) 0.04 mol/L 基质液：见实验第一部分。

(4) 0.5%铁氰化钾溶液：见实验第一部分。

(5) 0.3% 4-氨基安替吡啉溶液：见实验第一部分。

(6) 0.10 mg/mL 酚标准液：称取结晶酚 1.50 g，溶于 0.1 mol/L HCl 中，蒸馏水定容至 1000 mL 作为储备液；应用时，按标定结果用蒸馏水稀释至 0.1 mg/mL 作为标准液。

(7) 储备液标定:25.0 mL 储备液置于带塞锥形瓶中,加 0.1 mol/L NaOH 55 mL,加热至 65 ℃;加 0.1 mol/L 碘液 25.0 mL,密闭放置 30 min;加浓 HCl 5 mL,以 0.1%淀粉作为指示剂,用 0.1 moL/L 硫代硫酸钠滴定。若硫代硫酸钠溶液的体积为 X,则 25 mL 储备液中酚的含量为 $1.567\times(25-X)$ mg。

3. 仪器:光分光光度计、带塞锥形瓶。

【实验步骤】

(一) 酚标准曲线的绘制

1. 取试管 6 支,按表 3-2-6 操作。

表 3-2-6 酚标准曲线的绘制 单位:mL

试剂	1	2	3	4	5	6
0.1 mg/mL 酚标准溶液	0	0.05	0.10	0.20	0.30	0.40
蒸馏水	2.00	1.95	1.90	1.80	1.70	1.60
37 ℃水浴中保温 5 min						
碱性溶液	1.0	1.0	1.0	1.0	1.0	1.0
0.3%4-氨基安替吡啉	1.0	1.0	1.0	1.0	1.0	1.0
0.5%铁氰化钾	2.0	2.0	2.0	2.0	2.0	2.0

2. 混匀后室温下放置 15 min,于 510 nm 波长处比色。结果填入表 3-2-7 中。

表 3-2-7 酚标准曲线的绘制

	1	2	3	4	5	6
酚含量/μg						
吸光度						

3. 以表 3-2-7 绘制酚标准曲线,为一条过原点的直线。

(二) 作图求出 K_m

1. 取试管 6 支,按表 3-2-8 操作。

表 3-2-8 碱性磷酸酶活性的测定 单位:mL

试剂	1	2	3	4	5	6
0.04 mol/L 基质液	0	0.1	0.2	0.3	0.4	0.8
pH 10,0.1 mol/L 碳酸盐缓冲液	0.7	0.7	0.7	0.7	0.7	0.7
蒸馏水	1.1	1.0	0.9	0.8	0.7	0.3
37 ℃水浴中保温 5 min						
血清	0.2	0.2	0.2	0.2	0.2	0.2
37 ℃水浴中保温 15 min						
碱性溶液	1.0	1.0	1.0	1.0	1.0	1.0
0.3% 4-氨基安替吡啉	1.0	1.0	1.0	1.0	1.0	1.0
0.5%铁氰化钾	2.0	2.0	2.0	2.0	2.0	2.0

室温下放置 15 min，以 1 号空白管做对照，于 510 nm 波长处比色测定。

2. 将相关数据填入表 3-2-9 中。

表 3-2-9　碱性磷酸酶 K_m 的计算

	1	2	3	4	5	6
[S]						
1/[S]						
OD						
酚量/μg						
v						
$1/v$						

3. 以 1/[S]为横坐标，$1/v$ 为纵坐标，作图求出该酶的 K_m。

【注意事项】

1. 本实验溶液种类多，谨防错漏；取量要准确。
2. 酶促反应严格控制为 15 min；保温结束后，立即加入碱性溶液终止反应。

【临床知识拓展】

临床上测定 AKP 主要用于骨骼、肝胆系统疾病的诊断和鉴别诊断，尤其是黄疸的鉴别诊断。

生理性升高：儿童在生理性骨骼发育期，AKP 活力比正常人高 1～2 倍。处于生长期的青少年和孕妇，以及进食脂肪含量高的食物后，AKP 均可升高。

病理性升高：骨骼疾病（如佝偻病、软骨病、骨恶性肿瘤、恶性肿瘤骨转移等）、肝胆疾病（如肝外胆道阻塞、肝癌、肝硬化、毛细胆管性肝炎等）或其他疾病如甲状旁腺功能亢进，均可使 AKP 升高。

病理性降低：见于重症慢性肾炎、儿童甲状腺功能不全、贫血等。

【思考题】

1. 简述 K_m 和 V_{max} 的意义。
2. 为什么分离纯化 AKP 时使用不同浓度的乙醇和丙酮？并且为什么重复多次使用？

思考题答案

（内蒙古医科大学　叶纪诚）

实验三　丙二酸对琥珀酸脱氢酶的竞争性抑制作用

【实验目的】

1. 学习和掌握酶的竞争性抑制作用的特点。

2. 熟悉丙二酸对琥珀酸脱氢酶的竞争性抑制作用的实验原理和方法。

【实验原理】

化学结构与酶作用的底物结构相似的物质，可与底物竞争结合酶的活性中心，使酶的活性降低甚至丧失，这种抑制作用称为竞争性抑制作用。竞争性抑制作用的强弱取决于抑制剂与酶的相对亲和力及抑制剂浓度与底物浓度的相对比例。当底物浓度不变时，酶活性的抑制程度随抑制剂浓度的增加而增加；反之，当抑制剂浓度不变时，则酶活性随底物浓度的增加而逐渐恢复。

琥珀酸脱氢酶催化琥珀酸脱氢生成延胡索酸，在有氧的情况下，脱下的氢经呼吸链的传递与氧化合成水。肝中含有丰富的琥珀酸脱氢酶。体外实验显示在隔绝空气的情况下，琥珀酸脱下的氢可被人工受氢体亚甲蓝（蓝色）接受还原成甲烯白（白色）。丙二酸与琥珀酸分子结构相似，它能与琥珀酸竞争结合琥珀酸脱氢酶活性中心，从而抑制琥珀酸脱氢酶（图 3-2-3）。本实验通过观察亚甲蓝颜色消退的速度和程度，来了解不同底物浓度、不同抑制剂浓度时酶活性的改变。

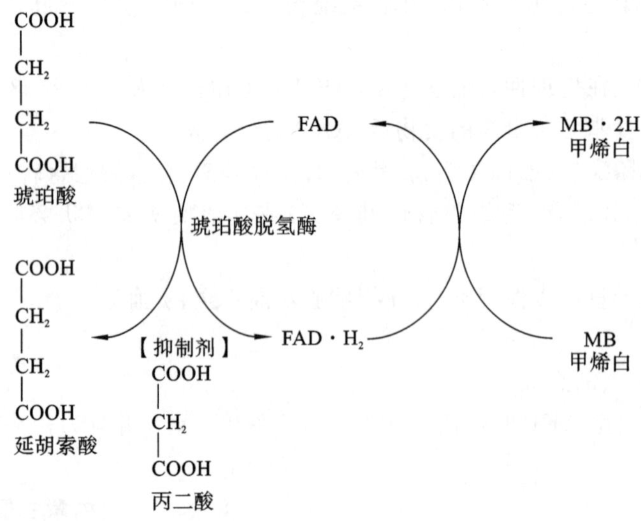

图 3-2-3　琥珀酸脱氢酶的竞争性抑制

【实验材料、试剂与仪器】

1. 材料：新鲜的动物肝脏。

2. 试剂

(1) 0.2 mol/L 琥珀酸钠：称取琥珀酸钠 5.4 g，用蒸馏水溶解并稀释至 100 mL。如无琥珀酸钠，可用琥珀酸配制成水溶液后，以氢氧化钠溶液中和至 pH 7～8。

(2) 0.02 mol/L 琥珀酸钠：称取琥珀酸钠 0.54 g，用蒸馏水溶解并稀释至 100 mL。

(3) 0.2 mol/L 丙二酸钠：称取丙二酸钠 3 g，用蒸馏水溶解并稀释至 100 mL。

(4) 0.02 mol/L 丙二酸钠：称取丙二酸钠 0.3 g，用蒸馏水溶解并稀释至 100 mL。

(5) 0.02%亚甲蓝：称取亚甲蓝 0.2 g，用乙醇溶解并稀释至 1000 mL。

(6) 1/15 mol/L pH 7.4 磷酸盐缓冲液：量取 1/15 mol/L Na_2HPO_4 80.8 mL 和 1/15 mol/L KH_2PO_4 2 mL，充分混合或精确称取 KH_2PO_4 1.74 g，Na_2HPO_4 7.65 g 加水混合至

1000 mL。

(7) 石蜡油。

3. 仪器:剪刀、研钵、量筒、恒温水浴箱。

【实验步骤】

1. 琥珀酸脱氢酶的制备

取动物肝脏一块(约 3 g),用剪刀剪碎后加入冰冷的 1/15 mol/L pH 7.4 磷酸盐缓冲液 2 mL,研成匀浆,然后再加入 1/15 mol/L pH 7.4 的磷酸盐缓冲液 8 mL,搅匀,静置备用。

2. 取试管 4 支,编号,按表 3-2-10 操作

表 3-2-10 丙二酸对琥珀酸脱氢酶的竞争性抑制作用

试剂	1	2	3	4
匀浆液/mL	2	2	2	2
0.2 mol/L 琥珀酸钠/mL	1	1	1	—
0.02 mol/L 琥珀酸钠/mL	—	—	—	1
0.2 mol/L 丙二酸钠/mL	—	1	—	1
0.02 mol/L 丙二酸钠/mL	—	—	1	—
蒸馏水/mL	1	—	—	—
亚甲蓝/滴	4	4	4	4
褪色时间/s				

3. 观察丙二酸对琥珀酸脱氢酶的竞争性抑制作用

将上述各管摇匀,于液面上加石蜡油 12 滴,于 37 ℃水浴中保温,观察各管颜色变化,记录各管的褪色时间及顺序。

【注意事项】

1. 酶提取液的制备过程要迅速,以防止酶活性降低。

2. 滴入石蜡油的试管不要频繁晃动。

3. 第一管开始变色后应缩短观察时间间隔。

【临床知识拓展】

竞争性抑制作用在临床治疗疾病时也有广泛应用,很多抗生素和抗代谢物在体内是以竞争性抑制的方式来发挥作用的。很多抗生素是微生物中某种酶的竞争性抑制剂,如磺胺类药物是细菌二氢叶酸还原酶的竞争性抑制剂,抑制细菌内二氢叶酸的合成,导致核苷酸、核酸合成受阻,从而达到抑制细菌生长的目的。许多抗代谢物如:5-氟尿嘧啶、6-巯基嘌呤、甲氨蝶呤、氮杂丝氨酸等都是核酸合成时相应酶的竞争性抑制剂,从而起到抗肿瘤作用。

【思考题】

1. 根据实验结果讨论:①丙二酸对琥珀酸脱氢酶有什么影响?②进行实验时为什么要用石蜡油隔绝空气?

思考题答案

2. 从抑制剂的结构及其与酶结合的位点,比较竞争性抑制作用、非竞争性抑制作用、反竞争性抑制作用对 K_m 与 V_{max} 的影响。

(内蒙古医科大学 邓秀玲)

实验四　乳酸脱氢酶同工酶的制备及活性测定

【实验目的】

1. 学习乳酸脱氢酶同工酶的提取。

2. 学习和掌握乳酸脱氢酶同工酶活性测定的原理和临床意义。

【实验原理】

乳酸脱氢酶(lactate dehydrogenase，LDH，EC. 1. 1. 1. 27，L-乳酸：NAD^+ 氧化还原酶)是最早发现的催化乳酸和丙酮相互转化的同工酶，属于氢转移酶。该酶广泛存在于生物细胞的胞浆中。在人体中，乳酸脱氢酶在胞浆的活力约为血清的500倍，当组织细胞膜发生损伤时，血清乳酸脱氢酶含量升高，因此，其可作为衡量细胞膜通透性的重要指标。乳酸脱氢酶由两种亚型按不同的形式排列组合形成含4个亚基的5种同工酶，即：$LDH_1(H_4)$、$LDH_2(H_3M_1)$、$LDH_3(H_2M_2)$、$LDH_4(H_1M_3)$、$LDH_5(M_4)$，其中H代表心肌型，M代表骨骼肌型。此外，在睾丸及精子中还存在另一种成分 $LDH_x(S_4)$，S亚基在线粒体中合成，不与H或M亚基杂交。

乳酸脱氢酶同工酶在不同组织器官的分布存在差异：心、肾以 LDH_1 为主，LDH_2 次之；肺以 LDH_3 和 LDH_4 为主，骨骼肌以 LDH_5 为主；肝以 LDH_5 为主，LDH_4 次之；血清中LDH含量的顺序为 $LDH_2>LDH_1>LDH_3>LDH_4>LDH_5$。由于乳酸脱氢酶同工酶的分布具有组织特异性，因此，对各同工酶含量的测定具有很好的组织器官特异性和临床应用价值。

血清中乳酸脱氢酶同工酶可采用电泳法、色谱法、免疫化学法、抑制法和热稳定法等多种方法进行分离测定。其中，醋酸纤维薄膜电泳分离法具有所需设备简单、操作方便、标本用量少、电泳时间短、各区带分离清楚而稳定、便于保存等优点被广泛使用。乳酸脱氢酶同工酶的H和M亚基的一级结构已确定，M亚基因含碱性氨基酸较多，等电点较高，在pH 8.6的缓冲液中携带的负电荷较少。由于各种同工酶的亚基组成不同，在醋酸纤维薄膜电泳中，相同时间内各组分向阳极迁移的速率不同而被分离，由阳极至阴极分别为 LDH_1、LDH_2、LDH_3、LDH_4、LDH_5。电泳结束后可用下列酶偶联试剂法进行显色反应，定量测定乳酸脱氢酶同工酶的活性。

乳酸脱氢酶可催化乳酸钠生成丙酮酸，底物脱去的氢使 NAD^+ 被还原为NADH，随后吩嗪二甲酯硫酸盐(PMS)作为受氢体，将NADH的氢传递给氧化型氯化硝基四氮唑蓝(INT)，使其被还原成紫红色甲臜化合物，该化合物颜色的深浅与乳酸脱氢酶活性成正比，且在560 nm波长处具有特征性的吸收峰。可以剪下各个区带将其颜色浸出，测定各组溶液的吸光度，即可求出各种乳酸脱氢酶同工酶的相对含量。

$$\text{L-乳酸钠}+NAD^+ \xrightarrow{pH\ 8.8\sim9.8} \text{丙酮酸}+NADH^+ + H^+$$

$$NAD^+ + H^+ + 2PMS \longrightarrow 2PMSH + NAD^+$$

$$2PMSH + INT \longrightarrow 2PMSH + INTH + H^+$$

【实验材料、试剂与仪器】

1. 材料：新鲜血液，醋酸纤维薄膜。

2. 试剂

(1) 巴比妥缓冲液(pH 8.6)：称取巴比妥钠6.38 g，巴比妥0.83 g，加蒸馏水定容至500 mL。

(2) 0.1 mol/L磷酸缓冲液(pH 7.4)：称取磷酸氢二钠($Na_2HPO_4 \cdot 7H_2O$)22.5 g，磷酸二氢钾(KH_2PO_4)2.16 g，加蒸馏水定容至1000 mL。

(3) 0.5 mol/L乳酸钠溶液：60%乳酸钠($C_3H_5O_3Na$)溶液5 mL，加0.1 mol/L磷酸盐缓冲液(PBS)45 mL，混合均匀，于冰箱中保存。

(4) 吩嗪甲酯硫酸盐(PMS)溶液：称取10 mg PMS溶于10 mL蒸馏水中，置于棕色瓶冰箱保存。溶液若出现绿色则不能使用。

(5) 0.3% 氯化硝基四氮唑蓝(NBT):称取 NBT 30 mg,定溶于 10 mL 蒸馏水中。

(6) 烟酰胺腺嘌呤二核苷酸(NAD^+)。

(7) 浸出液:氯仿与乙醇按体积比 9 : 1 混合。

(8) 染色合剂:电泳结束前 15 min 避光配制,其成分如下:

0.55 mol/L 乳酸钠溶液	0.4 mL
PMS 溶液	0.3 mL
NBT 溶液	0.8 mL
NAD^+	10 mg

(9) 10% 乙酸溶液:1 mL 乙酸加 9 mL 蒸馏水混匀而成。

3. 仪器:剪刀,离心机,离心管,紫外分光光度计,比色杯,点样器,滤纸,培养皿,镊子。

【实验步骤】

1. 制备血清

采集外周血 5 mL,37 ℃下孵育 10 min,以 3500 r/min 离心 5 min,取上清液即为血清。

2. 准备薄膜

将醋酸纤维素薄膜置于巴比妥缓冲液中,浸润 30 min,使其完全浸透至薄膜无白色斑点。

3. 点样

取出浸泡好的薄膜,用滤纸吸去多余的缓冲液,毛面向上。点样器蘸取血清,点样于膜的毛面,注意:点样处距离膜边缘约 2 cm,点样带位置居于膜短边的中央,点样量应适当。

4. 电泳

将点样面朝下,点样端置于阴极,放于电泳槽的支架上。检查电泳仪器,注意正负极,设置电压为 120~160 V,电流为 0.6~1.0 mA,电泳时间为 45 min 。

5. 保温与染色

取另一醋酸纤维薄膜(乙膜)浸入染色剂中,充分渗透后取出,平铺于一块载玻片上。断电,取出电泳薄膜(甲膜),用滤纸吸去两端缓冲液,小心将甲膜的点样面覆盖于乙膜上(为避免干燥,操作要快,两层膜之间不能产生气泡,必须一次盖好,盖上膜后勿拖动),水平摆放于瓷盆中(加适量水以保持湿度),加盖,于 37 ℃下保温 20 min,即可显色。

6. 定量

用 10%乙酸溶液漂洗甲、乙膜 3 次。随后剪下颜色区带浸入 2 mL 浸出液中,在 560 nm 波长下测定各管吸光度。

7. 计算

总吸光度的计算 $A_{总}=A_1+A_2+A_3+A_4+A_5$

各种同工酶百分含量的计算:$LDH_x(\%)=A_x/A_{总}\times100\%$

【注意事项】

1. 由于红细胞中 LDH_1 和 LDH_2 活性很高,应避免样本出现溶血,以减少实验误差。

2. LDH_4 与 LDH_5 对热很敏感,因此需严格控制保温温度,否则易使 LDH_5 等变性失活。

3. LDH_4 和 LDH_5 对冷不稳定,容易失活,应采用新鲜标本测定。如果需要,血清应置于 25 ℃下保存,一般可保存 2~3 天。

4. 转膜操作应迅速,两层膜之间不能产生气泡,盖上膜后勿拖动。

5. PMS 对光敏感,必须置于棕色瓶中避光低温保存,建议使用时临时配制,若呈现绿色,则不可使用。

【临床知识拓展】

在人体中,乳酸脱氢酶在胞浆的活力约为血清的 500 倍,当组织细胞膜发生损伤时,血清乳酸脱氢酶活性即出现增高,因此,它可作为衡量细胞膜通透性的重要指标。乳酸脱氢酶是由

NOTE

两种肽链按一定比例组成的5种四聚体。它的每条肽链各由一个基因编码，经转录、翻译、修饰加工等过程，最后成为具有生物活性的物质。不同的动物以及不同的组织或器官在不同的发育阶段或不同的生活周期均有其特异性的同工酶酶谱。某一组织病变受损时，其酶谱可以在血液中反映出来。因此，测定血中乳酸脱氢酶同工酶酶谱，观察其动态变化，有助于一些疾病的诊断和预后。例如，同工酶电泳分析在临床上常用于急性心肌梗死的诊断，当出现急性心肌梗死时，LDH_1与LDH_2活性均升高，但LDH_1升高更早、更明显，导致LDH_1/LDH_2的值增大。肝炎、急性肝细胞损伤时会出现血清LDH_5活性增高，但心肌梗死并发充血性心力衰竭时，LDH_5活性亦可增高。急性肺损伤、白血病、心包炎以及病毒感染时，LDH_2、LDH_3活性会增高。骨骼肌损伤时LDH_4、LDH_5活性都会增高。胃癌、结肠癌和胰腺癌患者血清中五种乳酸脱氢酶同工酶活性均可升高，但以LDH_3活性增高最为显著。

思考题答案

【思考题】

1. 乳酸脱氢酶同工酶测定对疾病诊断的临床意义为何优于乳酸脱氢酶总活性测定？
2. 乳酸脱氢酶同工酶测定时为什么要避免溶血？

（石河子大学　高蕊）

实验五　乳酸脱氢酶及其辅酶Ⅰ的提取及功能验证

【实验目的】

1. 掌握乳酸脱氢酶及辅酶Ⅰ的提取方法。

2. 理解乳酸脱氢酶全酶中酶蛋白及辅酶Ⅰ的作用。

【实验原理】

本实验以乳酸为底物，用新鲜动物肌肉的粗制提取液，经白陶土吸附除去乳酸脱氢酶辅助因子辅酶Ⅰ制成酶蛋白部分，而通过加热破坏酶蛋白提取辅酶Ⅰ，观察两者单独作用及共同作用的情况。为了便于观察，实验中使用亚甲蓝作为受氢体。已知亚甲蓝能从还原型黄素酶接受氢而由蓝色变成无色(甲烯白)。所以本实验中根据溶液蓝色的消退程度判断乳酸脱氢反应是否发生，从而明确乳酸脱氢酶及其辅酶Ⅰ的作用。

【实验材料、试剂与仪器】

1. 材料：小鼠或牛蛙，离心管。

2. 试剂：玻璃砂、白陶土、石蜡油、15%乳酸钠、0.5%KCN、0.04%亚甲蓝。

3. 仪器：水浴锅、水浴锅、研钵。

【实验步骤】

(1) 酶蛋白提取液的制备：取新鲜动物肌肉组织 3 g，剪碎放入预冷的研钵中，再加玻璃砂约 0.5 g，白陶土 0.5 g，加 8 mL0.1 mol/L 磷酸缓冲液(pH 7.4)，充分研细成粥状。移入离心管中，以 2000 r/min 离心 5 min，倒入另一试管中备用。

(2) 辅酶Ⅰ提取液的制备：取蒸馏水 10 mL 于试管中，加热煮沸。取新鲜的肌肉组织 3 g，剪碎，放入沸水中，继续煮沸 10 min，为防止水分过多蒸发可加盖。稍冷后倾入乳钵中充分研磨，移入离心管中，以 2500 r/min 离心 5 min，取上清液备用。

(3) 取试管 4 支，标清管号，按表 3-2-11 加样。

表 3-2-11　乳酸脱氢酶及其辅酶Ⅰ的提取

管号	15%乳酸钠溶液/mL	酶蛋白提取液/mL	辅酶Ⅰ提取液/mL	蒸馏水/mL	0.5%KCN液/滴	0.04%亚甲蓝液/滴
1	0.5	0.5	—	0.5	10	10
2	0.5	—	0.5	0.5	10	10
3	0.5	0.5	0.5	—	10	10
4	—	0.5	0.5	0.5	10	10

(4)充分混匀，向各试管中缓慢加入石蜡油 5 滴(避免与空气接触)，静置于试管架上或置于 37 ℃水浴中 15～30 min，随时观察并记录各管褪色情况，分析实验结果。

【注意事项】

1. KCN 有剧毒，切不可用口吸取试剂，以免不慎入口中毒。

2. 乳酸脱氢生成的丙酮酸与 KCN 结合，不发生可逆反应。

3. 本实验中生成的甲烯白易被空气氧化又成为亚甲蓝，所以在加入石蜡油后观察褪色时不宜振荡。

4. 肌肉组织也含有乳酸，因此上文所制得的辅酶溶液和乳酸脱氢酶溶液中都含有若干乳酸。第 3 管也能褪色，但褪色速率较慢。操作时应注意严密观察第 2、第 3 管颜色变化的快慢。实验中亚甲蓝及乳酸钠的量应为最小量，如果太多，则颜色变化就很难区别。

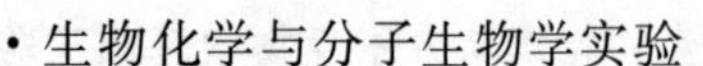

NOTE

思考题答案

【思考题】

1. 乳酸脱氢酶催化正逆反应，在实验中为什么大量脱氢生成丙酮酸？

2. 观察褪色的试管，振荡片刻会出现什么变化？再放置一段时间有什么变化？解释这些现象。

（湖北理工学院　苏振宏）

NOTE 

实验六 血清转氨酶(ALT、AST)活性的测定

【实验目的】

1. 了解 ALT、AST 活性测定的原理及测定方法。

2. 掌握测定 ALT、AST 活性的临床意义。

【实验原理】

酶的活性即酶的催化效能，在一定条件下酶活性的高低代表酶含量的多少，故酶活性的测定即相当于酶含量的测定。酶的活性一般是通过一定条件(最适温度、最适的 pH、必要的激活剂等)下，一定时间内，测定该酶所催化的反应系统中底物的消耗量或产物的生成量来确定的。

血清谷丙转氨酶(alanine transaminase，ALT/glutamic pyruvic transminase，GPT)及血清谷草转氨酸(asparate transaminase，AST/glutamic oxaloacetic transaminase，GOT)分别以丙氨酸和 α-酮戊二酸；天冬氨酸和 α-酮戊二酸为底物，催化它们进行如下反应。

$$\underset{\text{L-丙氨酸}}{H_2N-CH(CH_3)-COOH} + \underset{\text{α-酮戊二酸}}{HOOC-CH_2-CH_2-C(=O)-COOH} \xrightleftharpoons[37\ ℃、pH\ 7.4]{ALT} \underset{\text{丙酮酸}}{CH_3-C(=O)-COOH} + \underset{\text{L-谷氨酸}}{HOOC-CH_2-CH_2-CH(NH_2)-COOH}$$

$$\underset{\text{α-酮酸}}{R-C(=O)-COOH} + \underset{\text{2,4-二硝基苯肼}}{H_2N-NH-C_6H_3(NO_2)_2} \xrightarrow{-H_2O} \underset{\text{丙酮酸二硝基苯腙(黄色)}}{CH_3-C(COOH)=N-NH-C_6H_3(NO_2)_2}$$

$$\text{丙酮酸二硝基苯腙} \xrightarrow[-H_2O]{OH^-} \underset{\text{苯腙硝醌化合物(黄色)}}{CH_3-C(COOH)=N-N=C_6H_3(NO_2)=N(O)-O^-}$$

在 AST 催化下所生成的草酰乙酸又可在 β-脱羧酶和枸橼酸苯胺作用下脱羧，生成丙酮酸，而丙酮酸则可与 2,4-二硝基苯肼作用，生成丙酮酸 2,4-二硝基苯腙，后者在碱性溶液下呈棕色，在 520 nm 波长处比色时，α-酮戊二酸二硝基苯腙的吸光度远比丙酮酸二硝基苯腙的低。在反应后，α-酮戊二酸减少而丙酮酸增加，故 520 nm 波长处吸光度增加的量与反应体系中丙酮酸与 α-酮戊二酸的质量呈线性关系。丙酮酸二硝基苯腙在碱性溶液中呈棕色，用比色法测定其含量(吸光度)，与经同样处理标准丙酮酸溶液比较，即可计算转氨酶的活性。

一般临床上用以测定 ALT 及 AST 活性的方法有改良的穆氏法、金氏法及赖氏法，这些方法都是基于上述原理设计的，操作也基本相同，只是这些实验的某些条件、活性单位的规定和计算有所差异。

本法(改良的穆氏法)中血清谷-丙转氨酶活性单位定义如下：每毫升血清在 pH 7.4，37 ℃保温条件下与底物作用 30 min 后，每生成 2.5 μg 的丙酮酸为一个谷-丙转氨酶单位，正常值为 2～40 单位。

【实验材料、试剂与仪器】

1. 材料：新鲜血清。

2. 试剂

(1) 500 μg/mL 标准丙酮酸溶液：准确称取丙酮酸钠(A. R.)6.25 mg，溶于 0.05 mol/L 磷酸 100 mL 中，此液需在用前配制。

(2) 0.1 mol/L 磷酸盐缓冲液：(pH 7.4)称取 K_2HPO_4 13.97 g 和 KH_2PO_4 2.69 g，加蒸馏水溶解，定容至 1000 mL。

(3) 谷-丙转氨酶底物液(pH 7.4)：称取丙氨酸 1.79 g，α-酮戊二酸 29.2 mg 于烧杯中，加 0.1 mol/L 磷酸盐缓冲液(pH 7.4)约 80 mL 煮沸溶解后，加 1 mol/L NaOH 校正 pH 至7.4(约加 0.1 mL)，再以缓冲液加至 100 mL。

(4) 谷-草转氨酶底物液(pH 7.4)：称取天门冬氨酸 2.66 g、α-酮戊二酸 29.2 mg 于烧杯中，加 0.1 mol/L 磷酸盐缓冲液(pH 7.4)约 50 mL，煮沸溶解后，加入 1 mol/L NaOH 校正 pH 至 7.4(约加 20.5 mL)，再加入缓冲液至 100 mL。

(5) 0.4 mol/L NaOH。

(6) 0.02% 2,4-二硝基苯肼溶于 1 mol/L HCl 中。

3. 仪器：37 ℃水浴箱、722 光栅分光光度计、玻璃刻度吸管、试管。

【实验步骤】

1. 丙酮酸标准曲线

(1) 取 500 μg/mL 标准丙酮酸溶液 1 mL 加蒸馏水 9 mL，即得 50 μg/mL 标准应用液。

(2) 按表 3-2-12 进行操作。

表 3-2-12　丙酮酸标准曲线的制作

试剂	1	2	3	4	5	6	7
0.1 mol/L 磷酸盐缓冲液/mL	1.0	0.9	0.7	0.4	0.3	0.1	—
标准应用液/mL	—	0.1	0.3	0.5	0.7	0.9	1.0
丙酮酸实际含量/μg	0	5	15	25	35	45	50
混匀，37 ℃水浴中保温 20 min							
2,4-二硝基苯肼/mL	0.5	0.5	0.5	0.5	0.5	0.5	0.5

混匀，在 37 ℃水浴中放置 20 min，各管加 0.4 mol/L NaOH 5.0 mL，混匀，室温下静置 10 min。在 520 nm 波长处比色，第 1 管为空白管调“零”，读取各管的吸光度。以丙酮酸实际含量为横坐标，各管相应的吸光度为纵坐标作图，绘制标准曲线。

2. 酶活性的测定：取干燥试管 2 支，标号，按表 3-2-13 操作。

表 3-2-13　转氨酶活性的测定　　单位：mL

试剂	测定管	对照管
0.1 mol/L 磷酸盐缓冲液	0.4	0.4
AST 或者 ALT 转氨酶底物液	0.5	—
37 ℃水浴中预热 5 min		
血清	0.1	0.1

续表

试剂	测定管	对照管
混匀，37 ℃水浴中保温 30 min		
2,4-二硝基苯肼溶液	0.5	0.5
AST 或者 ALT 转氨酶底物液	—	0.5
混匀，37 ℃水浴中保温 10 min		
0.4 mol/L NaOH	5.0	5.0

混匀，静置 10 min，在 520 nm 波长处比色，用对照管调零，读取测定管的吸光度，然后从标准曲线中查出其相当的丙酮酸含量（μg）。

【结果与计算】

$$转氨酶活性单位=\frac{标准曲线中查知的质量/mg}{2.5}\times\frac{1}{0.1}$$

【注意事项】

1. 血清标本不应溶血，且最好在采血当日进行测定，如不能当日操作，可储于冰箱中 4 ℃下保存 1～2 天。

2. 酶的活力测定与温度、时间影响很大，因此严格控制反应温度且注意掌握时间。

3. 每当更换测定用的试剂时，一定要重新绘制标准曲线。

【临床知识拓展】

谷丙转氨酶广泛存在于机体各组织中，但以肝脏中含量最为丰富。正常人血清中此酶活性很低。由本实验方法测定 ALT 正常值应在 40 单位以下。当肝脏发生病变，特别是急性肝炎及中毒性肝细胞坏死时，血清中谷丙转氨酶活性显著增高。在肝癌、肝癌化及胆道疾病患时，此酶活性也可中度或轻度增高。另外，患有其他脏器或组织疾病，如心肌梗死时，也可见血清谷丙转氨酶活性增高。所以，血清 ALT 活性测定对肝脏疾病的诊断不是特异的。临床上对肝脏疾病患者尚须结合其他肝功能实验及体征才能获得比较准确的诊断。

谷草转氨酶（正常在 50 单位以下）在机体以心肌含量最为丰富，其他组织如肝脏、肌肉、肾、肺中也含有此酶。急性心肌梗死、急性肺炎及大手术后此酶活性明显增高；另外当肝、肾、心、肺、胸膜等脏器发生炎性病变时都可见此酶活性中度或轻度增高。

【思考题】

1. 实验用标准曲线测定的优点有哪些？

2. 测定 ALT/AST 活性的临床意义是什么？

思考题答案

（扬州大学　李华玲）

第三节　临床生化检验

实验一　胰岛素、肾上腺素对血糖浓度的影响

方法一　邻甲苯胺法

【实验目的】

1. 掌握胰岛素与肾上腺素对血糖浓度的影响。

2. 了解血糖的测定方法及其原理。

3. 掌握邻甲苯胺法测定血糖的具体操作及其注意事项。

4. 掌握分光光度计的操作方法。

【实验原理】

血糖是指血液中葡萄糖的含量。人和动物的血糖浓度均受各种激素调节而维持恒定。其中胰岛素的作用主要是促进肝脏和肌肉将葡萄糖合成糖原，并加强糖的氧化作用，故可降低血糖及增加糖原含量。肾上腺素的作用主要是促进肝糖原分解，故可增高血糖及降低糖原含量。本实验主要观察家兔在注射肾上腺素前后的血糖浓度变化。

血糖浓度测定多用血浆。本实验使用邻甲苯胺法(O-T 法)测定血糖。邻甲苯胺法原理：血浆中葡萄糖在酸性环境下与邻甲苯胺试剂共热，葡萄糖脱水生成 5-羟甲基-2 呋喃甲醛(羟甲基糠醛)。后者再与邻-甲苯胺缩合生成蓝色醛亚胺(Schiff 碱)，其颜色深浅与葡萄糖含量成正比，再与同样处理的已知浓度葡萄糖标准液进行比色，即可求得待测血样中葡萄糖的含量。具体反应式如图 3-3-1。

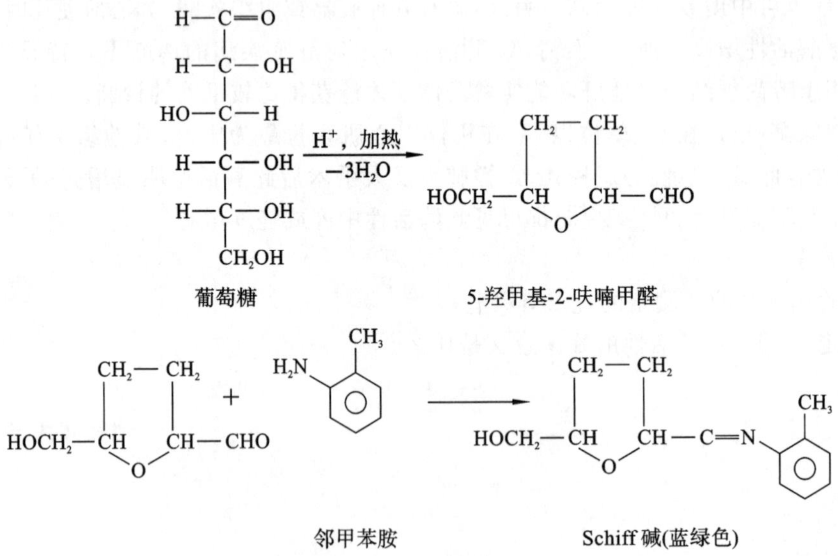

H^+，加热，$-3H_2O$

葡萄糖　　5-羟甲基-2-呋喃甲醛

邻甲苯胺　　Schiff 碱(蓝绿色)

图 3-3-1　邻甲苯胺法反应式

【实验材料、试剂与仪器】

1. 材料：家兔 2 只。

2. 试剂：邻甲苯胺试剂，二甲苯溶液，凡士林，葡萄糖标准溶液(0.2 mg/mL)，肾上腺素 1 mg/mL，胰岛素。

3. 仪器：离心机，721 型分光光度计，电磁炉，水浴锅。

【实验步骤】

1. 兔耳缘静脉取血及激素注射

(1) 正常家兔 2 只,空腹 16 h 以上,称重。

(2) 兔耳去毛(勿剪破皮肤),擦上少许二甲苯溶液,使血管扩张,于放血部位涂一层凡士林,用粗针头刺破静脉放血,收集到含有抗凝剂的试管中,轻轻摇晃混匀,收集 3～5 mL,取完后用干棉球压迫止血。采取抗凝血后立即离心(2500 r/min,10 min)分离血浆,备用(测定管 1)。

(3) 分别于家兔腹腔注射胰岛素(0.75 U/kg 体重)或肾上腺素(0.4 mL/kg 体重)。

(4) 30 min 后分别在兔耳缘静脉取血 3～5 mL。将收集的抗凝血立即离心(2500 r/min,10 min),分离血浆,备用(测定管 2)。

2. 邻甲苯胺法测定血糖

(1) 取干燥试管 4 支,编号,按表 3-3-1 操作如下。

表 3-3-1 邻甲苯胺法测定血糖 单位:mL

试剂	空白管	标准管	测定管 1	测定管 2
血浆	—	—	0.10	0.10
标准葡萄糖液	—	0.75	—	—
蒸馏水	1.00	0.25	0.90	0.90
邻甲苯胺试剂	2.00	2.00	2.00	2.00

(2) 混匀,各试管置于沸水浴中加热 15 min。取出冷却至室温,于 620 nm 波长处,以空白管调零后测量各样品的吸光度,测量工作应在 30 min 内完成。

【注意事项】

1. 本法测得人空腹血糖正常值为 3.89～6.11 mmol/L,兔空腹血糖正常值为 7.2 (6.2～8.7)mmol/L。

2. 采血后,血糖测定应于 2 h 内完成,久置糖会发生分解,致使含量降低。

3. 本法不需要除去蛋白质,邻甲苯胺试剂只与糖醛起反应,不与血中的其他还原性物质起反应,故其测定值较 Folin-wu 法低。

4. 此法受煮沸时间、比色时间等因素的影响,故测定时样品煮沸时间和比色时间必须和标准管一致。

5. 显色后颜色不稳定,室温下每放置 1 min,颜色降低 0.15%。

6. 邻甲苯胺试剂中冰醋酸浓度很高,使用不当容易损坏比色仪器。

7. 邻甲苯胺是致癌剂,测定过程中应小心使用。

【临床知识拓展】

测定血糖的方法较多,按测定原理可分为以下三类。

1. 无机化学方法

无机化学方法是基于葡萄糖的还原性(含有半缩醛羟基),在热的碱性溶液中还原蓝色硫酸铜(二价铜离子)生成砖红色的氧化亚铜(Cu_2O),然后氧化亚铜与磷钼酸作用生成钼蓝(Folin-wu 法)。此方法操作简便,试剂易得,但特异性差,血液中含有的谷胱甘肽、维生素 C、葡萄糖醛酸、尿酸、核糖等也能使铜离子被还原,所以测定结果比真实血糖浓度高。本法测得的人血糖正常值为 4.44～6.67 mmol/L。

NOTE

2. 有机化学方法

有机化学方法是利用糖的醛基与有机试剂反应以测定糖的浓度，如邻甲苯胺法，葡萄糖与邻甲苯胺在加热条件下缩合生成 Schiff 碱而显色。此方法简单，特异性高，但芳香胺有致癌性。本法测得的人血糖正常值为 3.89～6.11 mmol/L。

3. 生物化学方法

生物化学方法主要是酶法，如葡萄糖氧化酶法，特异性较高，在临床血糖测定中被广泛应用。葡萄糖氧化酶(glucose oxidase，GOD)能将葡萄糖氧化为葡萄糖酸和过氧化氢。后者在过氧化物酶(peroxidase，POD)作用下，分解为水和氧的同时将无色的 4-氨基安替吡啉与酚氧化缩合生成红色的醌类化合物，即 Trinder 反应。其颜色的深浅在一定范围内与葡萄糖浓度成正比，在 505 nm 波长处测定吸光度，与标准管比较可计算出血糖的浓度。本法测得的人血糖正常值为 3.89～6.11 mmol/L。

【思考题】

思考题答案

1. 哪些因素影响邻甲苯胺法测定血糖的显色反应？操作过程中应如何减少这些因素对测定结果的影响？

2. 试讨论血糖测定的临床意义及应用。

3. 肾上腺素和胰岛素对血糖浓度有何影响？试说明影响的原理。

方法二　葡萄糖氧化酶法

【实验目的】

1. 掌握葡萄糖氧化酶法测定血糖浓度的基本原理及操作方法。

2. 了解葡萄糖氧化酶法测定血糖浓度的临床意义。

3. 掌握分光光度计的操作方法。

【实验原理】

血糖浓度是指血液中葡萄糖的含量。人和动物的血糖浓度均受各种激素调节而维持恒定。其中胰岛素的作用主要是促进肝脏和肌肉将葡萄糖合成糖原，并加强糖的氧化作用，故可降低血糖及增加糖原含量。肾上腺素的作用主要是促进肝糖原分解，故可升高血糖及降低糖原含量。本实验主要观察家兔在注射肾上腺素前后的血糖浓度变化。

血糖浓度的测定多用血浆。本实验使用葡萄糖氧化酶-过氧化物酶法测定血糖。葡萄糖氧化酶(glucose oxidase，GOD)利用氧和水将血清中葡萄糖氧化成葡萄糖酸和过氧化氢。过氧化氢酶(peroxidase，POD)在色原性氧受体存在的条件下将过氧化氢分解为水和氧，并使色原性氧受体 4-氨基安替吡啉和苯酚去氢缩合成红色醌类化合物(即 Trinder 反应)。红色醌类化合物的生成量与葡萄糖含量成正比，在 505 nm 波长处比色测定红色醌类化合物的吸光度，与同样处理的标准液吸光度比较，可计算出血中葡萄糖含量。反应过程如下：

$$\text{葡萄糖} + H_2O + O_2 \xrightarrow{\text{葡萄糖氧化酶}} \text{葡萄糖酸} + H_2O_2$$

$$2H_2O_2 + \text{4-氨基安替比林} + \text{苯酚} \xrightarrow{\text{过氧化物酶}} \text{红色醌类化合物} + H_2O$$

各种方法评价如下：Folin-wu 法稳定、准确，但对葡萄糖无特异性，易受血中非糖还原性物质的影响。邻甲苯胺法，特异性高，但邻甲苯胺须蒸馏后使用，且有毒。己糖激酶法特异性高、专一性强、结果最接近靶值，但试剂昂贵。葡萄糖氧化酶法特异性高、准确、方法简便，此法还可用于自动分析仪。

【实验材料、试剂与仪器】

1. 材料：家兔 2 只。

2. 试剂：血糖测定试剂盒，某公司试剂盒试剂包括：

(1) 酶试剂:GOD≥1200 U/L、POD≥1200 U/L、4-AAP 0.8 mmol/L、pipes 缓冲液 5 mmol/L,pH 7.0±0.1、变旋酶≥100 U/L。

(2) 酚试剂:苯酚 3.5 mmol/L。

(3) 葡萄糖标准液:5.55 mmol/L。

(4) 二甲苯溶液,凡士林。

3. 仪器:离心机,移液器,721 型分光光度计,恒温水浴锅。

【实验步骤】

1. 兔耳缘静脉取血及激素注射

(1) 正常家兔 2 只,空腹 16 h 以上,称重。

(2) 兔耳去毛(勿剪破皮肤),擦上少许二甲苯溶液,使血管扩张,于放血部位涂一层凡士林,用粗针头刺破静脉放血,收集到含有抗凝剂的试管中,轻轻摇晃混匀,收集 3~5 mL,取完后用干棉球压迫止血。抗凝血采得后立即离心(2500 r/min,10 min)分离血浆,备用(测定管 1)。

(3) 分别于家兔腹腔注射胰岛素(0.75 U/kg 体重)或肾上腺素(0.4 mL/kg 体重)。

(4) 30 min 后分别在兔耳缘静脉取血 3~5 mL。将收集的抗凝血立即离心(2500 r/min,10 min),分离血浆,备用(测定管 2)。

2. 葡萄糖氧化酶法测定血糖

(1) 取干燥试管 4 支,编号,按表 3-3-2 操作如下。

表 3-3-2 葡萄糖氧化法测定血糖 单位:mL

试剂	空白管	标准管	测定管 1	测定管 2
血浆	—	—	0.02	0.02
标准葡萄糖液	—	0.02	—	—
蒸馏水	0.02	—	—	—
酶酚混合试剂	3.00	3.00	3.00	3.00

(2) 混匀,各试管置于 37 ℃水浴中 20 min,取出冷却至室温后,以空白管调零,在 505 nm 波长处分别读取各试管的吸光度。

(3) 计算

$$\text{测定管葡萄糖含量(mmol/L)}=\frac{\text{测定管吸光度}}{\text{标准管吸光度}}\times\text{葡萄糖标准液浓度}$$

本方法是科研工作中常用的葡萄糖浓度测定方法。随着测定试剂盒的推广普及,此法已广泛应用于临床检测。

【注意事项】

1. 采血后,血糖测定应于 2 h 内完成,久置糖会发生分解,致使含量降低。

2. 酶混合试剂必须现配现用。

(遵义医科大学珠海校区 杨愈丰)

实验二　糖化血红蛋白的测定

【实验目的】

1. 了解测定糖化血红蛋白的意义。

2. 掌握微柱法测定糖化血红蛋白的原理和实验技术。

【实验原理】

葡萄糖可以和体内多种蛋白质中的氨基不可逆地以共价键结合，这个过程不需要酶的参与，其反应速度主要取决于葡萄糖的浓度。这种被葡萄糖糖化的蛋白质主要存在于糖尿病或其他高血糖患者中。糖化过程通常缓慢地进行，一旦形成，不再解离。故对血糖或尿糖波动较大的患者来说，采用糖化蛋白来诊断或追踪病情的发展具有独特的临床意义，它可以反映较长时间内的平均血糖浓度。临床上测定的糖化蛋白主要有糖化血红蛋白(glycosylated hemoglobin，GHb)和糖化血清蛋白(glycated serum protein，GSP)。测定糖化蛋白的方法有比色法、电泳法、等电聚焦法、离子交换色谱法、高效液相色谱法、亲和色谱法、免疫化学法、毛细管电泳法等。国内以比色法、离子交换色谱法及电泳法较常用。

成年人红细胞中血红蛋白主要为 HbA，其中与糖类结合的 Hb 称为 HbA_1，占比为 5%～7%。本实验采用亲和色谱技术和分光光度技术测定糖化血红蛋白的含量，其原理如下：带负电荷的 Bio-Rex 70 阳离子交换树脂与带正电荷的 HbA 及 HbA_1 有亲和力，但由于 HbA_1 的两个 β 链 N-末端正电荷被糖基清除，正电荷较 HbA 少，两者对树脂的亲和力不同。用 pH 6.7 磷酸盐缓冲液可首先将带正电荷较少、吸附力较弱的 HbA_1 洗脱下来，再用分光光度计测定洗脱液中 HbA_1 占总 Hb 的百分数。

【实验材料、试剂与仪器】

1. 材料：新鲜脊椎动物血液(鸭血，抗凝处理)；塑料微柱。

2. 试剂

(1) 0.2 mol/L 磷酸氢二钠溶液：称取无水磷酸氢二钠 28.369 g，溶于蒸馏水中并定容至 1 L。

(2) 0.2 mol/L 磷酸二氢钠溶液：称取 $NaH_2PO_4 \cdot 2H_2O$ 31.206 g，溶于蒸馏水中并定容至 1 L。

(3) 溶血剂：取试剂(2)25 mL，加 Triton X-100 100 mg，加蒸馏水至 100 mL。

(4) 磷酸盐缓冲液 (pH 6.7)：取试剂(1)100 mL、试剂(2)150 mL，加蒸馏水至 1 L。

(5) 磷酸盐缓冲液 (pH 6.4) ：取试剂(1)300 mL、试剂(2)700 mL，加蒸馏水至 300 mL，混匀即成。

(6) Bio-Rex 70 阳离子交换树脂，200～400 目，钠型，分析纯。

3. 仪器：离心机、磁力搅拌器、分光光度计。

【实验步骤】

1. 树脂处理

称取树脂 10 g，加 0.1 mol/L 氢氧化钠溶液 30 mL，搅匀，置于室温下 30 min，间隔搅拌 2～3 次。然后加浓盐酸数滴，调节 pH 至 6.7，弃去上清液。用蒸馏水约 50 mL 洗涤 1 次，再用试剂(5)洗涤 2 次，最后用试剂(4)洗涤 4 次即可。

2. 装柱

树脂加试剂(4)搅匀，用毛细滴管加入塑料微柱内，使树脂床高度达 3～4 cm，树脂床应均匀，无气泡、无断层才可。

3. 血红蛋白溶液的制备

取 EDTA 抗凝血或毛细管血 20 μL,加入 2.0 mL 生理盐水中,摇匀,离心并弃去上清液,仅留下细胞。加溶血剂 0.3 mL,摇匀,置于 37 ℃水浴中 15 min,以除去不稳定的 HbA_1。

4. 柱的准备

将微柱摇动使树脂混悬,然后去掉上下盖,将柱插入 1.5 cm × 15 cm 的试管中,让柱内缓冲液完全流出。

5. 上样

用微量加样器取血红蛋白溶液 100 μL,加至微柱内树脂床上,待其完全进入树脂床后,将柱移入另一支 1.5 cm × 15 cm 的试管中。

6. 洗脱

取试剂(4)3 mL 缓缓加至树脂床上,注意勿冲动树脂。收集洗脱液,此即为 HbA_1(测定管)。

7. 对照

取上述血红蛋白溶液 50 μL,加蒸馏水 7.5 mL,摇匀,此即为总管 Hb。

8. 比色

以蒸馏水做空白实验,在 415 nm 波长处,测定各管的吸光度。

9. 柱的清洗

用过的柱子先加试剂(5)3 mL,使 Hb 全部洗下,再用试剂(4)清洗 3 次,每次 3 mL。最后加试剂(4) 3 mL,盖上上下盖,保存备用。

10. 计算

$$HBA_1\% = \frac{\text{测定管吸光度}}{\text{对照管吸光度} \times 5} \times 100\%$$

【注意事项】

1. 层析时一般在 28 ℃下较为适宜,冬季应将柱置于 28 ℃温箱中洗脱。
2. HbA_1不能和 HbF、HbH 及 Hb Bart's 分开,有前述异常血红蛋白病者不宜用此方法。
3. 标本置于室温下超过 24 h 可使结果升高,于 4 ℃冰箱中可稳定保存 5 天。
4. 抗凝剂 EDTA 和氧化物不影响结果,肝素可使结果偏大。

【临床知识拓展】

糖化血红蛋白正常值参考范围为 4.0%~6.0%。糖化血红蛋白测定用于评定糖尿病的控制程度,当糖尿病控制不佳时,糖化血红蛋白浓度可高至正常值 2 倍以上。因为糖化血红蛋白是血红蛋白生成后与糖类经非酶促结合而成的。它的合成过程缓慢,而且相对不可逆,持续于红细胞 120 天生命期中,其合成速率与红细胞所处环境中糖的浓度成正比。因此,糖化血红蛋白的占比率能反映测定前 1~2 个月内平均血糖水平,现已成为反映糖尿病较长时间血糖控制水平的良好指标。

【思考题】

1. 糖化血红蛋白和血糖有何区别?
2. 本实验应采用什么方法?

思考题答案

(厦门大学 郑红花)

实验三　酶法测定血清甘油三酯和胆固醇

1. 酶法测定血清甘油三酯

【实验目的】

1. 学习和掌握酶法测定血清甘油三酯的原理。
2. 学习和掌握酶法测定血清甘油三酯的操作。

【实验原理】

血清甘油三酯的测定是临床血脂分析的重要内容之一。目前，多采用酶法测定。酶法又分为一步终点比色法和两步终点比色法。两步终点比色法的优点主要是消除游离甘油的干扰。

甘油三酯在脂蛋白脂肪酶(lipoprotein lipase，LPL)的作用下水解为甘油和脂肪酸。甘油可被甘油激酶(glycerokinase，GK)催化生成3-磷酸甘油，后者在磷酸甘油氧化酶的(glycerophosphate oxidase，GPO)催化下，生成磷酸二羟丙酮和过氧化氢(H_2O_2)。过氧化物酶(peroxidase，POD)可以催化H_2O_2与4-氨基安替吡啉(4-AAP)及4-氯酚进行Trinder反应，生成红色醌类化合物，其显色强度与样品中甘油三酯的含量成正比。测定标准样品溶液和待测血清样品反应生成的醌类化合物的吸光度(A)，即可求出待测血清样品中甘油三酯的浓度。

$$\text{甘油三酯}+3H_2O\xrightarrow{LPL}\text{脂肪酸}+\text{甘油}$$

$$\text{甘油}+ATP\xrightarrow{GK}\text{3-磷酸甘油}+ADP$$

$$\text{3-磷酸甘油}+O_2\xrightarrow{GPO}\text{磷酸二羟丙酮}+H_2O_2$$

$$H_2O_2+\text{4-氨基安替吡啉}+\text{4-氯酚}\xrightarrow{POD}\text{醌类化合物}+2H_2O+HCl$$

【实验材料、试剂与仪器】

1. 材料：待测血清。
2. 试剂

(1) 甘油三酯液体稳定酶试剂：GOOD's 缓冲液(pH 7.2)，50 mmol/L。脂蛋白脂肪酶(LPL)≥4000 U/L。甘油激酶(GK)≥40 U/L。磷酸甘油氧化酶(GPO)≥500 U/L。过氧化物酶(POD)≥2000 U/L。腺苷三磷酸(ATP)，2.0 mmol/L。硫酸镁($MgSO_4$)，15 mmol/L。4-氨基安替吡啉($C_{11}H_{13}N_3O$)，0.4 mmol/L。4-氯酚(C_6H_5ClO)，4.0 mmol/L。

(2) 2.26 mmol/L 甘油三酯标准液：准确称取甘油三酯200 mg，加入TritonX-100 5 mL，用蒸馏水定容至100 mL，分装后于4 ℃下保存，切勿冷冻保存。

3. 仪器：分光光度计，微量移液器，吸量管，试管及试管架，恒温水浴箱。

【实验步骤】

1. 测定

甘油三酯酶法操作步骤，见表3-3-3所示。

表3-3-3　酶法测定血清甘油三酯　　单位：μL

加入物	测定管标准管	空白管	
待测血清	10.0	—	—
甘油三酯标准液	—	10.0	—
蒸馏水	—	—	10.0
酶应用液	1000	1000	1000

混匀，置于37 ℃水浴中保温5 min，在500 nm波长处以空白管调零，用分光光度计测定

各管吸光度，并计算结果。

2. 计算

$$\text{血清甘油三酯(mmol/L)}=\frac{\text{测定管吸光度}}{\text{标准管吸光度}}\times\text{甘油三酯标准液浓度}$$

【注意事项】

1. 酶应用液应在 4 ℃下避光保存，可以稳定存在 3 天至 1 周，如有变红，则不能再用。

2. GPO 纯度不高时，因其他氧化酶的存在而产生额外的 H_2O_2，会使结果偏高。

3. 温度控制、吸量的准确度对结果影响较大。

【临床知识拓展】

正常参考值：0.56～1.70 mmol/L。

甘油三酯浓度增高常见于肥胖、糖尿病、肾综合征、糖原沉积症、高血压、冠心病等，也随年龄增长而上升。甘油三酯浓度降低多见于甲状腺功能亢进、肾上腺皮质功能低下、肝功能严重低下。

【思考题】

酶法测定血清甘油三酯浓度所用到的酶有哪些？它们的作用各是什么？

思考题答案

2. 酶法测定血清胆固醇

【实验目的】

1. 学习和掌握酶法测定血清胆固醇的原理。

2. 学习和掌握酶法测定血清胆固醇的操作。

【实验原理】

胆固醇酯(cholesterol ester，CE)经胆固醇酯酶(cholesteryl esterase，CEase)水解后，生成的胆固醇(cholesterol)在胆固醇氧化酶(cholesterol oxidase)的作用下，产生 H_2O_2，然后进行 Trinder 反应，即过氧化氢(H_2O_2)与 4-氨基安替吡啉(4-AAP)、苯酚在过氧化物酶(POD)的催化下，生成红色醌亚胺化合物，用分光光度法将待测样品与相同处理的胆固醇标准液进行比色，便可求得血清胆固醇的浓度。

【实验材料、试剂与仪器】

1. 材料：待测血清。

2. 试剂

(1) 胆固醇液体酶试剂组成：GOOD's 缓冲液(pH 6.7)，50 mmol/L。胆固醇酯酶≥200 U/L。胆固醇氧化酶≥100 U/L。过氧化物酶≥3000 U/L。4-氨基安替吡啉($C_{11}H_{13}N_3O$)，0.3 mmol/L。苯酚(C_6H_5OH)，5 mmol/L。

(2) 5.17 mmol/L 胆固醇标准液：称取胆固醇 200 mg，用异丙醇(C_3H_8O)配制成 100 mL 溶液，分装后于 4 ℃下保存，临用取出。

3. 仪器：分光光度计，微量移液器，吸量管，试管，试管架，恒温水浴箱。

【实验步骤】

1. 测定

胆固醇酶法操作步骤，见表 3-3-4 所示。

表 3-3-4 酶法测定血清胆固醇 单位：μL

加入物	测定管标准管	空白管	
待测血清	10.0	—	—
胆固醇标准液	—	10.0	—

续表

加入物	测定管标准管	空白管	
蒸馏水	—	—	10.0
酶应用液	1000	1000	1000

混匀，置于 37 ℃水浴中保温 5 min，在 500 nm 波长处以空白管调零，用分光光度计测定各管吸光度，并计算结果。

2. 计算

$$血清胆固醇(mmol/L)=\frac{测定管吸光度}{标准管吸光度}\times 胆固醇标准液浓度$$

【注意事项】

1. 酶应用液应在 4 ℃下避光保存，可以稳定存在 3 天至 1 周，如有变红，则不能再用。
2. 除去胆固醇酯酶，可以测定游离胆固醇浓度。
3. 本方法的线性范围≤17.38 mmol/L。

【临床知识拓展】

参考值：3.0～5.20 mmol/L

血清胆固醇浓度增高见于动脉粥样硬化、肾综合征、胆总管堵塞、黏液性水肿和糖尿病。在恶性贫血、溶血性贫血以及甲状腺功能亢进的情况下，血清胆固醇浓度降低，其他如感染和营养不良等情况下，胆固醇总量也常降低。

【思考题】

思考题答案

酶法操作的关键是什么？

（河南大学　葛振英）

实验四　血清尿素氮的测定

【实验目的】

1. 掌握二乙酰一肟测定血清尿素氮(BUN)的方法。
2. 熟悉二乙酰一肟测定血清尿素氮的原理。
3. 了解血清尿素氮的含量是评价肾脏功能最常用的指标。

【实验原理】

血清中的尿素在氨基硫脲的存在下，与二乙酰一肟在强酸溶液中加热，经 Fe^{3+} 催化，脱水缩合生成红色的二嗪衍生物(4，5-二甲基-2-氧咪唑)，其颜色深浅与尿素含量成正比。与经同样处理的尿素标准溶液比较，即可求得血清尿素氮(BUN)的含量。化学反应方程式如下：

$$H_3C-\overset{\overset{\displaystyle O}{\|}}{C}-\overset{\overset{\displaystyle N-OH}{\|}}{C}-CH_3 + H_2O \longrightarrow H_3C-\overset{\overset{\displaystyle O}{\|}}{C}-\overset{\overset{\displaystyle O}{\|}}{C}-CH_3 + H_2N-OH$$

二乙酰一肟　　　　双乙酰　　　　羟胺

$$H_3C-\overset{\overset{\displaystyle O}{\|}}{C}-\overset{\overset{\displaystyle O}{\|}}{C}-CH_3 + H_2N-\overset{\overset{\displaystyle O}{\|}}{C}-NH_2 \xrightarrow{H^+} \begin{matrix} H_3C-HC=N \\ H_3C-HC=N \end{matrix}\!\!>C=O + 2H_2O$$

【实验材料、试剂与仪器】

1. 材料：血清(新鲜人或动物血清，无溶血)。
2. 试剂

(1) 二乙酰一肟应用液：称取二乙酰一肟 0.6 g，硫胺脲 0.03 g，加入少量蒸馏水溶解，移入 100 mL 容量瓶中，加入蒸馏水稀释定容至刻度。储存于棕色瓶中，置于冰箱中保存。

(2) 氯化铁-磷酸应用液：称取氯化铁 100 mg，加入浓磷酸 2 mL，溶解后加水 1 mL。在上述 3 mL 溶液中取 1 mL，用 75% H_2SO_4稀释至 1000 mL。

(3) 尿素氮标准储存液(1 mL 相当于 1 mg 氮)：称取尿素 2.143 g，加入 0.01 mol/L H_2SO_4溶解至 1000 mL，置于冰箱中保存。

(4) 尿素氮标准应用液(1 mL 相当于 0.005 mg 氮)：吸取尿素氮标准储存液 2.5 mL，加 0.01 mol/L H_2SO_4至 500 mL。

3. 仪器：紫外-可见分光光度计、电热恒温水浴箱。

【实验步骤】

取 3 支试管，标号，按表 3-3-5 操作。

表 3-3-5　二乙酰一肟测定血清尿素氮　　　　单位：mL

加入物	空白管	标准管	测定管
尿素氮标准应用液(20 mg/dL)	—	0.02	—
血清	—	—	0.02
二乙酰一肟应用液	3.0	3.0	3.0
氯化铁-磷酸应用液	2.5	2.5	2.5
吸光度			

(1) 充分混合，置于沸水浴中煮沸 10 min，再于冷水中冷却。

(2) 用分光光度计在 520 nm 波长处测定，用蒸馏水调零，测定其吸光度。

(3) 计算公式。

$$尿素氮(mg/dL)=\frac{A_{测定}-A_{空白}}{A_{标准}-A_{空白}}\times 20.0(mg/dL)$$

NOTE

其中，20.0 mg/dL 为尿素氮标准应用液浓度。

正常值：8～20 mg/dL(5.7～14.3 mmol/L)。

相当于尿素 17～42 mg/dL(2.9～7.1 mmol/L)。

【注意事项】

1. 本法易受煮沸时间和煮沸时液体蒸发量的影响，因此，测定管和标准管的试管口径和煮沸时间应尽量一致。煮沸时间以 10～12 min 为宜。此时，显色较深且色泽稳定。

2. 用血浆作为样本时，显色反应常产生混浊，因此以血清作为标本为佳。

3. 血清中的尿酸、肌酐、氨基酸(瓜氨酸例外)等含氮物质对本实验无干扰。

4. 尿素氮浓度超过 14.3 mmol/L(20 mg/dL)时，应将血清标本用生理盐水适当稀释后测定，结果乘以稀释倍数。

5. 如果将尿素氮浓度换算成尿素浓度，则尿素浓度＝尿素氮浓度×2.14。

【临床知识拓展】

血清中除蛋白质以外的各种含氮化合物，如尿素、尿酸、氨基酸、氨、多肽、胆红素等物质所含的氮为非蛋白氮(nonprotein nitrogen，NPN)。血清尿素氮(BUN)是非蛋白氮的主要成分，约占 50%。血清中非蛋白氮水平增高时，BUN 水平也相应增高。但两者并不完全成正比，特别是患肾功能减退疾病时，BUN 在非蛋白氮类物质中含量变化最早、增高最明显，有时可占非蛋白氮的 80%以上。因此测定 BUN 含量较测定 NPN 更为敏感。

【思考题】

思考题答案

1. 测定 BUN 的临床意义是什么？

2. 将尿素氮换算成尿素时，为什么要乘以常数 2.14？

(首都医科大学燕京医学院　徐世明)

实验五　血清肌酐的测定

【实验目的】

1. 学习血清肌酐测定的原理和方法。

2. 学习和掌握碱性苦味酸法测定血清肌酐的方法。

【实验原理】

血清肌酐测定的主要方法有碱性苦味酸法、酶法、高效液相色谱法、毛细管电泳法及电极法等。碱性苦味酸法成本低廉，操作简便，仍是目前国内测定肌酐常用的方法之一。

碱性苦味酸法的实验原理如下：血清或尿中的肌酐与苦味酸在碱性溶液中发生 Jaffe 反应，生成黄红色的苦味酸盐复合物，在 510 nm 波长处进行比色测定。此法的缺点是特异性不高，维生素 C、丙酮酸、丙酮、乙酰乙酸、甲基多巴以及高浓度的葡萄糖、蛋白质和一些抗生素如青霉素 G 、头孢噻吩、头孢西丁、头孢唑啉等也能与碱性苦味酸反应生成红色物质。这些能与碱性苦味酸起反应的非肌酐物质称为假肌酐。肌酐与碱性苦味酸形成复合物的速度与假肌酐不同，乙酰乙酸在 20 s 内与碱性苦味酸反应完成，其他多数干扰物则在 80 s 后才与碱性苦味酸有较快的反应，而在 20～80 s 之间的“窗口期”，肌酐与碱性苦味酸的呈色反应占主导。有研究者发现，“窗口期”的上限为 60 s，因此，为了提高反应特异性，一般测定时间选在 25～60 s 之间。这种通过严格控制反应速度来测定血清肌酐的方法称为速率法。

【实验材料、试剂与仪器】

1. 材料：空腹血清，2～8 ℃保存。

2. 试剂

(1) 碱性苦味酸溶液：0.04 mol/L 苦味酸溶液，0.32 mol/L 氢氧化钠溶液，根据用量，将前两者等体积混合，可加适量表面活性剂，如 Triton X-100，放置 20 min。

(2) 肌酐储存液(10 mmol/L)：113 mg 肌酐用 0.1 mol/L 盐酸溶解，并移入 100 mL 容量瓶中，再用 0.1 mol/L 盐酸定容至刻度。

(3) 肌酐标准液(100 μmol/L)：取 1 mL 肌酐储存液，用 0.1 mol/L 盐酸稀释至 100 mL。

3. 仪器：自动或半自动生化分析仪。

【实验步骤】

1. 测定

按照说明书或者以下方案操作：波长为 510 nm，比色皿光径为 1.0 cm，反应温度为 37 ℃，样品量为 0.1 mL，工作液体积为 1 mL，时间延迟 20～30 s，测量时间为 30 s，测得标准管 ΔA，测定管 ΔA。

2. 计算

$$\text{血清肌酐}(\mu\text{mol/L})=\frac{\text{测定管 }\Delta A}{\text{标准管 }\Delta A}\times\text{肌酐标准液浓度}(\mu\text{mol/L})$$

【注意事项】

1. 溶血的标本不能测定。

2. 测定中，温度控制很重要，10 ℃以下会抑制 Jaffe 反应，而温度升高可使碱性苦味酸溶液显色加深。

3. 必须严格控制反应时间，以防假肌酐物质的干扰。

4. 根据严格的实验评价，该方法仍然会有胆红素的干扰。

【临床知识拓展】

参考值：男性 53～97 μmol/L，女性 44～80 μmol/L。

血清肌酐(serum creatinine，Scr)水平受到年龄、性别、种族、肌肉量、饮食的影响，碱性苦

NOTE

味酸法还受黄疸、溶血和某些药物的干扰。但血清肌酐水平相对恒定，不被肾小管重吸收，排泄量较少，测定廉价，是临床上应用最为广泛的评价肾小球滤过率(glomerular filtration rate，GFR)的指标。

【思考题】

可以通过哪些方法增强血清肌酐测定的特异性？

思考题答案

（河南大学　葛振英）

实验六 改良 J-G 法测定血清总胆红素和结合胆红素

【实验目的】

1. 掌握本法测定血清胆红素的基本原理。

2. 熟悉本法测定血清胆红素的基本操作步骤及参考值。

3. 了解临床测定血清胆红素的主要方法及意义。

【实验原理】

血清中结合胆红素可直接与重氮试剂反应，生成紫色的偶氮胆红素；在同样条件下，未结合胆红素须用加速剂破坏胆红素氢键后才能与重氮试剂反应。咖啡因、苯甲酸钠可作为加速剂，醋酸钠缓冲液可维持反应的 pH 同时兼有加速作用。叠氮钠可破坏剩余重氮试剂，终止结合胆红素测定管的偶氮反应。最后加入碱性酒石酸钠溶液，在碱性条件下，紫色的偶氮胆红素转变为蓝色的偶氮胆红素，其最大吸光度对应的波长由 530 nm 移至 598 nm，此时，非胆红素的黄色色素及其他红色与棕色色素产生的吸光度可忽略不计，使测定的灵敏度和特异性增加。

【实验材料、试剂与仪器】

1. 材料：兔血清。

2. 试剂

(1) 咖啡因-苯甲酸钠试剂：称取无水醋酸钠 14.0 g，苯甲酸钠 37.5 g，乙二胺四乙酸二钠($EDTA-Na_2$)0.5 g，溶于 500 mL 蒸馏水中，再加入咖啡因 25.0 g，搅拌至完全溶解(不可加热)，用蒸馏水稀释至 1000 mL。混匀，过滤，置于棕色瓶中，室温保存。

(2) 碱性酒石酸钠溶液：称取氢氧化钠 75.0 g，酒石酸钠($Na_2C_4H_4O_6 \cdot 2H_2O$)263.0 g，用蒸馏水溶解并稀释至 1000 mL。混匀，置于塑料瓶中，室温保存。

(3) 5.0 g/L 亚硝酸钠溶液：称取亚硝酸钠($NaNO_2$)0.5 g，用蒸馏水溶解并稀释至 100 mL，混匀，置于棕色瓶中，4 ℃下保存。溶液呈淡黄色时，应丢弃重配。

(4) 5.0 g/L 对氨基苯磺酸溶液：称取对氨基苯磺酸($NH_2C_6H_4SO_3H \cdot H_2O$)5.0 g，加蒸馏水 800 mL 及浓盐酸 15 mL，待完全溶解后加蒸馏水稀释至 1000 mL，混匀。

(5) 重氮试剂：临用前取 5.0 g/L 亚硝酸钠溶液 0.5 mL 和 5.0 g/L 对氨基苯磺酸溶液 20 mL，混匀。

(6) 5.0 g/L 叠氮钠溶液：称取叠氮钠 0.5 g，用蒸馏水溶解并稀释至 100 mL，混匀。

(7) 稀释血清：收集无溶血、无黄疸、无脂浊的新鲜血清，过滤。取过滤血清 1 mL，加入 24 mL新鲜生理盐水，混匀。以生理盐水调零，比色杯光径为 10 mm，稀释血清在 414 nm 波长处的吸光度应小于 0.100，在 460 nm 波长处的吸光度应小于 0.040。

(8) 胆红素标准液(171 μmol/L 或 10 mg/dL)：称取符合标准的胆红素(相对分子质量为 584.68)10 mg，加入二甲亚砜 1 mL，玻棒搅匀，加入 0.05 mol/L Na_2CO_3溶液 2 mL，使胆红素完全溶解。移入 100 mL 容量瓶中，用稀释血清洗涤数次并移入容量瓶中，缓慢加入 0.1 mol/L HCl 溶液2 mL(边加边缓慢摇动，切勿产生气泡)，最后稀释血清至 100 mL。避光，4 ℃下保存，3 天内有效，最好当天绘制标准曲线。

3. 仪器：试管、刻度吸管、紫外-可见分光光度计、恒温水浴箱。

【实验步骤】

1. 测定

取 3 支试管(可根据需要设置重复组，结果取平均值)，标明总胆红素管、结合胆红素管和空白管，然后按表 3-3-6 操作。

NOTE

表 3-3-6　改良 J-G 法测定血清总胆红素和结合胆红素　　单位：mL

试剂	总胆红素管	结合胆红素管	空白管
血清	0.2	0.2	0.2
咖啡因-苯甲酸钠试剂	1.6	—	1.6
对氨基苯磺酸溶液	—	—	0.4
重氮试剂	0.4	0.4	—
	混匀，总胆红素管室温下放置 10 min，结合胆红素管于 37 ℃水浴中放置 1 min		
叠氮钠溶液	—	0.05	—
咖啡因-苯甲酸钠试剂	—	1.55	—
碱性酒石酸钠溶液	1.2	1.2	1.2

2. 标准曲线的绘制

按表 3-3-7 所示配制不同浓度的胆红素标准液（可根据需要设置重复组，结果取平均值）。

表 3-3-7　胆红素标准曲线的绘制　　单位：mL

试剂	空白管	1	2	3	4	5
胆红素标准液（171 μmol/L）	0.0	0.4	0.8	1.2	1.6	2.0
稀释血清	2.0	1.6	1.2	0.8	0.4	0.0
胆红素浓度（μmol/L）	—	34.2	68.4	103	137	171
胆红素浓度（mg/dL）	—	2	4	6	8	10

将以上各管充分混匀（不产生气泡），按血清总胆红素测定方法进行操作。用空白管调零，于波长 600 nm 处读取各管的吸光度，然后以相应的胆红素浓度绘制标准曲线。

3. 实验结果

根据标准曲线法计算本实验中血清总胆红素和结合胆红素的浓度。

【注意事项】

1. 参考值：血清总胆红素为 5.1～19 μmol/L（0.3～1.1 mg/dL）。

　　血清结合胆红素为 1.7～6.8 μmol/L（0.1～0.4 mg/dL）。

2. 本测定方法在 10～37 ℃范围内不易受环境温度影响，显色在 2 h 内稳定。

3. 严重溶血可导致测定结果偏低。

4. 血脂可影响测定结果，故应尽量取空腹血。

5. 胆红素对光敏感，胆红素标准液及血清样本均应避光。

【临床知识拓展】

正常人每天可生成 250～350 mg 胆红素，其中 80%以上来自衰老红细胞被破坏所释放的血红蛋白的分解。胆红素在肝细胞中结合葡糖醛酸生成水溶性结合胆红素并分泌入胆小管，胆红素与葡糖醛酸的结合是肝对有毒性胆红素的一种根本性的生物转化解毒方式。血清胆红素正常浓度为 3.4～17.1 μmol/L（0.2～1 mg/dL）。其中 4/5 为游离胆红素，其余为结合胆红素。体内胆红素生成过多，或肝细胞对胆红素的摄取、转化及排泄能力下降等因素均可引起血浆胆红素含量增多，称为高胆红素血症。胆红素为橙黄色物质，过量的胆红素扩散进入组织造成组织黄染的体征称为黄疸。

NOTE

思考题答案

【思考题】

1. 试述改良 J-G 法测定血清胆红素的基本原理。

2. 试述血清胆红素测定在黄疸鉴别诊断中的意义。

（厦门大学　张弦）

NOTE

实验七　酮体代谢的检测

【实验目的】

1. 掌握酮体的检测方法。

2. 了解酮体生成的特点和临床意义。

【实验原理】

酮体是脂肪酸在肝脏氧化分解时形成的特有中间代谢物乙酰乙酸、β-羟丁酸及丙酮三种物质的总称，是在特殊情况下肝脏向外输出能源的一种特殊方式。酮体代谢的一个重要特征是肝内生酮肝外用。

肝脏组织匀浆液含有合成酮体的酶，丁酸作为底物与肝脏组织匀浆液在 37 ℃共同孵育生成酮体。酮体可与以硝普钠为主要成分的显色粉反应产生紫红色物质；而肌肉匀浆液经同样处理则不产生酮体，故无显色反应。

【实验材料、试剂与仪器】

1. 材料：昆明小鼠。

2. 试剂

(1) 肝脏组织匀浆液和肌肉匀浆液。

(2) 20% NaCl 溶液。

(3) 罗氏溶液：NaCl 0.9 g，KCl 0.042 g，$CaCl_2$ 0.024 g，$NaHCO_3$ 0.02 g，葡萄糖 0.1 g，溶解后加蒸馏水至 100 mL。

(4) 0.5 mol/L 丁酸溶液：取 44.0 g 丁酸溶于 0.1 mol/L NaOH 溶液至最终体积为 1000 mL。

(5) 1/15 mol/L 磷酸缓冲液(pH 7.6)。

(6) 15%三氯醋酸。

(7) 酮体溶液。

(8) 显色粉：硝普钠 1 g、无水碳酸钠 30 g、硫酸铵 50 g，混合后研磨成粉。

3. 仪器：试管及试管架、剪刀、恒温水浴箱、匀浆器、研钵、离心机。

【实验步骤】

1. 肝脏组织匀浆液和肌肉匀浆液的制备：取小鼠 1 只，断头处死，迅速剖腹取出全部肝脏和部分肌肉组织，分别置于研钵中，用剪刀剪碎，加入生理盐水(按质量∶体积＝1∶3)和少许细砂，研磨成匀浆液。

2. 实验操作：取试管 2 支，编号，按表 3-3-8 操作。

表 3-3-8　酮体代谢检测　　单位：滴

试剂	1	2
罗氏溶液	15	15
0.5 mol/L 丁酸溶液	30	30
1/15 mol/L 磷酸缓冲液	15	15
肝脏组织匀浆液	20	—
肌肉匀浆液	—	20
	置于 37 ℃水浴箱中孵育 40～50 min	
15%三氯醋酸	20	20

将 1 号和 2 号试管分别摇匀 5 min，3000 r/min 离心 5 min，并取出上清液备用。

另取试管 5 支并编号(若不加酮体溶液和酮尿仅用 3 支试管)，按表 3-3-9 操作。

表 3-3-9 酮体代谢检测 单位：滴

试剂	1	2	3	4	5
上清液(1)	20	—	—	—	—
上清液(2)	—	20	—	—	—
酮体溶液(选做)	—	—	20	—	—
0.5 mol/L 丁酸溶液	—	—	—	20	—
酮尿(选做)	—	—	—	—	20

各管加显色粉 1 小匙，观察各管颜色反应，并解释该现象。

【临床知识拓展】

在正常情况下，糖供应充分，生物体主要依靠糖的有氧氧化供能，脂肪动员较少。血中仅含少量酮体，浓度为 0.05～0.85 mmol/L(0.3～5 mg/dL)。脑组织不能氧化脂肪酸，却能利用酮体。在饥饿、糖尿病、高脂低糖膳食等情况下，酮体生成增加，小分子水溶性的酮体易通过血脑屏障和肌肉毛细血管壁，作为肌肉尤其是脑组织的重要能源。由于血脑屏障的存在，除葡萄糖和酮体外的物质无法进入脑为脑组织提供能量，所以酮体对大脑维持正常功能起到很大的作用。当肝内生成酮体的速度超过肝外组织利用酮体的速度时，血中酮体含量异常升高，称为酮血症。此时尿中也可出现大量酮体，称为酮尿症。乙酰乙酸和 β-羟丁酸都是酸性较强的有机酸，当血中酮体含量过高时，易使血液 pH 下降导致酸中毒。酮症酸中毒是一种临床常见的代谢性酸中毒。

因此，酮体的检测在临床上有重要的意义。酮体作为有机体代谢的中间产物，在正常的情况下含量很低，患糖尿病或食用高脂肪膳食时，血中酮体含量增高，尿中也能出现酮体。治疗糖尿病患者的代谢性酸中毒时，除对症给予碱性药物外，还应给予胰岛素和葡萄糖，以纠正糖代谢紊乱，增加糖的氧化供能，减少脂肪动员和酮体的生成。

【思考题】

1. 实验结果中反映出酮体代谢组织的特点是什么？
2. 实验中三氯醋酸的作用是什么？

思考题答案

(厦门大学 张弦)

实验八　血清钙和血清磷的测定

1. 甲基百里香酚蓝比色法测定血清钙

【实验目的】

1. 了解血清钙测定的基本原理。

2. 熟悉血清钙测定的基本操作步骤及参考值。

3. 了解临床测定血清钙的主要方法及意义。

【实验原理】

钙测定的方法很多，以 EDTA 配位滴定法和金属配位指示剂比色法应用最为普遍。配位滴定法常用的指示剂有钙黄绿素(calcein)与钙红(calcon 或 cal-red)，比色法中较先进的有甲基百里香酚蓝法和邻甲酚酞配位酮法。原子吸收分光光度法灵敏度高，但不适合常规工作。用离子选择电极法测定离子钙已有报道，虽然临床实用性不及钾和钠，但离子钙测定已逐渐被临床所重视，因为有些疾病血清总钙测定并无变化，而离子钙有明显改变。

血清中的钙离子在碱性溶液中与甲基百里香酚蓝(MTB)结合，生成蓝色配合物。在实验中加入适量 8-羟基喹啉，可消除镁离子对测定的干扰。与经同样处理的钙标准液进行比较，可求得血清中总钙的含量。

【实验材料、试剂与仪器】

1. 材料：兔血清。

2. 试剂

(1) MTB 试剂：取去离子水 20 mL，加浓盐酸 1.2 mL，再加 8-羟基喹啉 1.45 g，使其溶解。另取去离子水 500 mL，加 MTB 0.114 g，使其溶解，再加聚乙烯吡咯烷酮(PVP)1.5 g，使其溶解。将两种溶液混合，加入 16.75 g/L 乙二胺四乙酸二钠(EDTA · Na_2)溶液 2.2～2.4 mL 后混匀，加去离子水至 1000 mL。

(2) 显色基础液：取去离子水 700 mL，加无水亚硫酸钠 24 g，使其溶解，再加单乙醇胺 200 mL 混匀，用去离子水稀释至 1000 mL。

(3) 钙标准液(2.5 mmol/L)：精确称取恒重的碳酸钙($CaCO_3$，AR)0.25 g，加稀盐酸(1 份浓盐酸加 9 份去离子水)7 mL 溶解后，加去离子水 900 mL，然后用 500 g/L 醋酸铵溶液调 pH 至 7.0，移入 1000 mL 容量瓶中，再用去离子水稀释至刻度，混匀。

3. 仪器：紫外-可见分光光度计，移液管(10 mL、5 mL、2 mL、1 mL)若干支，试管若干支。

【实验步骤】

1. 测定：按表 3-3-10 操作。

表 3-3-10　甲基百里香酚蓝比色法测定钙　　单位：mL

试剂	测定管	标准管	空白管
MTB 试剂	2.0	2.0	2.0
显色基础液	2.0	2.0	2.0
血清(尿)	0.5(0.02)	—	—
钙标准液(2.5 mmol/L)	—	0.05	—
去离子水	0.03	—	0.05

混匀，室温下放置 5 min，在波长 610 nm 处用空白管调零，分别读取各管吸光度(A)。

2. 计算

血清钙(mmol/L)$=A_{测定管}/A_{标准管}\times 2.5$

尿钙(mmol/24 h)$=A_{测定管}/A_{标准管}\times 0.00625\times 24$ h 尿量(mL)

【注意事项】

1. MTB与EDTA有相似的氨羧结构，能螯合多种阳离子，但配位稳定常数不同。加入EDTA的目的在于掩蔽试剂中污染的钙以及其他金属离子。绝大部分金属离子与EDTA的配位稳定常数大于钙，小于钙的仅是少数微量元素。有限的EDTA仅能掩蔽试剂中的干扰元素，没有多余的EDTA配位血清钙，一般加入配位剂EDTA浓度为99～108 μmol/L，最终配位显色反应的EDTA浓度为50～54 μmol/L。这种做法能降低空白管吸光度，提高测定管吸光度，使该方法灵敏度提高。

2. 所用的试管清洗后用去离子水浸泡两次，再烘干备用。干净的试管加入试剂后应显示出一致的浅灰绿色，若显蓝色则表示试管有污染。

3. 溶血样本对检测有干扰，尽量避免采用溶血样本。若样品浓度过高，应用蒸馏水稀释后进行测定，最终结果乘以稀释倍数。

【临床知识拓展】

1. 正常参考值

(1) 血清钙：成人2.03～2.54 mmol/L；儿童2.25～2.67 mmol/L。血清离子钙：1.13～1.35 mmol/L。红细胞钙：全血中的钙几乎都在血浆中，红细胞中钙的浓度仅约为5.7 μmol/L。

(2) 尿钙：随饮食不同而有较大幅度变化，低钙饮食24 h为3.75 mmol/L，一般钙饮食24 h为6.25 mmol/L，高钙饮食24 h可达10 mmol/L。

(3) 唾液钙：0.74～1.69 mmol/L。

2. 血清钙浓度增高有以下几种情况：①原发性甲状旁腺功能亢进症，促进骨钙吸收，肾脏和肠道对钙吸收增强，使血清钙浓度增高；②维生素D中毒，由于促进肾脏和肠道对钙的重吸收，可引起高钙血症；③某些恶性肿瘤可产生甲状旁腺素样物质，促进骨钙吸收释放入血，使血清钙浓度增高；④肾上腺皮质功能减退症，常可出现高血钙；⑤骨髓增殖性疾病，尤其是白血病和红细胞增多症，发生骨髓压迫性萎缩，引起骨质脱钙，钙入血出现高血钙，也可能是白血病细胞分泌的甲状旁腺样物质所致。

血清钙浓度降低有以下几种情况：①甲状旁腺功能减退症；②佝偻病与软骨病；③慢性肾炎、尿毒症、肾排磷障碍使血磷升高血钙下降，又因肾功能不全使维生素D_1-羟化酶缺乏，导致维生素D缺乏性低血钙；④急性坏死性胰腺炎引起脂肪坏死后产生钙沉积；⑤其他：低蛋白血症、医源性枸橼酸盐和某些造影剂的应用、高降钙素血症、新生儿低血钙、脂肪痢、钙吸收不良等。

【思考题】

1. 试述在临床中血清钙测定的意义。

2. 简述血清钙测定的注意事项。

思考题答案

2. 还原钼蓝法测定血清磷

【实验目的】

1. 掌握还原钼蓝法测定血清磷的基本原理。

2. 熟悉血清磷测定的基本操作步骤及参考值。

3. 了解血清磷测定的临床意义。

【实验原理】

血清中的无机磷主要由$H_2PO_4^-$和HPO_4^{2-}两种阴离子组成，上述阴离子在不同的pH环境下能快速相互转换。国家卫生健康委临床检验中心推荐的血清磷测定常规方法为硫酸亚铁钼蓝比色法和米吐尔钼蓝比色法，亦可采用紫外-可见分光光度法。本实验采用硫酸亚铁钼蓝

比色法，用三氯醋酸沉淀血清中的蛋白质，于无蛋白血滤液中加入钼酸铵试剂，使滤液中的磷与钼酸结合生成磷钼酸，再以硫酸亚铁为还原剂，使之被还原成磷钼蓝（一种由磷酸、五价钼和六价钼离子组成的复杂混合物）。与经同样处理的磷标准液比色，求出血清中无机磷的含量。反应式如下所示。

$$(NH_4)_6MoO_4 + 3H_2SO_4 + 4H_2O \longrightarrow 7H_2MoO_4 + 3(NH_4)_2SO_4$$

$$12H_2MoO_4 + H_3PO_4 \longrightarrow 12MoO_3 \cdot H_3PO_4 + 12H_2O$$

$$12MoO_3 \cdot H_3PO_4 + FeSO_4 \longrightarrow \text{磷钼蓝}$$

【实验材料、试剂与仪器】

1. 材料：血清（新鲜人或动物血清，无溶血）。

2. 试剂

(1) 三氯醋酸-硫酸亚铁试剂：取三氯醋酸 50 g，硫酸亚铁 10.0 g，硫脲 5 g 加入蒸馏水溶解，并稀释至 500 mL，于 4 ℃冰箱中保存备用。

(2) 磷标准储存液（3.22 mmol/L，1 mL 相当于 1 mg 磷）：精确称取 439 mg 磷酸二氢钾（KH_2PO_4），以少量蒸馏水溶解并定容至 1000 mL，加入 2 mL 氯仿以防腐，储存于 4 ℃冰箱中。

(3) 磷标准应用液（0.129 mmol/L，1 mL 相当于 0.04 mg 磷）：取磷标准储存液 4 mL 置于 100 mL 容量瓶中加蒸馏水至刻度。

(4) 钼酸铵试剂：在 200 mL 蒸馏水中慢慢加入浓硫酸 45 mL，冷却。另取钼酸铵 22 g，溶于 200 mL 蒸馏水中，待溶解后，将两溶液混合，加入蒸馏水至 500 mL。储存于棕色瓶中，置于 4 ℃冰箱中保存。

3. 仪器：紫外-可见分光光度计，低速离心机，移液管（10 mL、5 mL、2 mL、1 mL）若干支，试管若干支。

【实验步骤】

1. 无蛋白血滤液的制备

取血清 0.2 mL，加入三氯醋酸-硫酸亚铁试剂 4.8 mL，混匀，放置 5～10 min，3000 r/min 离心 10 min，取上清液（即无蛋白血滤液）备用。

2. 取 3 支试管，标号，按表 3-3-11 操作。

表 3-3-11　还原钼蓝法测定血清磷

加入物	空白管	标准管	测定管
无蛋白血滤液/mL	—	—	4.0
磷标准应用液/mL	—	0.2	—
蒸馏水/mL	0.2	—	—
三氯醋酸-硫酸亚铁试剂/mL	3.8	3.8	—
钼酸铵试剂/mL	0.5	0.5	0.5
吸光度			

充分混合，用紫外-可见分光光度计在 650 nm 波长处测定，空白管调零，测定其吸光度。

3. 计算公式

$$\text{血磷(mmol/L)} = \frac{\text{测定管吸光度}}{\text{标准管吸光度}} \times 0.008 \times \frac{100}{0.2 \times \frac{4}{5}} \times 0.323 = \frac{\text{测定管吸光度}}{\text{标准管吸光度}} \times 5 \times 0.323$$

【注意事项】

1. 为避免细胞内磷酸酯水解而使无机磷增多，血清不能溶血，并应于采血后尽快将血清分离。

2. 标本应选用血清，如选用血浆，每毫升标本内草酸盐含量不能高于 3 mg，过量的草酸盐可使磷测定时不容易显色。

3. 血清制备时加入三氯醋酸的速度要慢，边加边混匀，使蛋白沉淀均匀，防止出现大的凝块包裹磷而使测定结果偏低。

4. 还原钼蓝法测定磷呈色稳定，特异性较高。操作简便，线性范围较宽，可用于自动分析仪，但此法灵敏度低。

【临床知识拓展】

1. 血清磷正常参考值

成人：1.0～1.5 mmol/L。

儿童：1.5～2.0 mmol/L。

2. 血清磷浓度增高的疾病常见有以下几种：①甲状旁腺功能减退症：由于激素分泌减少，肾小管对磷的重吸收增强使血清磷浓度增高，可见于原发性甲状旁腺功能减退症、继发性甲状腺功能减退症及假性甲状旁腺功能减退症。②排泄障碍：慢性肾炎晚期、尿毒症等磷酸盐排泄障碍而使血清磷滞留。③维生素 D 过多：维生素 D 促进肠道的钙、磷吸收以及肾对磷的重吸收，使得血清钙、磷浓度增高。④血清磷浓度升高还可见于甲状腺功能亢进症、肢端肥大症、酮症酸中毒、乳酸酸中毒、严重急性病、饥饿、多发性骨髓瘤、粒细胞性白血病、骨折愈合期、急性重型肝炎等情况。

血清磷浓度降低的疾病有以下几种：①甲状旁腺功能亢进症，肾小管重吸收受到抑制，尿磷排出增多，血清磷浓度降低。②维生素 D 缺乏所致的软骨病和佝偻病伴有继发性甲状腺增生，使尿磷排泄增多血清磷浓度降低。③糖尿病或连续注射葡萄糖，同时注射胰岛素使糖的利用增加，此时需大量无机磷酸盐参与磷酸化作用。④肾小管变性病变（Fanconi's 综合征）时，肾小管重吸收磷功能发生障碍，血清磷浓度偏低；⑤长期服用制酸药物，因其中含有的 $Mg(OH)_2$ 或 $Al(OH)_3$ 能与磷结合生成不溶性磷酸盐而引起吸收障碍，也可使血清磷浓度降低。

生理性变化：夏季因紫外线照射血清磷浓度可稍高于冬季，食入或注射大量维生素 D 及重体力劳动后血清磷浓度也可升高。食糖过多及正常孕妇血清磷浓度降低。

【思考题】

1. 试述在临床中血清磷测定的意义。

2. 简述血清磷测定的注意事项。

思考题答案

（厦门大学　张弦）

（首都医科大学燕京医学院　徐世明）

实验九　血清铁代谢的检测

1. 亚铁嗪法测定血清铁与总铁结合力

【实验目的】

1. 掌握亚铁嗪法测定血清铁的原理和注意事项。

2. 规范进行血清铁的测定。

3. 了解血清铁测定的临床意义。

【实验原理】

血清中 Fe^{3+} 与运铁蛋白结合形成复合物，在酸性介质中 Fe^{3+} 从复合物中解离出来，被还原剂还原成 Fe^{2+}，与亚铁嗪直接作用生成紫红色复合物。然后与同样处理的铁标准液比较，即可求得血清铁含量。

总铁结合力(total iron binding capacity，TIBC)是指血清中运铁蛋白所能结合的最大铁量。将过量铁标准液加到血清中，使其与未结合铁的运铁蛋白结合，多余的铁被轻质碳酸镁粉吸附除去，然后测定血清中总铁含量，即为总铁结合力。

【实验材料、试剂与仪器】

1. 材料：新鲜脊椎动物血液(抗凝处理)。

2. 试剂

(1) 配制 0.4 mol/L 甘氨酸-盐酸缓冲液(pH 2.8)：将 0.4 mol/L 甘氨酸溶液 58 mL，0.4 mol/L 盐酸 42 mL 和 Triton X-100 3 mL 混合后加入无水亚硫酸钠 800 mg，充分溶解。

(2) 配制亚铁嗪显色剂：称取亚铁嗪[3-(2-吡啶基)-5，6-双(4-苯磺酸)-1，2，4-三嗪]0.6 g 溶于去离子水 100 mL 中。

(3) 配制铁标准储存液(1.79 mmol/L)：精确称取优级纯硫酸铁铵[$FeNH_4(SO_4)_2 \cdot 12H_2O$，GR]0.8635 g，置于 1 L 容量瓶中，加入去离子水约 50 mL，逐滴加入浓硫酸 5 mL，溶解后用去离子水定容至刻度，混匀。置于棕色瓶中可长期保存。

(4) 配制 35.8 μmol/L 铁标准应用液：吸取铁标准储存液 2 mL，加入去离子水约 50 mL 及浓硫酸 0.5 mL，再用去离子水稀释至 100 mL，混匀。

(5) 配制 179 μmol/L TIBC 铁标准液：准确吸取铁标准储存液 10 mL，加入去离子水约 50 mL 及浓硫酸 0.5 mL ，再用去离子水稀释至 100 mL，混匀。

(6) 轻质碳酸镁粉。

3. 器材

(1) 722 型分光光度计、低速离心机、恒温水浴箱等。

(2) 玻璃移液器、试管、离心管等。

【实验步骤】

1. 血清铁测定：取试管 3 支标明空白管(B)、标准管(S)和测定管(U)，按表 3-3-12 操作。

表 3-3-12　亚铁嗪法测定血清铁的操作步骤　　单位：mL

加入物	空白管(B)	标准管(S)	测定管(U)
血清	—	—	0.45
铁标准应用液	—	0.45	—
去离子水	0.45	—	—
甘氨酸-盐酸缓冲液	1.2	1.2	1.2
	混匀，于 562 nm 波长处，以空白管调零，读取测定管吸光度(血清空白)		
亚铁嗪显色剂	0.05	0.05	0.05

混匀，室温下放置 15 min 或 37 ℃下放置 10 min，再次读取各管的吸光度。

2. 血清总铁结合力(TIBC)测定：在试管中加入血清 0.45 mL，179 μmol/L TIBC 铁标准液 0.25 mL 及去离子水 0.2 mL，充分混匀后，室温下放置 10 min，加入碳酸镁粉末 20 mg，在 10 min内振摇数次，3000 r/min 离心 10 min。取上清液（代替血清）与血清铁测定，按表 3-3-13 操作。

表 3-3-13 亚铁嗪法测定血清总铁结合力的操作步骤 单位：mL

加入物	空白管(B)	标准管(S)	测定管(U)
上清液	—	—	0.45
铁标准应用液	—	0.45	—
去离子水	0.45	—	—
甘氨酸-盐酸缓冲液	1.2	1.2	1.2
	混匀，于 562 nm 波长处，以空白管调零，读取测定管吸光度（血清空白）		
亚铁嗪显色剂	0.05	0.05	0.05

混匀，于室温下放置 15 min 或 37 ℃下放置 10 min，再次读取各管吸光度。

3. 结果计算

$$血清铁(\mu mol/L)=\frac{A_U-(血清\ A_B\times 0.97)}{A_S}\times 35.8$$

$$血清总铁结合力(TIBC)=\frac{A_U-(血清\ A_B\times 0.97)}{A_S}\times 71.6$$

由于两次测定吸光度时溶液体积不同，应将血清空白吸光度乘以 0.97 进行校正(0.165/0.170)。

【注意事项】

1. 使用水必须经过去离子处理。测定时不要使用玻璃器皿，应用塑料制品，一般不会有污染问题。如需使用玻璃器皿，必须先用 10%盐酸浸泡 24 h，取出后再用去离子水冲洗后方可应用。应避免与铁器接触，以防止污染。所用试剂要求纯度高，含铁量极少。

2. 溶血标本对测定有影响，应避免溶血。不能采用 EDTA 血浆，其他抗凝剂不受影响。

3. 标准液呈色可稳定 24 h，血清呈色反应在 30 min 内保持稳定，稳定期后呈色程度缓慢增加，大约每小时吸光度增加 0.02。

4. 血清铁还存在日间变异(26.6 %)。一天中血清铁浓度变化超过 12.9 %，其峰值出现在午后 2 h 左右。室温(20 ℃)下稳定保存 3 天，4～8 ℃稳定保存 1 周。

5. 影响亚铁嗪法检测准确度的可能因素：①反应混合液的 pH；②高浓度的铁蛋白；③高脂血症和高胆红素血症；④蛋白质沉淀。

【参考范围】

血清铁：成年男性 11～30 μmol/L；成年女性 9～27 μmol/L。

血清总铁结合力：成年男性 50～77 μmol/L；成年女性 54～77 μmol/L。

【临床知识拓展】

铁是人体必需的微量元素。体重 70 kg 的人含铁化合物中铁的总量约为 3270 mg，占体重的 0.047‰。其中 67.58%的铁分布于血红蛋白中（铁作为血红蛋白分子的辅基与蛋白结合，参与铁的运输），骨骼和肌红蛋白中各存在 2.59%和 4.15%，储存铁约占 25.37%。铁在体内分布很广，主要通过肾脏、粪便和汗腺排泄。血清中铁的总量很低，成年男性为 11～30 μmol/L，成年女性为 9～27 μmol/L。这些存在于血清中的非血红素铁均以 Fe^{3+} 形式与运铁

蛋白结合。所以在测定血清铁含量时，需首先使 Fe^{3+} 与运铁蛋白分离。

1. 血清铁浓度降低常见于以下几种情况：①体内总铁不足：如营养不良、铁摄入不足或胃肠道病变、缺铁性贫血。②铁丢失增加：如泌尿系统、生殖系统、胃肠道的慢性长期失血。③铁的需要量增加：如妊娠及婴儿生长期、感染、尿毒症等。

2. 血清铁浓度增高常见于以下几种情况：①血色素沉积症(含铁血黄素沉着症)。②溶血性贫血：红细胞释放铁增加。③肝坏死：储存铁由肝释放。④铅中毒、再生障碍性贫血、血红素合成障碍，如铁粒幼细胞性贫血等铁利用和红细胞生成障碍。

3. 血清总铁结合力增高常见于以下几种情况：①各种缺铁性贫血，运铁蛋白合成增加；②肝细胞坏死等；③储存铁蛋白从单核吞噬系统释放入血增加。

4. 血清总铁结合力降低常见于以下几种情况：①遗传性运铁蛋白缺乏症，运铁蛋白合成不足；②肾病、尿毒症：运铁蛋白丢失；③肝硬化、血色素沉积症：储存铁蛋白缺乏。

5. 血清铁饱和度(血清铁/TIBC)可用于缺铁性贫血的鉴别诊断和治疗监测。

(1) 降低：伴有运铁蛋白水平升高，见于缺铁性贫血。

(2) 升高：伴有运铁蛋白水平正常或降低，见于再生障碍性贫血。

思考题答案

【思考题】

1. 阐述血清铁和总铁结合力测定的原理。

2. 简述在血清铁和总铁结合力测定中不同的 pH 的作用。

2. 放射免疫法测定血清铁蛋白(FER)

【实验目的】

1. 掌握放射免疫法测定血清铁蛋白的原理和方法。

2. 了解血清铁蛋白测定的临床意义。

【实验原理】

血清铁蛋白和加入的 ^{125}I-铁蛋白与抗铁蛋白抗体产生竞争结合，利用第二抗体和 PEG(聚乙二醇)分离结合部分测量沉淀物的放射性，对照标准铁蛋白所得竞争抑制曲线，即可查知样品中铁蛋白的含量。

【实验材料、试剂与仪器】

1. 材料：新鲜抗凝后的脊椎动物血液。

2. 试剂

(1) 抗血清(第一抗体)：用 PBS 稀释抗铁蛋白血清至 1∶240000，最高结合率为 50%～60%，4 ℃下保存。

(2) 第二抗体：羊抗兔 IgG，用生理盐水以 1∶(3～7)稀释。

(3) ^{125}I-铁蛋白标记品：禁忌冰冻，使用时加入 PBS(内含 2% 的林格试液)10 mL，使放射脉冲数为 50000～60000 cpm(cpm 为每分钟计数次数，是样品发射出粒子的计数，计数器计数效率 70%)，4 ℃下保存。

(4) 铁蛋白标准液：将人肝铁蛋白标准品用 PBS 稀释成 0、5、10、20、40、80、160、320 μg/L，4 ℃下保存。

(5) 缓冲液：配制 0.1 mol/L 磷酸盐缓冲液(pH 7.4，PBS)，内含 2% EDTA-Na_2 和 0.1 % 牛血清白蛋白(BSA)。

(6) 14%PEG 6000 用缓冲液配制。

3. 器材

(1) 晶体闪烁计数器、低速离心机、恒温水浴箱。

(2) 移液枪、试管、离心管等

【实验步骤】

1. 采用二抗和PEG分离竞争结合的铁蛋白，测定B、T放射脉冲值　取12支试管，分别为T管、试剂空白(NSB)管；标准管、测定管和NSB管均设置双份管。操作步骤见表3-3-14。

表3-3-14　放射免疫法测定血清铁蛋白(FER)

反应物	本底	T管	NSB管	铁蛋白标准(μg/L)								样品管
				0	5	10	20	40	80	160	320	
缓冲液/μL	—	—	400	200	200	200	200	200	200	200	200	200
铁蛋白标准液/μL	—	—	—	100	100	100	100	100	100	100	100	—
血清样品/μL	—	—	—	—	—	—	—	—	—	—	—	100
抗铁蛋白血清/μL	—	—	—	100	100	100	100	100	100	100	100	100
^{125}I-铁蛋白/μL	—	100	100	100	100	100	100	100	100	100	100	100
充分混匀，37 ℃ 1 h或45 ℃ 1.5 h，中间摇动2次												
二抗/μL	—	—	100	100	100	100	100	100	100	100	100	100
混匀，室温放置30 min												
PEG/μL	—	—	100	100	100	100	100	100	100	100	100	100

T管为总计数管，NSB管为非特异性结合管(不加铁蛋白标准液)。

2. 摇匀，3500 r/min离心20 min，完全弃去上清液，测沉淀放射脉冲数(T管不需要离心，直接测定cpm数)。

3. 结果计算

(1) 求出各双份管计数均值。

(2) 标准管、样品管的计数减去NSB管的计数。

$$\text{NSB}(\%)=\frac{\text{NSB(cpm)}-\text{本底(cpm)}}{\text{T(cpm)}-\text{本底(cpm)}}\times 100\%$$

(3) 计算标准管(样品、质控)结合率 $B/B_0(\%)$

$$B/B_0(\%)=\frac{B(\text{cpm})-\text{NSB(cpm)}}{B_0(\text{cpm})-\text{NSB(cpm)}}\times 100\%$$

B 为各标准管、样品管、质控管放射脉冲数，B_0 为空白标准管的放射脉冲数。

4. 取坐标纸，以 $B/B_0(\%)$ 为纵坐标，标准品浓度为横坐标，绘制剂量反应双曲线。

5. 依样品的 $B/B_0(\%)$ 查剂量反应双曲线，即可得出相应的铁蛋白含量。

【注意事项】

1. 收集标本时，患者不需要空腹，亦不用特殊的准备；样品在−20 ℃下可保存7天，样品应避免溶血和反复冻融。

2. 所有试剂使用前应处于室温状态。

3. 加标本和试剂时一定要直接加到管底。

NOTE

4. 在倾倒试管中溶液时，一定要除去所有可见的液滴，可大幅度提高精密度。

【参考范围】

血清铁蛋白：男性为 15～200 μg/L；女性为 12～150 μg/L。

【临床知识拓展】

血清铁蛋白是一种棕色的含铁蛋白，主要在肝脏中合成，血清中含量极少，其含量是判断体内缺铁还是铁负荷过量的指标。血清铁蛋白浓度升高还与肿瘤有关，因此也是一种肿瘤标志物。

1. 血清铁蛋白浓度增高：常见于急性白血病、急性淋巴性白血病、急性单核细胞性白血病、恶性网状细胞性白血病、再生障碍性贫血、原发性肝癌、肺癌、妇科肿瘤、消化道肿瘤、膀胱癌、肾癌及肝功能受损等。

2. 血清铁蛋白浓度降低：常见于缺铁性贫血、失血、长期腹泻造成的铁吸收障碍等。一般将血清铁蛋白浓度＜14 μg/L 作为诊断缺铁性贫血的依据。

【思考题】

思考题答案

阐述放射免疫法测定血清铁蛋白的原理。

（湖北文理学院　姚劲松）

实验十 临床肿瘤标志物的检测:甲胎蛋白(AFP)、癌胚抗原(CEA)的测定

【实验目的】

1. 掌握化学发光免疫法检测甲胎蛋白(AFP)、癌胚抗原(CEA)的原理及操作方法。
2. 掌握全自动化学发光免疫分析仪的使用原理。
3. 了解甲胎蛋白(AFP)、癌胚抗原(CEA)测定的主要临床意义。

【实验原理】

甲胎蛋白(alpha fetoprotein,AFP)和癌胚抗原(carcinoembryonic antigen, CEA)是常用的肿瘤标志物,两者均属于胚胎抗原类物质,是胎儿期才有的蛋白质,成年后含量逐渐下降、消失,而在肿瘤患者中这些胚胎抗原又重新出现。

本实验直接应用化学发光技术的双抗体夹心法检测血清中 AFP、CEA 的含量:使用两种定量抗体,第一抗体在标记试剂内,是用吖啶酯标记的具有亲和力的纯化多克隆兔抗目标蛋白抗体。第二抗体在固相试剂内,是单克隆小鼠抗目标蛋白抗体,该抗体与固相试剂中的顺磁性颗粒共价耦合。

【实验材料、试剂与仪器】

1. 材料:待测血清样品。
2. 试剂:CEA 和 AFP 试剂盒(德国西门子公司)。
3. 仪器:ADVIA Centaur XP 全自动化学发光免疫分析仪。

【实验步骤】

系统自动执行以下步骤。

1. 吸取 10 μL 样品至比色杯中。
2. 吸取 50 μL 标记试剂和 250 μL 固相试剂,37 ℃下孵育 7.5 min。
3. 分离,吸出未结合的试剂,用试剂水洗涤比色杯。
4. 配制酸性试剂和碱性试剂各 300 μL,启动化学发光反应。
5. 按照系统操作指南说明,依据所选项目报告结果。

【注意事项】

1. 血清样品只能冷冻一次,在解冻后应彻底混匀。
2. 禁止使用在室温条件下储存时间超过 8 h 的样品。
3. 不同批号的试剂不能混用。

【临床知识拓展】

甲胎蛋白(AFP)是一种含 4% 糖类的单链蛋白质,健康成人血清中 AFP 含量低于 20 μg/L,几乎 80% 的肝癌患者体内 AFP 水平升高,大约一半的肝癌患者体内可测到高浓度的 AFP。

癌胚抗原(CEA)是一种含 45%～55% 糖类的糖蛋白,健康成人血清中 CEA 含量低于 2.5 μg/L,抽烟者体内 CEA 含量会稍高,但一般低于 5 μg/L。

【思考题】

1. 除了化学发光免疫法检测肿瘤标志物外,还有其他可以检测的方法吗?
2. 临床上常用的肿瘤标志物还有哪些?

思考题答案

(贵州医科大学 吴宁 钟曦)

第四章　生物化学与分子生物学综合性和创新性实验项目

第一节　微透析和氨基酸薄层层析

实验一　微透析法采集家兔脑内神经递质

【实验目的】

1. 学习微量透析套管的工作原理。

2. 掌握微量透析的方法。

【实验原理】

小分子物质通过半透膜进行再分布的过程称为透析，而半透膜的微孔大小决定可通过半透膜的分子的大小。通过选择不同的透析纤维，被透析物质的相对分子质量可控制在 1 000～50 000 之间。

微透析法是将硅管套管尖端的出入口之间用半透膜连接，用组分类似于脑内细胞外液的溶液持续灌流，脑内组织液中的各种神经递质等活性物质顺着浓度梯度通过半透膜进入灌流液，通过灵敏检测手段便可了解脑内内源性物质变化的情况。

半透膜对某物质的通透性可用该物质的回收率表示。所谓回收率，是指透析管流出的透析液中该物质浓度与脑组织内待测物质实际浓度之比。探针回收率是影响微透析结果的重要因素。其影响因素如下。

(1) 微透析管的材料及规格。

(2) 灌流速度。速度越慢，通过透析膜的弥散越充分，相对回收率越高，但单位时间内收集液总量减少。速度越快，透析效率越低，回收率越低，但单位时间内收集液总量，即绝对回收率增高。

(3) 待测物质的性质。各种待测物质的组织内含量与其细胞外液含量往往差异甚大。例如 NE、DA、ACh 等递质，自突触前释放后，可以迅速被重新摄取及在细胞外液中代谢分解，故其组织内的含量与细胞外液的含量之比可高达 2000，而 DOPAC、5-HIAA 等是递质代谢产物，上述比值为 1。兴奋性氨基酸(谷氨酸、天冬氨酸)则既可因神经冲动而释放，又可代谢产生，也有部分重新摄取，其比值约为 500。可见，在测定微透析所获得的各种递质及其他化学物质时，必须考虑到其不同的性质。对于上述比值大的物质，应设法从其他各个环节提高回收率，提高测定的灵敏度。

(4) 细胞外液容积的变化：正常情况下此容积应基本恒定，但由于局部组织细胞的破坏，也改变了局部组织细胞外液的成分。因此，在实验研究中，微透析应在探头植入手术后 2 天进行(旨在等待局部受损组织初步修复)。当然，术后时间越长，修复越完全，但时间过长，透析膜上可能有较多纤维素生成和黏附，严重影响透析效率，故一般以 48 h 为宜。

微透析探头的质量关系到回收率，是检测成功与否的关键因素。探头通常由细硅管、PE

NOTE 

管和透析膜管组成。本实验采用的是同心圆形探头。同心圆形探头的简要制备方法是将细硅管(150～250 μm,长约 40 mm)穿入 PE-20 管(380 μm～1.0 mm),并在 PE 管中部距下口 12 mm 处穿出(预先用针头刺一小孔),用快干胶封住穿孔,PE 管下口外留有长约 7.5 mm 的硅管,再将长约 9.5 mm 的透析膜管(ID 250～350 μm)套在此硅管端上,并纳入 PE 管约 1.5 mm,涂快干胶黏接。膜管下端剪成斜面涂快干胶,并封上一层透析膜,干后修剪整齐,硅管穿过 PE 管后留有的一段,则外套另一小段 PE 管,两段 PE 管连接处亦用快干胶黏合。透析管上端涂一层硅胶,根据需要保留相应长度的单层透析膜区(如 2～4 mm)。至此,同心圆形探头基本制成,待测定回收率合格后即可使用。硅管、PE 管也可用不锈钢针管代替,取长 25 mm 26GA 的不锈钢针管作外套管,在离末端 10 mm 处弯成 35°角,在弯曲处打一小孔,让 36GA 不锈钢内套管插入,在外套管末端套上长 2～4 mm 的透析膜管,用环氧树脂封口。此探头优点:①探头尖端外径较小;②同心圆形状在重复插入时对脑组织的伤害较小。根据待测脑区的不同,选取不同的探头及透析膜管暴露长度和直径。待测脑区大时,应选择较长的膜管暴露长度和较大的直径,从而扩大透析面积,提高回收率。透析膜管相当于圆柱体,其表面积取决于透析膜管的半径和长度,关系式为

$$A=2\pi rL$$

式中:A 为表面积;r 为半径;L 为长度。

可见,增加 r 或 L 均可达到同样效果——增大透析面积。但 r 越大,对脑组织的损伤也越大,恢复期也延长;L 增加对脑组织的损伤不会加大,但应注意不要超出待测区,从而影响结果的准确性。例如大鼠纹状体、前额皮质一般选 L 为 3.5～4.0 mm,伏隔核 L 为1.5～2.0 mm。

【实验材料、试剂与仪器】

1. 实验材料:家兔或大白鼠。

2. 试剂:人工脑脊液、0.35%戊巴比妥钠、3%双氧水、牙托水、502 胶水。

3. 仪器:恒速推进泵及其配套针管、37 ℃恒温水浴箱、立体定向仪、手术器材 1 套、收集仪、电脑、透析探头及配套的 PE 套管、收集仪配套的收集管少许。

【实验步骤】

1. 透析探头的预处理

把新的恒速推进泵探头置入 70%的乙醇中浸泡 15 min,再与推进泵相接,用蒸馏水快速冲洗 5 min,并赶出透析膜内的气泡,再换用人工脑脊液灌流,流速为 2 μL/min。

2. 透析探头套管的埋置

大鼠用戊巴比妥钠(4 mg/100 g 体重)腹腔注射,麻醉后,在立体定向仪上固定,暴露颅骨后用双氧水洗净,然后在预定埋管部钻孔,利用电极移动架夹住透析探头的外套管,经校正在垂直位置后,将其缓慢插入预定位置,用牙托水调牙托粉成糊状,在外套管周围砌成小丘并与颅骨粘住,待干后将大鼠独笼饲养。1 天后取出大鼠,固定后将与推进泵相连的透析探头插入预先埋置的外套管内。

3. 灌流及样品收集

开启电脑控制的CMA/200 型收集仪,收集仪内温度降到 4 ℃。用配套的 PE 套管与探头出口处相连,平衡 1 h 后,开始收集透析液,灌流速度一般以 2～5 μL/min 为宜。灌流液通常用生理盐水,如林格溶液或人工脑脊液。此外,为保持待测物质在收集过程中的稳定性,尚需加入适量的其他成分,如收集的单胺类递质易氧化,可加抗坏血酸或 EDTA(1 μg/mL)。多肽类易黏附在透析膜或导管上,可加入适量的牛血清白蛋白(0.5%)、杆菌肽(0.03%)或抑蛋白酶多肽防止多肽分解。

【注意事项】

1. 在用新的探头之前,一定要先排尽探头内的小气泡(可用放大镜检查是否有气泡附在探头膜上),以防止透析不完全。

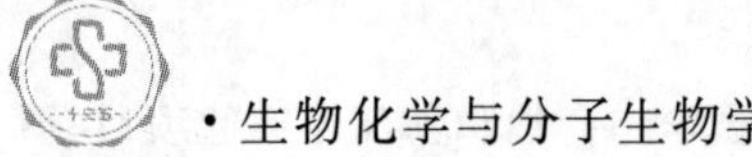

2. 对于需重复应用的探头，最好在每次灌流之前测定探针回收率，若每次回收率变化值很大，说明此探头膜已受损，应弃之不用。

思考题答案

【思考题】

为了提高灌流液中待测物的浓度，可以采取哪些措施？

（首都医科大学燕京医学院　鄢雯）

实验二 薄层层析法分离混合氨基酸

【实验目的】

1. 学习氨基酸薄层层析的基本原理和方法。

2. 学习如何根据迁移率(R_f)来鉴定被分离的物质(即氨基酸混合液)的方法。

【实验原理】

1. 薄层层析法

薄层层析法是一种微量而快速的层析方法,是将吸附剂、载体或其他活性物质均匀涂铺在平面板(如玻璃板、塑料片、金属片等)上,形成薄层(常用厚度为 0.25 mm 左右)作为固定相。当液相(展开溶剂)在固定相上流动时,由于吸附剂对不同氨基酸的吸附力不一样,不同氨基酸在展开溶剂中的溶解度不一样,点在薄板上的混合氨基酸样品随着展开剂的移动速率也不同,因而可以彼此分开。(即通过吸附-解吸-再吸附-再解吸的反复进行,将样品各组分分离开来。)

2. 氨基酸与茚三酮的显色反应

茚三酮水化后生成的水合茚三酮在加热时被还原,此产物与氨基酸加热分解产生的氨结合,再与另一分子水合茚三酮缩合生成蓝紫色化合物而使氨基酸斑点显色。

3. 基于相对迁移率 R_f 判定混合氨基酸组分

溶质在固定相上的迁移速度可用迁移率 R_f 表示:

$$R_f=\frac{\text{样品原点到斑点中心的距离}}{\text{样品原点到溶剂前沿的距离}}$$

由于物质在一定溶剂中的分配系数是一定的,故迁移率(R_f)也是恒定的,因此可以根据 R_f 来鉴定被分离的物质。当与标准品在同一标准条件下测得的 R_f 进行对照时,即可确定该层析物质。

【实验材料、试剂与仪器】

1. 材料:两种氨基酸(亮氨酸、甘氨酸);混合氨基酸溶液。

2. 试剂

(1) 吸附剂:硅胶 G(CP)。

(2) 展开剂:按 80∶10∶10(体积比)混合正丁醇、冰醋酸及蒸馏水,临用前配制。

(3) 显色剂:0.5%茚三酮乙醇溶液(取茚三酮(AR)0.5 g 溶于无水乙醇(AR)至 100 mL)。

3. 仪器

(1) 电热恒温干燥箱、吹风机,电子天平。

(2) 硅胶 G 薄板、层析缸、毛细玻璃管、喷雾器、直尺、铅笔。

【实验步骤】

1. 制板

用天平称取 4 g 硅胶 G 加蒸馏水 10 mL,研磨均匀成糊状,迅速倾倒在玻璃板上(玻璃板要清洁平整,无油污),小心将玻璃板轻轻振荡和倾斜,使硅胶均匀铺在玻璃板上。室温下静置,自然晾干,移至 105 ℃烘箱中烘烤 60 min 活化(有利于提高硅胶的吸附能力,同时排除硅胶内已吸收的水分和其他气体,通过活化硅胶改变硅胶内部的微孔结构,使其孔径大小及微孔结构排列得到改善)。选择厚薄均匀平整的硅胶板使用。

2. 点样

取一块已经做好的硅胶板,在距其底边 2 cm 处,间隔 1.0 cm 处用内径约为 1 mm 的毛细玻璃管分别吸取亮氨酸、甘氨酸和混合氨基酸依次点在一条直线上(可用直尺事先画一条直线)。样品的斑点一般不超过 2 mm,点样分几次进行。每次点完用吹风机吹干再点下一次。

3. 展开

展开应在被溶剂蒸气饱和的密闭容器中进行。将点样后的硅胶板放入盛有 25 mL 展开剂的层析缸中先饱和 5 min。然后展开,待展开剂的前沿达到硅胶板 3/4 高度时取出,用铅笔画出溶剂前缘。

4. 显色

展开后的氨基酸样品斑点加显色剂后方可显示颜色。用吹风机吹干薄板,用喷雾器将 0.5%茚三酮乙醇溶液均匀地喷在硅胶板上,再用吹风机吹至斑点显出。

5. 测量

取回硅胶板,用铅笔轻轻描出显色斑点的形状。用直尺测定各斑点中心到样品原点中心的垂直距离(a)以及溶剂前沿至样品原点中心的垂直距离(h),求出 R_f。

【实验结果】

$$R_f=\frac{\text{样品原点到斑点中心的距离}}{\text{样品原点到溶剂前沿的距离}}$$

计算 R_f,鉴定混合样品中含有何种氨基酸。由于一种氨基酸在同样条件下,其 R_f 是一个常数。因此,将各已知氨基酸显色斑点的 R_f 与标准氨基酸的 R_f 进行比较,即可知该斑点处是何种氨基酸,由此鉴定未知氨基酸样品中含有何种氨基酸。

【注意事项】

1. 注意点样方法,点样斑点不可过小或过大。
2. 显色时,不要将显色液喷在手上,以免手变色。
3. 展开时,展开剂不应浸没点样线。

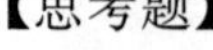

【思考题】

思考题答案

1. 氨基酸纸层析和薄层层析有何区别?
2. 吸附实验中吸附剂的选择依据是什么?
3. R_f 有何意义?

(首都医科大学燕京医学院　鄢雯)

第二节 基因重组实验

实验一 质粒DNA的提取

【实验目的】

掌握质粒DNA提取的基本原理和最常用的碱变性方法，理解各种试剂的作用，为基因工程操作提供高质量的载体原料。

【实验原理】

载体(vector)是指能将目的DNA片段通过DNA重组技术，送进受体细胞进行繁殖和表达的工具。质粒(plasmid)是DNA重组技术中常用的载体。

质粒是一种独立于染色体，以超螺旋状态稳定存在于宿主细胞中的双链共价闭环DNA分子(covalently closed circle DNA，cccDNA)，大小为1～200 kb。质粒主要存在于细菌、放线菌和真菌细胞中，具有自主复制和转录能力，能在子细胞中保持恒定的拷贝数，并表达所携带的遗传信息。质粒的复制和转录依赖于宿主细胞编码的某些酶和蛋白质，离开宿主细胞则不能复制。质粒的存在使宿主细胞具有一些额外的特性，如抗生素的抗性等。

质粒在细胞内的复制有严紧控制型(stringent control)和松弛控制型(relaxed control)两种。前者只在细胞周期的一定阶段进行复制，当染色体不复制时，它也不能复制，通常每个细胞内只含有1个或几个质粒分子，如F因子。后者在整个细胞周期中随时可以复制，在每个细胞中有许多拷贝，一般在20个拷贝以上。

作为理想的克隆载体，质粒必须具备以下条件：①一个复制起点(replication origin，ori)，这是质粒自我增殖必不可少的基本条件，可协助维持细胞质粒拷贝数；②一个或多个选择性标记基因(如抗生素抗性基因)，以便为寄主细胞提供易于检测的表型性状；③一个多克隆位点(multiple cloning site，MCS)，含有多个限制性酶切位点，作为外源基因插入位点，当插入适当大小的外源DNA片段时，不影响质粒DNA的复制功能。

由于天然质粒作为基因克隆载体存在不同程度的局限性，目前采用的克隆载体是在天然质粒基础上构建的相对分子质量小、高拷贝数、多选择标记并与适当宿主菌配套的质粒载体。如克隆质粒pUC系列(图4-2-1)、pGEM系列和pBluescript系列和表达质粒pET系列，其大小为2.7～10 kb。

从细菌中提取质粒DNA包括三个基本步骤：①培养细胞使质粒大量扩增；②收集和裂解细菌并除去蛋白质和染色体DNA；③分离和纯化质粒DNA。

基于环状质粒DNA相对分子质量小、易于复性的特点，在强热、酸、碱条件下质粒DNA变性，分子双链解开，此时若将溶液置于复性条件下，变性的质粒能在较短时间内复性而染色体DNA不易复性，这就是质粒DNA提取的原理。如碱变性法利用SDS溶解细胞膜上的脂肪及蛋白质，在碱性条件下使细菌染色体DNA及质粒DNA的氢键断裂，但质粒DNA超螺旋共价闭合环状结构的两条互补链不完全分离。当pH 5.2的乙酸钠高盐缓冲液调节pH至中性时，变性的质粒DNA可以恢复到原来的构型，形成完全的互补链，而染色体DNA不能恢复而缠绕附着在细胞碎片上，可经过离心除去。

在质粒提取过程中，除了超螺旋质粒DNA分子外，还会产生开环DNA(open circular DNA，ocDNA)以及线状DNA(linear DNA)，前者是指质粒DNA两条链中有一条链发生一处或多处断裂，形成松弛型的环状分子；后者由质粒DNA双链在同一处断裂形成。使用提取的

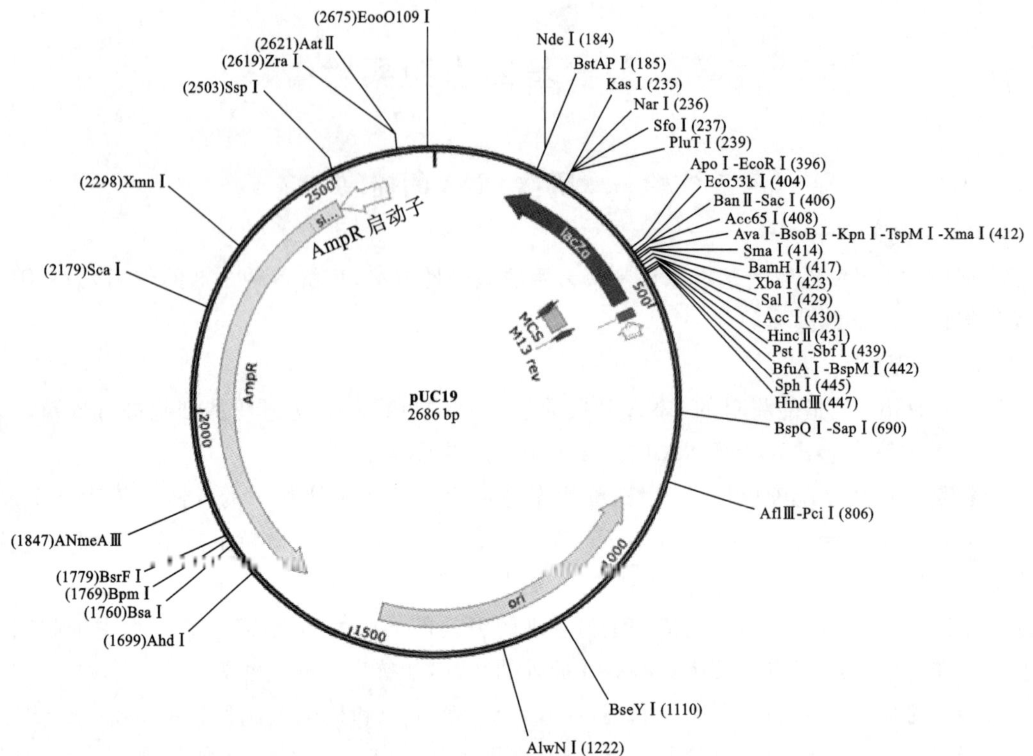

图 4-2-1　pUC19 质粒载体结构图

质粒 DNA 进行电泳时，同一质粒 DNA 的超螺旋形式的移动速度要比开环 DNA 以及线状 DNA 快。

【实验材料、试剂与仪器】

1. 材料：含质粒的大肠杆菌菌株，如 pBSSK/DH5α、pET28/DH5α。

2. 试剂

①LB(Luria-Bertani)培养基：10 g/L 胰蛋白胨、5 g/L 酵母提取物、10 g/L NaCl，调至 pH 7.2，121 ℃高压蒸汽灭菌 30 min，固体培养基另加琼脂粉 12～15 g。

②氨苄青霉素(ampicillin，Amp)：储存液浓度为 100 mg/mL，－20 ℃下保存备用，工作液浓度为 100 μg/mL。

③溶液Ⅰ：50 mmol/L 葡萄糖、25 mmol/L Tris-HCl(pH 8.0)、10 mmol/L EDTA(pH 8.0)，高压蒸汽灭菌 15 min，4 ℃下保存。

④溶液Ⅱ(需要新鲜配制)：0.2 mol/L NaOH、10 g/L SDS。

⑤溶液Ⅲ：3 mol/L 乙酸钠(或乙酸钾)，用乙酸调至 pH 4.8，4 ℃下保存。

⑥TE 缓冲液(pH 8.0)：10 mmol/L Tris-HCl、1 mmol/L EDTA。

⑦3 mol/L 乙酸钠(pH 5.2)：50 mL 水中溶解 40.81 g NaAc・$3H_2O$，用冰乙酸调至 pH 5.2，加水定容至 100 mL，分装后高压蒸汽灭菌，4 ℃下保存。

⑧质粒提取试剂盒。

⑨6×上样缓冲液：2.5 g/L 溴酚蓝(bromophenol blue，BPB)、400 g/L 蔗糖、10 mmol/L EDTA(pH 8.0)，4 ℃下保存。

⑩其他试剂：苯酚-氯仿-异戊醇(25∶24∶1，体积比)、预冷无水乙醇、预冷 70%乙醇、1 mg/mL RNaseA，进口琼脂糖。

3. 仪器及耗材：小试管、1.5 mL 离心管、旋涡混合器(Vortex)、低温离心机、微量移液器、吸头、制冰机、冰盒、恒温水浴锅(37 ℃)、高压蒸汽灭菌锅。

【实验步骤】

（一）碱变性法

1. 将pBSSK/DH5α转化子接种在含100 μg/mL Amp的LB固体培养基中，37 ℃下培养12～24 h。

2. 用无菌牙签或吸头挑取单菌落接种到5 mL含100 μg/mL Amp的LB培养液中，37 ℃下振荡培养过夜(8～18 h)。

3. 吸取1～3 mL培养液于1.5 mL离心管中，4 ℃下，12000 r/min离心1 min，弃去上清液，收集菌体。

4. 加入1 mL 25 mmol/L Tris-HCl(pH 8.0)，用Vortex重悬菌体，4 ℃下，12000 r/min、4 ℃离心1 min，弃去上清液。

5. 加入100 μL溶液Ⅰ，在Vortex上剧烈振荡，使菌体充分悬浮，室温下静置5 min。

6. 加入200 μL新配制的溶液Ⅱ，温和地上下颠倒离心管2～3次以混匀内容物(千万不要剧烈振荡)，冰浴静置5 min。

7. 加入150 μL溶液Ⅲ，上下颠倒混匀数次(不可振荡)，冰浴静置5 min，4 ℃下，12000 r/min离心1 min，将上清液移至新离心管(约为400 μL)。

8. 加入等体积的苯酚-氯仿-异戊醇(400 μL)，充分振荡混匀，12000 r/min离心5 min，吸取上层水相移至新离心管中(注意不要吸入中间的变性蛋白质层)。

9. 加入1/10体积(约40 μL)的3 mol/L乙酸钠(pH 5.2)，再加入2.5倍体积(约1 mL)的预冷无水乙醇，上下颠倒混匀。

10. 放入－20 ℃冰箱中静置30 min，然后在4 ℃下，12000 r/min离心15 min，弃去上清液。

11. 加入1 mL预冷70%乙醇，上下颠倒混匀数次，4 ℃下，12000 r/min离心1 min，洗涤沉淀，以除去盐离子。

12. 小心倒掉上清液，将离心管倒置于滤纸上，除去附着于管壁上的残余液，沉淀物在室温下或真空干燥器中干燥5～10 min。

13. 加入50 μL TE缓冲液或双蒸水，使质粒DNA溶解。

14. 加入2 μL的1 mg/mL RNase A，37 ℃下保温20 min。

15. 取5 μL质粒与2 μL 6×上样缓冲液混合后，在7 g/L琼脂糖凝胶上电泳检测。

16. 将所获得的其余质粒DNA样品置于－20 ℃冰箱中保存备用。

（二）试剂盒提取法

本例采用Takara公司生产的质粒提取试剂盒，相关试剂由试剂盒提供，具体操作详见说明书。

1. 将含有质粒的大肠杆菌取100 μL接种到含Amp(100 μg/mL)的LB培养液中，37 ℃下振荡培养过夜。

2. 取1.5 mL过夜培养的菌液，加入离心管中，12000 r/min离心2 min，尽量弃去上清液。

3. 向留有菌体沉淀的离心管中加入250 μL溶液Ⅰ(含RNase A)，使用微量移液器反复吹吸，充分悬浮细菌沉淀，不要残留细小菌块。

4. 加入250 μL溶液Ⅱ，温和地上下颠倒翻转5～6次，使菌体充分裂解，形成透明溶液。

5. 加入350 μL 4 ℃预冷的溶液Ⅲ，立即温和地上下翻转混合5～6次，充分混匀，即出现白色絮状沉淀，室温下静置2 min。

6. 室温下，12000 r/min 离心 10 min，此时在离心管底部形成白色沉淀，用微量移液器收集上清液并转移到吸附柱中。

7. 12000 r/min 离心 1 min，倒掉收集管中的废液，将吸附柱放回收集管中。

8. 向吸附柱中加入 500 μL 漂洗液 A，12000 r/min 离心 1 min，倒掉收集管中的废液，将吸附柱放回收集管中。

9. 向吸附柱中加入 700 μL 漂洗液 B，12000 r/min 离心 1 min，倒掉收集管中的废液，将吸附柱放回收集管中。

10. 重复操作步骤 9。

11. 将吸附柱放回收集管中，12000 r/min 离心 1 min，除尽残留洗液。

12. 将吸附柱置于一个干净灭菌的 1.5 mL 离心管中，向吸附柱膜的中央处滴加 50 μL 洗脱缓冲液，室温放置 1 min。

13. 12000 r/min 离心 1 min，将质粒 DNA 溶液收集到该 1.5 mL 离心管中，弃去吸附柱。

【注意事项】

1. 为了避免质粒丢失，含有质粒的菌株不要频繁转接，每次接种应挑单菌落。尽量选择高拷贝质粒的菌株，如为低拷贝或大质粒，则应加大菌体用量。宿主细胞培养时应给予一定的筛选压力，否则菌体易污染，质粒也易丢失。应使用处于稳定期的新鲜菌体，老化菌体易导致开环与线状质粒增加。

2. 收集菌体时，培养基要去除干净，菌体在溶液Ⅰ中充分悬浮。在加入溶液Ⅱ与溶液Ⅲ后混合一定要轻柔，采用上下颠倒的方法，千万不能在 Vortex 上剧烈振荡，并且尽可能按规定的时间进行操作。变性的时间不宜过长，否则质粒易被打断；复性时间也不宜过长，否则会有基因组 DNA 的污染。

3. 苯酚是一种强烈的蛋白质变性剂，可有效去除蛋白质。其变性作用比氯仿大，但苯酚与水有一定（0～15%）的互溶性，其氧化产物可以使核酸链发生断裂。为了减少 DNA 损失，苯酚在使用前必须经过重蒸，并用 pH 8.0 的 Tris-HCl 缓冲液充分饱和，以隔绝空气。氯仿具有强烈的脂溶性倾向，对溶解细胞膜、去除蛋白质和脂质特别有效，还能加速蛋白质与核酸的解聚。异戊醇具有降低表面张力、消泡的作用。

4. 乙醇会夺取核酸周围的水分子，使其失水而易于聚合。在乙醇沉淀核酸的过程中加入乙酸钠等盐类的目的是中和核酸所带的电荷，减少核酸分子之间的静电排斥作用，使核酸易于形成沉淀。除了用乙醇沉淀 DNA 外，还可用 0.6～1 倍体积的异丙醇沉淀 DNA。但异丙醇沉淀 DNA 时，盐等杂质易沉淀，所以沉淀要在室温下进行，并且时间不宜过长，限于 20 min 以内。沉淀离心后，还要用 70%乙醇洗涤沉淀，以除去盐类及挥发性较小的异丙醇。

5. 用试剂盒提取质粒时，在第一次使用漂洗液前应加入一定体积的无水乙醇，加入量见瓶上标识。如果未加入无水乙醇，会使质粒从吸附柱上溶出。

6. 质粒有三种不同的构型，基因工程中需要的质粒是超螺旋 cccDNA，操作时应谨慎，尽量提高 cccDNA 的含量。如果出现的大部分是超螺旋带型，说明提取的质粒质量较好。每次实验所提质粒的超螺旋带型的电泳图位置都会有所不同。

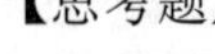

【思考题】

思考题答案

1. 质粒的基本性质有哪些？克隆质粒与表达质粒有什么异同点？

2. 质粒抽提的基本原理是什么？质粒抽提实验中溶液Ⅰ、Ⅱ、Ⅲ各有什么作用？

3. 碱变性法抽提质粒的关键步骤是哪几步？操作过程中应注意哪些问题？

（台州学院　龚莎莎）

实验二 目的基因的PCR扩增

【实验目的】

1. 学习PCR和RT-PCR方法体外扩增目的基因的基本原理。

2. 掌握PCR技术的常规操作。

3. 了解PCR引物及参数的设计。

【实验原理】

详见第一章第六节PCR技术。

【实验材料、试剂与仪器】

1. 材料：不同来源的模板DNA或RNA，如基因组DNA或RNA。

2. 试剂：引物(10 μmol/L)，*Taq* DNA聚合酶(5 U/μL)，10×扩增缓冲液，$MgCl_2$溶液(25 mmol/L)，dNTP混合物(各10 mmol/L)，去离子水(双蒸水)，RNase-free双蒸水。

PrimeScript^{TM}第一链cDNA合成试剂盒(Takara)。

氯仿-异戊醇(24：1，体积比)，苯酚-氯仿-异戊醇(25：24：1，体积比)，3 mol/L乙酸钠溶液(pH 5.2)，预冷无水乙醇，预冷70%乙醇，TE缓冲液，6×上样缓冲液，DNA标准样品(λ DNA/*Hind* Ⅲ)，进口琼脂糖。

3. 仪器及耗材：离心管、微量移液器、吸头、PCR仪、低温离心机、微波炉、电泳仪、凝胶成像仪、制冰机。

【实验步骤】

(一) PCR扩增

1. 取一支0.2 mL PCR管置于冰上，按表4-2-1准备各反应组分。

表4-2-1 PCR体系

反应成分	体积
模板DNA	1 μL
上游引物(10 μmol/L)	2 μL
下游引物(10 μmol/L)	2 μL
10×扩增缓冲液	5 μL
$MgCl_2$溶液(25 mmol/L)	3 μL
dNTP混合物(各10 mmol/L)	1.5 μL(各15 nmol)
Taq DNA聚合酶(5 U/μL)	0.5 μL(2.5 U)
双蒸水	添加至50 μL

2. 混匀后离心，将反应管放入PCR仪中，按下列条件设定程序，进行PCR。

预变性	94 ℃	3～5 min	
变性	94 ℃	40 s	循环30次
退火	55 ℃	40 s	
延伸	72 ℃	30 s～2 min	
保温	72 ℃	7～10 min	

3. PCR结束后，取5～10 μL反应液，用8 g/L琼脂糖凝胶进行电泳检测(λDNA/*Hind* Ⅲ为标准样品)，鉴定PCR产物是否存在及其大小。

4. 电泳确认后，将剩余的样品移至新的1.5 mL离心管中。加入250 μL TE缓冲液，再加入300 μL苯酚-氯仿-异戊醇，上下颠倒混匀。

5. 室温下 12000 r/min 离心 5 min。

6. 将上清液转移到新离心管中，然后加入 1/10 体积(约 30 μL)的 3 mol/L 乙酸钠溶液(pH 5.2)和 2.5 倍体积(约 0.75 mL)冷无水乙醇。于－20 ℃冰箱中放置 30 min 以上。

7. 4 ℃下，12000 r/min 离心 15 min，弃去上清液。

8. 加入 1 mL 冷 70%乙醇，上下颠倒混合，4 ℃下，12000 r/min 离心 5 min，弃去上清液。

9. 将离心管倒置于吸水纸上，室温干燥 5～10 min。

10. 加入 30 μL TE 缓冲液溶解沉淀，电泳确认回收到 PCR 产物后，置于－20 ℃冰箱中备用。

（二）反转录 PCR

1. 总 RNA 的提取：见相关内容(第三章第一节实验六)。

2. cDNA 第一链的合成

将 0.2 mL RNase-free 的 PCR 管置于冰上，按表 4-2-2 配制反应液。

表 4-2-2　反转录反应体系

反应成分	体积
RNA 模板	2 μL(不超过 5 μg)
oligo(dT)(50 μmol/L)	1 μL
dNTP 混合物(各 10 mmol/L)	1 μL
RNase-free 双蒸水	添加至 10 μL

3. 轻微混匀，稍离心，使液体集中在管底，65 ℃下保温 5 min 后，冰上迅速冷却 30 s。

4. 按表 4-2-3 配制 20 μL 反应液。

表 4-2-3　反转录反应体系

反应成分	体积
上述变性后反应液	10 μL
5×反转录缓冲液	4 μL
RNase 抑制剂(40 U/μL)	0.5 μL(20 U)
PrimeScript™ M-MLV 反转录酶(200 U/μL)	1 μL(200 U)
RNase-free 双蒸水	添加至 20 μL

5. 缓慢混匀，稍离心，在 PCR 仪上 42 ℃下保温 30～60 min。

6. 95 ℃下保温 5 min 终止反应，得到的溶液即为 cDNA 溶液，于－80 ℃下保存待用。

7. PCR 扩增：以上述 cDNA 溶液为模板，反应体系及条件同步骤(一)。

【注意事项】

1. PCR 引物设计需遵循的一般原则：①引物最好在模板 DNA 的保守区内设计；②引物长度一般为 17～30 bp；③引物 GC 含量为 40%～60%，T_m 最好接近 72 ℃；④引物 3′-端的保守性很重要，如 3′-端应避开密码子的第 3 位，最好不要选择 A 等；⑤碱基要随机分布，避免聚嘌呤或聚嘧啶的存在；⑥引物自身及引物之间不应存在互补序列，避免发卡结构或引物二聚体的形成；⑦引物的 5′-端可以修饰，3′-端不可修饰等。

2. 运用软件 Primer Premier 5.05 设计引物后，需分别在 GenBank 中进行回检。采用 NCBI 开发的 BLAST 比对工具进行同源性检索，须与其他基因不具有互补性。一般连续 10 bp 以上的同源序列有可能形成比较稳定的错配，特别是引物的 3′-端应避免连续 5～6 个碱基的同源。

3. 合成的引物DNA呈粉末状且吸附在离心管中，须先离心后再开启管盖，以免DNA粉末飞扬造成损失。然后加入适量无菌双蒸水。

4. dNTP不仅提供DNA复制的原料，还提供反应过程中需要的能量。通常dNTP应分装在小管中，存放于−80 ℃或−20 ℃冰箱中，避免多次冻融，否则会使dNTP的高能磷酸键断裂，影响PCR扩增。

5. PCR的灵敏度很高，为防止污染，使用的0.2 mL PCR管和吸头都必须是新的、且无污染。并且应做阴性对照，即反应体系中含有除模板DNA外的其他成分。

6. 在反转录实验过程中要防止RNA的降解，保持RNA的完整性。

7. 配制反应体系的加样次序：双蒸水、缓冲液、模板DNA或RNA等，最后加酶，如将酶直接加入浓缩缓冲液中，酶会严重失活。使用工具酶的操作必须在冰浴条件下进行，使用后剩余的工具酶应立即放回冰箱中。

8. PCR的退火温度设定很关键。根据引物序列及所使用公式的不同，T_m差异很大。可通过温度梯度实验确定最佳退火温度，从低于T_m 5 ℃开始，以2 ℃为增量，逐步提高退火温度。

【思考题】

思考题答案

1. 简述PCR扩增技术的原理与各试剂(Mg^{2+}、dNTP、引物、DNA、缓冲液)的作用。

2. 降低退火温度、延长变性时间对反应有何影响？PCR循环次数是否越多越好？为什么？

(台州学院　龚莎莎)

实验三　质粒 DNA 和目的基因的酶切及连接

1. DNA 的酶切反应

【实验目的】

1. 掌握 DNA 酶切的方法与操作技术。

2. 了解酶切原理。

3. 选用合适的限制性内切核酸酶对目的基因与载体 DNA 进行处理，用于 DNA 的体外重组。

【实验原理】

限制性内切核酸酶(restriction endonucleases)，简称限制性酶，特异性地结合于一段被称为限制性酶识别序列的特殊 DNA 序列上或其附近的特异位点上，并在此处切割双链 DNA。该酶分为三型，分子生物学中常用的是Ⅱ型。Ⅱ型限制性酶是一种多肽，通常以同源二聚体形式存在。其相对分子质量较小，仅需要 Mg^{2+} 作为催化反应的辅助因子。它们能识别与切割 DNA 链上同一特异性核苷酸序列，产生特异性的 DNA 片段，在 DNA 重组中有着广泛的用途。

绝大多数Ⅱ型限制性酶识别 4～8 个核苷酸特定序列，最常见的是 6 个核苷酸序列的情况。这些特定序列大多呈回文结构(palindromic structure)，如 *Eco*R Ⅰ的识别序列是 5′-G↓AATTC-3′。位于载体上的限制性酶切位点(restriction site)是一段很短的 DNA 序列，也称为多位点接头(polylinker)，是质粒载体的标准配置序列。

限制性酶在特定部位的切割方式分为错位切和平切两种。错位切一般是在两条链的不同部位切割，中间间隔几个核苷酸，切下后的两端形成一种回文式的单链末端，称为黏性末端(cohesive end)。黏性末端又可分为 5′-磷酸突出的末端或 3′-羟基突出的末端(图 4-2-2)。这个末端能与具有互补碱基的目的基因的 DNA 片段连接，在基因工程中最常见。平切在两条链的特定序列的相同部位切割，形成一个平末端(blunt end)。

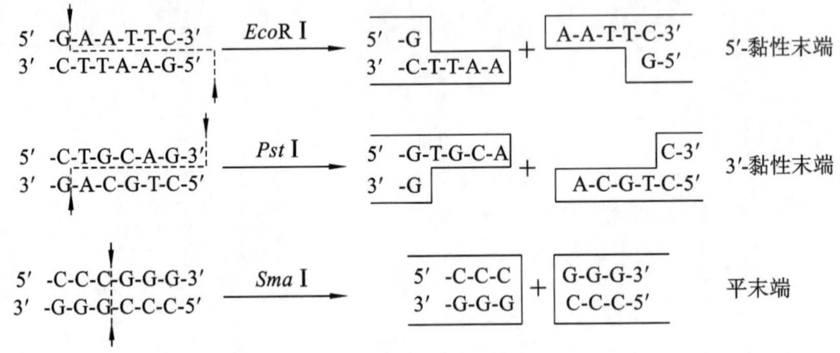

图 4-2-2　不同限制性酶的切口

各种限制性酶都有其最佳反应条件，主要影响因素是反应温度和缓冲液的组成。最佳反应温度一般是 37 ℃，但也有 25 ℃、30 ℃，还有 50～65 ℃。大多数限制性酶的最适 pH 为 7.5～8.0，但缓冲液组分变化较大，典型的组分应有 Tris、NaCl、$MgCl_2$、巯基试剂等。根据各种酶对盐浓度的需求不同，可将所有的Ⅱ型限制性酶分为三大类。①高盐缓冲液(H buffer)：100 mmol/L NaCl，50 mmol/L Tris-HCl。②中盐缓冲液(M buffer)：50 mmol/L NaCl，10 mmol/L Tris-HCl。③低盐缓冲液(L buffer)：无 NaCl，10 mmol/L Tris-HCl。盐浓度过高或过低均大幅度影响酶的活性。通常厂商在出售限制性酶时配带有 10 倍浓度(10×)的酶切缓冲液。各种酶在不同缓冲液中活性发挥程度的百分率(即相对酶活性)是不同的，使用时应注意选择相对酶活性大于 50%的缓冲液。

限制性酶的反应规模主要取决于需要酶切的DNA量。一个标准单位(U)的限制性酶定义为在最佳缓冲液体系中,37 ℃条件下反应1 h完全水解1 μg pBR322 DNA所需的酶量。进行酶切的DNA浓度应为50 μg/mL以下,最高不超过200 μg/mL。典型的反应体系中包括1 μg或更少的DNA,1单位酶以及合适的反应介质。反应总体积通常控制在20～50 μL,反应时间为1 h,通过EDTA螯合金属离子来终止溶液反应。为了防止甘油对酶活性及特异性的影响,酶的加入体积不要超过反应总体积的1/10。

【实验材料、试剂与仪器】

1. 材料:靶基因的PCR产物、pBSSK质粒、扩增质粒。

2. 试剂:限制性酶 *Hind* Ⅲ和 *Bam*H Ⅰ、10×通用缓冲液、6×上样缓冲液、琼脂糖、DNA标准样品、苯酚-氯仿-异戊醇、预冷无水乙醇、预冷70%乙醇、TE缓冲液、DNA凝胶回收试剂盒。

3. 仪器及耗材:离心管、恒温水浴锅(37 ℃)、微量移液器、吸头、制冰机、冰盒、电泳仪、电泳槽、−20 ℃冰箱。

【实验步骤】

1. 在无菌1.5 mL离心管中分别加入表4-2-4至表4-2-6所示成分,注意防止错加、漏加。

A:从PCR产物中获取靶基因。

表4-2-4 PCR产物中获取靶基因反应体系

反应成分	体积
PCR产物	30 μL(5 μg)
10×通用缓冲液	4 μL
Hind Ⅲ(10 U/μL)	2 μL
*Bam*H Ⅰ(10 U/μL)	2 μL
双蒸水	添加至40 μL

B:从pBSSK质粒中获取靶基因。

表4-2-5 pBSSK质粒中获取靶基因反应体系

反应成分	体积
pBSSK质粒(0.5 μg/μL)	30 μL(15 μg)
10×通用缓冲液	4 μL
Hind Ⅲ(10 U/μL)	2 μL
*Bam*H Ⅰ(10 U/μL)	2 μL
双蒸水	添加至40 μL

C:从扩增质粒中获取靶基因。

表4-2-6 扩增质粒中获取靶基因反应体系

反应成分	体积
构建的重组克隆质粒	30 μL(5～10 μg)
10×通用缓冲液	4 μL
Hind Ⅲ(10 U/μL)	2 μL
*Bam*H Ⅰ(10 U/μL)	2 μL
双蒸水	添加至40 μL

2. 用手指轻弹管壁使溶液混匀，短暂离心，使溶液集中在管底。

3. 37 ℃水浴中静置 1～2 h，如果是 PCR 产物则需酶切过夜，使酶切反应完全。

4. 取 5 μL 反应液与 2 μL 6×上样缓冲液混合，以 λ-DNA 的 *Hind* Ⅲ酶切标准相对分子质量为对照，琼脂糖凝胶电泳鉴定 DNA 酶切效果。

5. 用 DNA 凝胶回收试剂盒分离纯化 DNA（实验 3.2），或用苯酚-氯仿-异戊醇抽提，乙醇沉淀后，样品直接用连接酶进行连接（实验 3.3）。

6. 酶切样品的一部分用于连接，另一部分保存在－20 ℃冰箱中，用于鉴定。

【注意事项】

1. 影响限制性酶反应效率的因素很多。DNA 纯度是影响酶切效果的因素之一。DNA 制品中的污染物如蛋白质、苯酚、氯仿、乙醇、EDTA、SDS、高浓度盐均能抑制酶活性。此外，反应时间不够、酶量不够、DNA 样品量太大以及缓冲液选错等均会导致酶切不完全。

2. 利用单酶进行质粒消化后，须对酶切后的质粒进行脱磷酸处理，防止载体的自身环化（自连）作用。双酶切时应注意避免选择酶切位点相毗邻的 DNA 片段，防止限制性酶之间相互干扰。两种酶同时处理 DNA 时，应注意选择通用缓冲液（universal buffer），或者选择使两种酶的相对酶活性都尽可能高（活性在 50%以上）的缓冲液。若需要不同的盐浓度，则低盐浓度的限制性酶必须首先使用，随后调节盐浓度，再用高盐浓度的限制性酶水解。

3. 限制性酶的反应条件不同，对于底物 DNA 的特异性会有所降低，会出现星号活性（star activity）。如当离子强度降低、pH 升高或酶浓度过高时，*Eco*R Ⅰ除了切割—G↓AATTC—序列外，还随机切割—N↓AATTN—序列。引起星号活性的因素很多，如甘油浓度过高（5%以上）、酶过量（100 U/μL 以上）、离子浓度过低（25 mmol/L 以下）、pH 过高（8.0 以上）、酶反应时间过长等。为了抑制星号活性，一般情况下应在低甘油浓度、中性 pH、适当的离子强度下进行酶切反应。

4. 不同底物的酶切反应时间亦不相同。普通质粒的酶切反应一般 1～2 h 即可完成，如果是 PCR 产物的酶切，且酶切位点在端点，最好是酶切过夜。

5. 工具酶保存在－20 ℃冰箱中，取酶的操作必须严格在冰浴条件下进行，用完后立即将酶放回－20 ℃冰箱中。不要将酶在冰浴中或 0 ℃以上的环境中放置过久，以防酶失活。

6. 限制性酶的数据库网址为 http://rebase.neb.com/rebase/rebase.html，其中含有已知的所有限制性酶的完整信息，包括识别的序列、甲基化的灵敏度、商业信息和参考文献等。

7. 重组实验中，载体质粒酶切后不需要割胶回收，酶切后小于 100 bp 的片段可以通过过柱纯化的方法直接除去。对于单一条带的 PCR 产物，酶切后也不需要割胶回收。

【思考题】

思考题答案

1. 细菌产生的限制性酶，为什么不对自身的 DNA 发生切割作用？

2. 简述Ⅱ型限制性酶在基因工程中的作用和特点。

2. 靶 DNA 片段的分离纯化

【实验目的】

学习和掌握从琼脂糖凝胶电泳中回收 DNA 片段的原理和方法，利用电泳后割胶回收获得目的 DNA 片段。

【实验原理】

苯酚-氯仿抽提是 DNA 纯化的经典方法，通过低熔点琼脂糖凝胶电泳将不同大小的 DNA 限制性酶切片段进行电泳分离，然后切割所需要片段的凝胶，溶胶后采用苯酚-氯仿抽提、乙醇沉淀纯化回收 DNA。该方法主要利用核酸、蛋白质等物质在水相和有机相中溶解度不同而重新分配的原理，DNA 产物的效率和纯度都很高。

商业化的 DNA 纯化试剂盒包括 PCR 产物回收试剂盒、DNA 凝胶回收试剂盒、DNA 纯化回收试剂盒等。其原理主要是将溶液中的 DNA 通过离心柱，使 DNA 与柱中的吸附材料相结合，达到分离、纯化 DNA 的目的。吸附材料包括硅基质材料、阴离子交换树脂与磁珠等。其中硅基质材料在高盐低 pH(pH<7.5)时能高效、专一地吸附核酸。洗涤去除杂质后，在低盐高 pH(pH>7.8)条件下洗脱核酸。该法快捷高效，几分钟内可有效回收 100 bp 以上的片段，去除小的酶切片段以及引物，效率可达 70%以上。如果电泳缓冲液 pH 太高，会导致 DNA 无法结合或结合效率降低。阴离子交换树脂在低盐高 pH 时结合核酸，高盐低 pH 时洗脱核酸，适用于纯度要求高的实验。磁珠的磁性微粒挂上不同的基团可吸附不同的目的物，从而达到分离目的。

【实验材料、试剂与仪器】

1. 材料：酶切后的已经处理的 DNA 混合物。

2. 试剂：DNA 标准样品、琼脂糖、TBE 缓冲液、溴化乙锭、苯酚-氯仿-异戊醇、乙酸钠(pH 5.2)、无水乙醇、70%乙醇、TE 缓冲液；小量 DNA 片段快速胶回收试剂盒：溶胶液、漂洗液、洗脱液。

3. 仪器及耗材：电泳仪、电泳槽、凝胶成像仪、离心管、收集管、真空干燥器、护目镜、吸附柱、刀片、塑料薄膜、微波炉、微量移液器、吸头、恒温水浴锅(55 ℃)。

【实验步骤】

1. 预电泳：酶切 2 h 后，取 4 μL 样品预电泳，检测酶切效果(利用预电泳进行切胶练习)。

2. 电泳：确定酶切完全后，取 5 μL 的 6×上样缓冲液，直接加入酶切样品的离心管中，混匀，把全部样品加入大孔胶的上样孔中。加入 DNA 标准样品后，在 50～100 V 电压条件下进行电泳。

3. 切胶：在长波长紫外线下判定 DNA 的位置，用干净的手术刀割下含有要回收 DNA 的琼脂糖胶块。

4. 溶胶：取 1.5 mL 离心管，称量后将切下的胶置于管内再称量，以计算胶的重量。按照 100 mg 胶块加 500 μL 溶胶液的比例加入溶胶液，置于 55 ℃水浴中，其间每 2 min 颠倒混匀，以加速胶体的溶解，直至胶完全溶解。

5. 吸附：将吸附柱放入 2 mL 收集管中，将胶溶液转移到吸附柱中，9000 r/min 离心 30 s，倒掉收集管中的废液，将吸附柱放入同一收集管中；非割胶的酶切质粒溶液中加入60 μL无菌水后，再加入 500 μL 溶胶液混匀，装柱，9000 r/min 离心 30 s，然后倒掉收集管中的废液，将吸附柱放入同一收集管中。

6. 漂洗：加入 500 μL 漂洗液，12000 r/min 离心 30 s。重复漂洗一次。弃去废液后，将柱子放回收集管，空管再以 12000 r/min 离心 1 min(漂洗液含有乙醇，漂洗后再次离心，尽量去除多余溶液)。

7. 洗脱：将吸附柱放入新的 1.5 mL 离心管中，在柱子的膜中央(注意位置是膜中央)加洗脱液 25 μL，室温放置 1～2 min，12000 r/min 离心 1 min，然后去掉柱子，收集管内即为纯化产物。电泳确认后，可立即用于 DNA 的连接实验或保存于−20 ℃备用。

【注意事项】

1. 进行分离 DNA 片段的电泳时，应先清洗电泳槽，并使用新的电泳液。电泳时尽可能采用低电压，如 50 V。电泳后的胶需放在干净的塑料膜上进行切割处理，使用无污染的干净刀片，割胶一定要割得尽可能小。

2. 溴化乙锭染色后的 DNA 易受紫外光破坏，通常使用 254 nm 波长的紫外线进行观察，而切胶时使用 300～360 nm 长波紫外灯并置于暗室。切胶时间尽量短，以减少紫外线对 DNA 造成的损伤。

NOTE

3. 过柱前，胶块必须完全溶解，否则会堵塞柱子，严重影响 DNA 的回收率。由于线状 DNA 长时间暴露在高温条件下易于水解，将凝胶切成细小的碎块可大大缩短凝胶溶解的时间，从而提高回收率。

4. 在常规的 DNA 纯化实验中可选择任意的 DNA 纯化试剂盒。如果 PCR 产物是单一的条带，可直接用试剂盒进行纯化，去除多余的小片段和离子，以便和载体连接。此外，质粒或 PCR 产物经酶切后，小于 100 bp 的片段可直接过柱除去，不需要电泳割胶。

思考题答案

【思考题】

1. 如何有效提高凝胶纯化 PCR 产物的效率?

2. 简述 DNA 凝胶回收试剂盒提纯的原理。

3. DNA 片段的连接

【实验目的】

掌握 DNA 体外连接的方法，利用 T_4 DNA 连接酶，将回收的 DNA 片段和质粒片段实现定向连接，在体外对来自不同生物的 DNA 片段进行连接，以构建新的重组 DNA 分子。

【实验原理】

质粒与外源靶基因被限制性酶切割（消化）后其末端有三种形式：①带有自身不能互补的黏性末端，由两种以上不同的限制性酶进行消化后产生；②带有相同的黏性末端，由相同的酶或同尾酶处理所致；③带有平末端，由产生平末端的限制性酶消化产生，或由 DNA 聚合酶补平所致。在限制性酶作用下产生的 DNA 片段，虽然可通过氢键使黏性末端互补配对结合在一起，但这些氢键不足以维持稳定的结合。DNA 连接酶（ligase）可以催化双链 DNA 中相邻碱基的 5′-磷酸和 3′-羟基间形成稳定的磷酸二酯键，利用 DNA 连接酶可以将适当切割的载体 DNA 与靶基因 DNA 进行共价连接（图 4-2-3）。

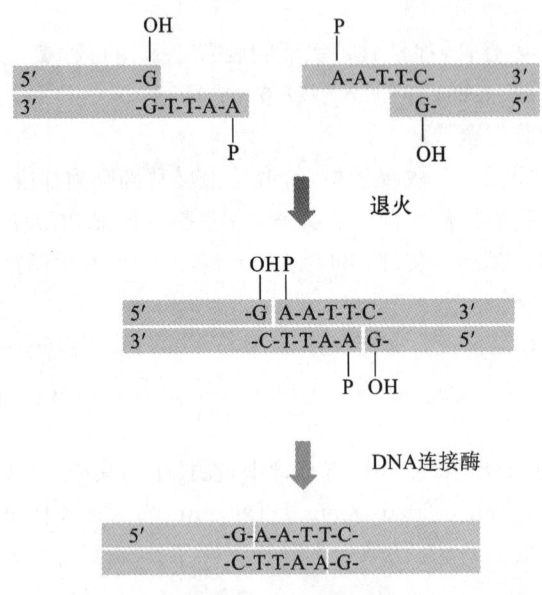

图 4-2-3 连接酶的作用

1. 相同黏性末端（cohesive end）连接法：①如果外源 DNA 和载体 DNA 均用相同的单一限制性酶切割，则两种 DNA 分子含有相同的黏性末端，因此混合后在连接酶的作用下可以形成共价结合的重组 DNA 分子。但经单一酶处理的外源靶基因 DNA 片段在重组分子中可能存在正反两种方向，并且载体很容易形成自身环化。②用两种不同的限制性酶消化特定的 DNA 分子，将会产生两种不同的黏性末端。如果用同一组限制性酶消化外源 DNA 片段与载体 DNA，然后进行连接，就可以使靶基因定向插入载体分子。即经两种非同尾酶处理的外源 DNA 片段只有一种方向与载体 DNA 重组。③用两种同尾酶(不同的限制性酶，但能产生相同类型的黏性末端)分别切割外源 DNA 片段和载体 DNA，由于产生的黏性末端相同，因而也可方便连接。但多数同尾酶产生的黏性末端一经连接，重组分子便不能用任何一种同尾酶在相同的位点切开。如 *Bam*H Ⅰ(识别序列 5′-G↓GATCC-3′)水解的 DNA 片段与 *Bgl* Ⅱ(识别序列 5′-A↓GATCT-3′)切开的片段连接后，所形成的重组分子在两个原切点处均不能被 *Bam*H Ⅰ和 *Bgl* Ⅱ切割，这种现象称为酶切口的“焊死”作用。只有在少数情况下，由两种同尾酶产生的黏性末端经连接后可被其中一种酶切开。

2. 平末端(blunt end)连接法：具有普遍的适应性，如 *Sam* Ⅰ产生的平末端不仅能与 *Sam* Ⅰ切出的平末端或其他限制性酶切出的平末端连接，而且能与补平后的 3′-凹端或削平后的 3′-突出端及 5′-突出端相连接。但平末端的连接效率很低，只有黏性末端连接效率的 1%～10%，且存在正反两种方向的连接问题。

3. 不同黏性末端的连接：不同的黏性末端原则上无法直接连接，但可以将它们用补平和切平的方法转化为平末端后再进行连接，所产生的重组分子往往会增加或减少几个碱基对，并且破坏了原来的酶切位点，使重组的外源 DNA 片段无法利用原先处理的酶进行回收；若连接位点位于基因编码区内，则会破坏开放阅读框，使之不能正确表达。不同黏性末端转化为平末端的方法：①对于具有 5′-突出端的 DNA 分子，用 Klenow 酶补平；②对于具有 3′-突出端的 DNA 分子，用 T_4 DNA 聚合酶切平。这两种 DNA 分子就可混合进行连接。

4. 同聚物加尾连接法：利用末端转移酶在 DNA 片段的 3′-端添加同聚物，形成 3′-碱基的延伸(3′-黏性末端)。末端转移酶可以不需要模板，在线状 DNA 分子末端加上脱氧核苷酸残基，并且该酶不具有特异性，4 种 dNTP 均可作前体物。因此，可以产生由单一核苷酸所构成的 3′-同聚物末端。如在载体 DNA 的 3′-末端加一小段 poly(A)或 poly(C)，而靶基因的 3′-端加一小段 poly(T)或 poly(G)。最后根据碱基互补配对用 DNA 连接酶连接，使靶基因和质粒载体形成环状重组分子。

DNA 连接酶的作用是填补(封闭)双链 DNA 上相邻核苷酸之间的单链缺口，使之形成磷酸二酯键。DNA 连接酶因所需的辅助因子不同，可以分为需要 ATP 参与的 T_4DNA 连接酶与需要 NAD(烟酰胺腺嘌呤二核苷酸)参与的 *E. coli* DNA 连接酶两大类。常用的是 T_4DNA 连接酶。T_4DNA 连接酶来自 T_4 噬菌体感染的 *E. coli*，它催化 DNA 上相邻的 3′-OH 与 5′-磷酸之间形成磷酸二酯键，具有连接亲和(相互匹配)黏性末端 DNA 以及平末端 DNA 的作用，但平末端 DNA 的连接反应低于黏性末端。影响基因连接的主要因素如下。①连接酶的用量：通常酶浓度高，反应速度也快；但连接酶浓度过高，也会影响连接效果。②作用的时间与温度：虽然 DNA 连接酶的最适温度是 37 ℃，但在 37 ℃时黏性末端之间的氢键结合不稳定，不足以抗御热破裂作用。通常采用的温度介于酶作用速率与末端结合速率之间，即一般采用 16 ℃、连接 12～16 h，这样既可以最大限度地发挥连接酶的活性，又有助于短暂配对结构的稳定。③底物浓度：载体与靶基因最好采用等物质的量进行连接。

对于单一酶切处理、提纯的质粒 DNA，为了防止线状质粒 DNA 自身环化，在连接前常用碱性磷酸酶(CIAP 或 BAP)处理，选择性地除去 5′-端的磷酸基。这样载体的环化作用只有在插入一个未用碱性磷酸酶处理的外源 DNA 片段后才可进行，因为每个连接点仍提供一个 5′-端的磷酸基。此时还存在一个未连接的切口，待细胞转化后，可在细胞体内进行切口修复，形成完整的双链 DNA。

【实验材料、试剂与仪器】

1. 材料：酶切且纯化后的靶基因 DNA 片段与载体 DNA 片段(实验 3.2)。

2. 试剂：T_4DNA 连接酶，10×连接缓冲液，DNA 纯化试剂盒。

3. 仪器及耗材：离心管(5 mL)、恒温培养箱(16 ℃)、离心机、微量移液器、吸头、制冰机、冰盒。

【实验步骤】

（一）DNA 脱磷酸

1. 取适当限制性酶消化后的载体 DNA，用试剂盒或苯酚-氯仿抽提、乙醇沉淀进行纯化，将 DNA 溶于 30 μL TE 缓冲液中。

2. 如果是单酶切的情况，需要进行脱磷酸化处理(表 4-2-7)。

表 4-2-7　脱磷酸化处理反应体系

反应成分	体积
DNA	30 μL
10×CIAP 缓冲液	5 μL
碱性磷酸酶 CIAP(10 U/μL)	1 μL
双蒸水	添加至 50 μL

3. 37 ℃条件下保温 1 h。

4. DNA 过柱纯化，溶于适量的 TE 缓冲液中，－20 ℃下保存备用。

（二）DNA 连接

1. 5 mL 离心管中加入 2 μL 酶切后的载体 DNA 与 6 μL 外源 DNA 片段。

2. 加入 1 μL(1/10 体积)10×DNA 连接缓冲液以及 1 μL DNA 连接酶，如表 4-2-8 所示。

表 4-2-8　DNA 片段连接反应体系

反应成分	体积
酶切的靶基因 DNA	6 μL(约 0.2 μg)
酶切质粒 DNA	2 μL(约 0.05 μg)
10×连接缓冲液	1 μL
T_4DNA 连接酶	1 μL(1 U)
双蒸水	添加至 10 μL

3. 盖好盖子，手指轻弹混匀后，用离心机将液体全部集中到管底。

4. 16 ℃条件下保温过夜(12～16 h)。

5. 利用宿主的感受态细胞进行转化实验，或者将连接产物置于 4 ℃或－80 ℃条件下保存备用。

【注意事项】

1. 本实验方案适合于连接黏性末端 DNA 片段，如果用于平末端 DNA 片段的连接，必须加大连接酶用量，一般为黏性末端 DNA 片段连接用量的 10～100 倍。在连接带有黏性末端的 DNA 片段时，DNA 浓度一般为 2～10 mg/mL；在连接平末端时，DNA 浓度为 100～200 mg/mL。

2. 一般载体 DNA 与靶基因进行连接时采用 1∶(1～3)的物质的量的比。若为 1∶1，则 pUC18 为 3.2 kb，靶 DNA 为 1.2 kb，则使用 pUC18∶靶 DNA 为 2.7∶1 的质量比进行连接反应。插入片段的长度和序列的变化会影响和同一载体的连接效果。每一个连接反应都需要做实验，来选择最佳的载体和插入片段的物质的量之比。

3. 进行连接反应时保温的时间和温度也需优化。一般而言，平末端在 22 ℃时保温4～16

h，黏性末端在22 ℃时保温3 h，或16 ℃时保温16 h。大多数连接反应用T_4DNA连接酶，但大肠杆菌的DNA连接酶可用于黏性末端的连接，平末端连接时用此酶活性较低。

4. 载体和插入片段的纯度应较高，溶解的溶剂最好使用灭菌的双蒸水而不是TE缓冲液，TE缓冲液中含有离子，可能影响连接反应。连接反应液可以直接用于转化，当转化DNA量较大或者利用电击转化时，应先纯化DNA。

5. 如果质粒单酶切后要进行连接，就需要先进行脱磷酸化处理。实现定向连接，需要选择限制性酶。一般要采用生物信息软件分析外源片段的酶切位点，选择外源片段无而载体多克隆位点有的限制性酶切位点；外源片段的5′-端可以通过引物，采用PCR方法获得两个不同的限制性酶切位点。

【思考题】

思考题答案

1. 影响DNA连接反应的因素有哪些？
2. 不同限制性酶处理的DNA片段之间可以进行连接吗？为什么？
3. 如何防止线状质粒的自身环化？

（台州学院　龚莎莎）

NOTE

实验四　大肠杆菌感受态细胞的制备与转化

1. 大肠杆菌感受态细胞的制备

【实验目的】

1. 掌握感受态细胞制备的原理和方法。

2. 了解影响细胞感受态的因素。

3. 能利用 $CaCl_2$ 法制备大肠杆菌的感受态细胞，用于重组质粒的转化。

【实验原理】

DNA 重组分子体外构建完成后，必须导入特定的受体（宿主）细胞，使之无性繁殖并大量扩增外源基因，这个过程称为重组 DNA 分子的转化（transformation）。在原核生物中，转化是一个普遍的现象。是否发生转化，一方面取决于供体菌与受体菌两者的亲缘关系，另一方面还与受体菌是否处于感受态有很大的关系。所谓感受态，即指受体细胞最易接受外源 DNA 片段并实现其转化的一种生理状态，它由受体菌的遗传性所决定，同时也受菌龄、外界环境因子等影响。细胞的感受态一般出现在对数生长期，新鲜幼嫩的细胞是制备感受态细胞（competent cell）和进行成功转化的关键。据报道，cAMP 可以使细胞感受态水平提高 10000 倍，而 Ca^{2+} 也可大大促进转化的作用。

对于 Ca^{2+} 诱导的细胞转化而言，菌龄、$CaCl_2$ 处理时间、感受态细胞的保存期以及热击（heat shock）时间均是重要的因素。首先，将处于对数生长期的细菌放入冰浴中使其停止生长，然后将菌株置于低温预处理的低渗 $CaCl_2$ 溶液中，使细胞膨胀，细胞膜磷脂层形成液晶结构，位于外膜与内膜间隙中的部分核酸酶离开所在区域，这就构成了大肠杆菌人工诱导的感受态。制备好的感受态细胞通常在 12～24 h 内转化率最高，之后转化率急剧下降。$CaCl_2$ 法简便易行，其转化率完全可满足一般实验的要求，制备出的感受态细胞暂时不用时，可加入占总体积 15％的无菌甘油保存在 −80 ℃冰箱中，因此 $CaCl_2$ 法使用很广泛。此外，在细胞转化过程中，Mg^{2+} 的存在对 DNA 的稳定性起很大的作用，$MgCl_2$ 与 $CaCl_2$ 对大肠杆菌某些菌株感受态细胞的建立具有独特的协同效应。

要根据载体的性质以及实验目的选择合适的受体细胞，如 pUC 系列的载体带有 *lac* Z′基因，一般采用 DH5α、DH10B、JM109、Top10 菌株。pUC 系列的质粒具有 *lac* Z 的 α 片段，而具有 *lac* ZΔM15 基因型的 DH5α 等菌株能表达与 α 片段互补的 ω 片段。因此当受体细胞中导入不带有外源基因的质粒 pUC，便具有 *lac* Z 的 β-半乳糖苷酶（β-galactosidase）活性；而导入插入外源基因的质粒 pUC 时，则不具有 β-半乳糖苷酶活性。β-半乳糖苷酶能将其底物——无色的化合物 X-gal 分解，产生半乳糖和深蓝色的化合物，使菌落呈现蓝色，从而可以筛选出插有外源基因质粒的白色菌落。

【实验材料、试剂与仪器】

1. 材料：大肠杆菌 DH5α、Top10 等具有与 α 片段互补能力的菌株、pBSSK 或 pUC19 质粒。

2. 试剂

(1) $CaCl_2$ 溶液：60 mmol/L $CaCl_2$、15％甘油，pH 7.2，4 ℃下保存。

(2) SOB 培养基：20 g/L 胰蛋白胨、5 g/L 酵母提取物、10 mmol/L NaCl、2.5 mmol/L KCl、10 mmol/L $MgCl_2$、10 mmol/L $MgSO_4$，调节 pH 至 7.0。

(3) LB 液体培养基：10 g/L 胰蛋白胨、5 g/L 酵母提取物、10 g/L NaCl，调节 pH 至 7.2，121 ℃下高压蒸汽灭菌 30 min。

(4) 10％甘油。

(5) 液氮。

3. 仪器及耗材：小试管、三角瓶、摇床、分光光度计、超净工作台、离心管、牙签、制冰机、冰盒、微量移液器、吸头。

【实验步骤】

(一) 细菌感受态少量制备法

1. LB平板上挑取新活化的大肠杆菌 DH5α 单菌落，接种于 5 mL LB 培养基中，37 ℃下振荡培养过夜。

2. 取 100 μL(1%～3%的接种量)培养液转接于 5 mL LB 液体培养基中，37 ℃下振荡培养2～4 h，使 A_{600} 达到 0.4～0.6。

3. 取培养液 1.5 mL 移至离心管中，冰浴 20 min，使其停止生长。

4. 4 ℃下 3000 r/min 离心 5 min，弃去上清液。

5. 加入 0.6 mL 预冷的 $CaCl_2$ 溶液，用移液器轻轻吹打。

6. 冰浴 20～30 min 后，4 ℃下 3000 r/min 离心 5 min，尽可能地弃去上清液。

7. 细胞沉淀用 80 μL 预冷的 $CaCl_2$ 溶液悬浮。冰浴放置，备用。

(二) 电转化法制备感受态细胞

1. 取－80 ℃冰箱中保存的菌种划单菌落，过夜培养 16～20 h。

2. 将新鲜的单菌落接种于含 5 mL SOB 培养基的试管中，37 ℃下 180 r/min 振荡培养过夜。

3. 取培养物 500 μL(1%接种量)转接入含 50 mL SOB 培养基的 500 mL 摇瓶中，37 ℃下 200 r/min 振荡培养至 A_{600} 约为 0.5，将细菌培养物置于冰水混合物中骤冷 30 min。

4. 将菌液转移至预冷的 50 mL 离心管中，于 4 ℃下 5000 r/min 离心 5 min。收集菌体，弃去上清液。

5. 用预冷的无菌去离子水轻轻重悬菌体，先加入少量水重悬菌体，然后把水加满，4 ℃下 5000 r/min 离心 5 min，弃去上清液。

6. 用10%甘油重复步骤 5 两次，4 ℃下 5000 r/min 离心 5 min，最后一次倒尽上清液后用残存管底的甘油悬浮细胞。

7. 以每管 100 μL 分装悬浮细胞至数个离心管中。

8. 放入液氮中速冻，保存于－80 ℃冰箱中。

9. 在被细菌污染的桌面上喷洒 70%乙醇，擦干桌面。

【注意事项】

1. 感受态细胞制备应该在严格的无菌条件下进行，谨防杂菌污染。实验中凡涉及溶液的移取、分装等需要敞开实验器具的操作，均应在超净工作台中进行，以防污染。盖紧离心管盖，以免反应液溢出或外面液体进入而造成污染。

2. 不要使用经过多次转接或储存于 4 ℃的培养菌，细胞最好是从－80 ℃或－20 ℃甘油保存的菌种中直接转接用于制备感受态细胞的菌液；或挑取单菌落后用于感受态细胞的制备。

3. 制备感受态细胞的培养时间最好以吸光度 A 来确定。对某种菌株在培养后不同时间取样测定 A_{600}，比较不同吸光度时细胞的转化率，以确定对该种菌株的最佳 A。细胞培养完毕后一定要骤冷，在冰水混合物中摇动瓶子约 10 min，使培养物在短时间内迅速冷却。

4. 培养后的离心操作一定要在低温下进行，所用的水、甘油、$CaCl_2$ 溶液、离心管都要在冰上预冷。整个操作均需要在冰上进行，否则细胞转化率将会降低。

5. 感受态细胞制备过程中的离心应在低温低速(3000～5000 r/min)条件下进行。

NOTE

思考题答案

【思考题】

1. 制备感受态细胞的原理是什么?

2. 制备感受态细胞时,应特别注意哪些环节?

2. 重组质粒的转化

【实验目的】

掌握重组质粒 DNA 的转化方法。把体外重组的 DNA 引入受体细胞中,使其具有新的遗传性状,并从中筛选出转化子。

【实验原理】

转化(transformation)是将外源 DNA 分子引入受体细胞,转化过程所选用的受体细胞一般是限制、修饰系统缺陷的菌株,即不含限制性内切核酸酶和甲基化酶的突变体(R^-、M^-),它可以容忍外源 DNA 分子进入细胞内并稳定地将其遗传给后代。受体细胞经过一些特殊方法(如使用 $CaCl_2$ 等化学转化法或电击法)处理后,细胞膜的通透性发生了暂时性的改变,成为能允许外源 DNA 分子进入的感受态细胞。进入受体细胞的 DNA 分子通过复制、表达,实现遗传信息的转移,使受体细胞出现新的遗传性状。

重组 DNA 导入的受体细胞有原核细胞和真核细胞两类。前者包括大肠杆菌、枯草杆菌等;后者包括酵母菌、哺乳动物细胞、昆虫细胞等。原核细胞作为受体,既可作为基因文库(由克隆载体组建)的复制、扩增场所,也可作为外源基因的表达系统。而真核细胞受体一般仅作为基因的表达系统。

常用的大肠杆菌转化方法如下。

(1) 化学转化法:利用 $CaCl_2$ 处理感受态受体细胞,然后加入外源 DNA,Ca^{2+} 与 DNA 结合形成抗脱氧核糖核酸酶(DNase)的羟基-磷酸钙复合物,并黏附在细菌细胞膜的外表面上;经 42 ℃短暂热休克(heat shock)处理后,细菌细胞膜的液晶结构发生剧烈扰动,随之出现许多间隙,致使通透性增加,DNA 分子便趁机进入细胞内。热休克后,需使受体菌在不含抗生素的培养液中生长半小时以上,使其表达足够的蛋白质,以便能在含抗生素的平板上生长菌落(图 4-3-1)。$CaCl_2$ 法的转化率可达每微克质粒 DNA 含 $5\times10^6\sim2\times10^7$ 个转化子。

(2) 电击法(electroporation,即电转化法):一种电场介导的细胞膜可渗透化处理技术,对预先制备好的感受态细胞施加短暂、高压的电脉冲,可在受体细胞质膜上形成纳米级大小的微孔通道,使外源 DNA 能直接通过微孔,或作为微孔闭合时所伴随发生的膜组分而进入细胞质中。对于大肠杆菌来说,将 50~100 μL 的细菌与 DNA 样品混合,置于装有电极的杯内,选用大约 25 μF(微法拉第)、3 kV 和 200 Ω 的电场强度处理 4.6 ms,即可获得理想的转化率,转化率可达每微克质粒 DNA 含 $10^9\sim10^{10}$ 个转化子。电转化法能转化大于 100 kb 的质粒 DNA,但其转化率是小质粒(约 3 kb)的 1/1000。

重组 DNA 的转化率一般在 0.1%以下。为了提高转化率,要考虑影响转化率的几个重要因素:①受体细胞,一般是限制-修饰系统缺陷的突变株,可容忍外源 DNA 分子进入体内并稳定地遗传给后代。此外,受体细胞生长的状态和密度也很重要,细胞生长密度以刚进入对数生长期为佳,可通过监测培养液的 A_{600} 来控制。②载体 DNA 及重组 DNA,载体本身的性质决定了转化率的高低,载体的空间构象也对转化率有明显影响。超螺旋结构的载体质粒(covalently closed circular DNA,cccDNA)往往具有较高的转化率,经体外酶切连接操作后的载体 DNA 或重组 DNA 由于空间难以恢复,其转化率一般比具有超螺旋结构的质粒低两个数量级。对于相对分子质量较大的质粒,插入片段越大,其转化率越低。此外,重组 DNA 的构型也与转化率有关,在受体细胞中环状重组 DNA 分子不易被宿主核酸酶水解,其转化率较相对分子质量相同的线状重组质粒高 10～100 倍。③在操作方面，一般未经特殊处理的培养细胞对重组 DNA 分子不敏感，难以转化成功。④转化体系中重组 DNA 的浓度与纯度对转化率也有一定影响。在一定的浓度范围内，浓度越高，转化率越高。1 ng cccDNA 即可使 50 μL 感受态细胞达到饱和。通常 DNA 溶液的体积不应超过感受态细胞体积的 5%～10%；重组 DNA 纯度越高，转化率越高。

【实验材料、试剂及仪器】

1. 材料：连接产物(实验 3.3)、大肠杆菌感受态细胞。

2. 试剂

(1) X-gal 储备液(20 mg/mL)：用二甲基甲酰胺溶解 X-gal 配制成 20 mg/mL 的储备液，包以铝箔或黑纸以防受光照破坏，−20 ℃下保存。使用时，每 20 mL 培养基中加入 40 μL X-gal 储备液涂平板。

(2) IPTG 储备液(100 mmol/L)：在 900 μL 蒸馏水中溶解 100 mg IPTG 后，用蒸馏水定容至 1 mL，用 0.22 μm 滤膜过滤除菌，每份 0.1 mL 分装并储于−20 ℃。使用时，每 20 mL 培养基中加入 20 μL IPTG 储备液涂平板。

(3) 氨苄青霉素(Amp)储备液(100 mg/mL)：称取 5 g Amp 置于 50 mL 离心管中，加入 40 mL 灭菌水，充分溶解后，定容至 50 mL；用 0.22 μm 滤膜过滤除菌，每份 1 mL 分装并储于−20 ℃下备用。工作液浓度为 100 μg/mL。

(4) LB 液体培养基：10 g/L 胰蛋白胨、5 g/L 酵母提取物、10 g/L NaCl，调节 pH 至 7.2，121 ℃高压蒸汽灭菌 30 min，固体培养基另加琼脂粉 12～15 g。

(5) 含 Amp 的 LB 固体培养基：将配好的 LB 固体培养基高压蒸汽灭菌后冷却至 60 ℃左右，加入 Amp 储备液，使 Amp 终浓度为 100 μg/mL，摇匀后铺板。

(6) SOB 培养基：20 g/L 胰蛋白胨、5 g/L 酵母提取物、10 mmol/L NaCl、2.5 mmol/L KCl、10 mmol/L $MgCl_2$、10 mmol/L $MgSO_4$，调节 pH 至 7.0。

(7) SOC 培养基：50 mL SOB 中加入 1 mL 1 mol/L 葡萄糖，每管分装 1 mL，冻存于−20 ℃下备用。

(8) 10%甘油：使用分子生物学实验级别的甘油。

3. 仪器及耗材：超净工作台、低温离心机、恒温水浴锅(42 ℃)、小试管、牙签、恒温培养箱(37 ℃)、培养皿、电泳仪、制冰机、冰盒、离心管、微量移液器、吸头、电转化仪。

【实验步骤】

(一) $CaCl_2$ 转化法

1. 准备含有适当 Amp 的 LB 培养基平板培养皿。

2. 取一管大肠杆菌感受态细胞(80～100 μL)，立即置于冰上。

3. 加入重组质粒(质粒与靶基因)的连接产物 8 μL，轻轻振荡混匀，冰浴 20 min。

4. 轻轻混匀后，置于 42 ℃水浴热休克 90 s(或 37 ℃条件下保温 5 min)，然后迅速放入冰中，冰浴 2 min。

5. 加入 1 mL LB 培养液(不含抗生素)，混匀后，37 ℃振荡培养 40 min～1 h(160 r/min)，使细胞恢复正常生长状态，并表达质粒携带的抗生素抗性基因。

6. 将上述菌液摇匀后取 100 μL 吸至含有 Amp 的 LB 培养基平板培养皿上，用涂布棒涂布均匀。如果载体和宿主菌适合蓝白斑筛选，需另加入 40 μL 20 mg/mL X-gal 和 20 μL 100 mmol/L IPTG，均匀涂布。

7. 剩余的菌液经 3000 r/min 离心 5 min。

8. 弃去 900 μL 上清液，余下的 100 μL 样品用移液器轻轻混匀，吸至含有 Amp 的 LB 培

养基平板上，另加入 40 μL 20 g/L X-gal 和 20 μL 100 mmol/L IPTG，均匀涂布。

9. 在培养皿上做好标记，先放置在 37 ℃恒温培养箱中 30～60 min，直到表面的液体都渗透培养基，再将上述平板倒置培养过夜(16～24 h)。

10. 在被细菌污染的桌面上喷洒 70%乙醇，擦干桌面。

（二）电转化法

1. 将电击杯(cuvette)放在冰上预冷，冻存的感受态细胞取出于冰上融化。

2. 取 100 μL 感受态细胞加入 1 μL 已纯化的连接液(或加入 0.5 μL 未纯化的连接液)，小心混匀，冰上放置 20 min。

3. 将混合液加入预冷的电击杯中，注意擦干杯外的水，防止电火花。放入电转化仪的反应槽内，接上电源。

4. 25 μF、3 kV 和 200 Ω(BioRad 电转化仪)条件下电击处理，时间为 4.5～5 ms(其值越大说明感受态细胞中离子去除越彻底)。

5. 听到蜂鸣声后，向电击杯中迅速加入 1 mL 37 ℃保温的 SOC 液体培养基，将混合液吸出，转移到 1.5 mL 离心管中。

6. 37 ℃下 160 r/min 复苏培养 40 min～1 h，使其充分表达抗生素抗性基因。

7. 取适量涂平板，将平板倒置在培养箱中，37 ℃下培养 16～24 h。

【注意事项】

1. 用于转化的质粒 DNA 主要是超螺旋 DNA，当加入的外源 DNA 的量过多或体积过大时，转化率会降低。一般情况下，进行转化时质粒 DNA 的体积不应超过感受态细胞体积的 1/10。

2. 42 ℃热处理时间很关键，温度要准确。后续的 37 ℃振荡培养时间切勿过长，否则会有很多的卫星菌落和轻微的菌膜干扰。

3. 转化后的大肠杆菌在含有适当 Amp 的培养基上培养，时间不超过 18 h，否则会出现卫星菌落而影响筛选。

4. 所有菌液涂平板操作应避免反复来回涂布，因为感受态细胞的细胞壁较脆，过多的机械挤压涂布会使细胞破裂、死亡，影响转化率。

5. 整个操作均应在无菌条件下进行，注意防止被其他试剂、DNA 酶或杂质 DNA 所污染，否则会影响转化率，为以后的筛选、鉴定带来不必要的麻烦。实验用的玻璃器皿、微量吸管和离心管等，应彻底清洗并消毒，表面去污剂、化学试剂的污染将大大降低转化率。

6. 电转化法需要特殊的仪器，并需用冰冷的超纯水多次洗涤处于对数生长期的细胞，以使细胞悬浮液中含有尽量少的导电离子，否则在电击过程中会出现火花。原核生物受体细胞的电击以 15 kV/cm 强度为最佳。电击电压应根据电击杯的厚度选择。

7. IPTG 是针对具有 *lac* I^q 基因型的大肠杆菌进行 *lac* Z 诱导表达而添加的。*lac* I^q 是 *lac* I的突变型，能产生大量阻遏蛋白，抑制 *lac* 基因的转录，防止 *lac* Z 基因渗漏表达。

【思考题】

思考题答案

1. 将质粒加入宿主细胞进行转化，在涂布于含有 Amp 的 LB 培养基平板前，为什么要在 LB 液体培养基中培养一段时间？

2. DNA 转化有哪些方法？各有什么特点？如何提高转化率？

3. 什么情况下转化平板上会出现卫星菌落？为什么会出现卫星菌落？

（台州学院　龚莎莎）

实验五 重组质粒的筛选和鉴定

【实验目的】

1. 学习与掌握阳性克隆的各种筛选方法。
2. 了解抗药性筛选和 α-互补筛选的基本原理。
3. 学习电泳法筛选、鉴定重组质粒的方法。
4. 通过筛选分析，鉴定出具有所需重组 DNA 分子的阳性克隆。

【实验原理】

经过转化的细胞，需要使用各种筛选与鉴定手段区分转化子(transformant)与非转化子。前者携带外源 DNA 分子，包括载体或重组 DNA 分子，因此又分为含有重组 DNA 分子的转化子和仅含有空载载体分子(非重组子)的转化子；后者未接纳载体或重组 DNA 分子。常用的筛选与鉴定方法有平板筛选法、电泳筛选法、PCR 检测法和 DNA 序列分析法。

1. 平板筛选法

通常经转化的受体细胞总数(包括转化子与非转化子)达 10^8～10^9，需将转化扩增物稀释后，均匀涂布在用于筛选的固体培养基上，依据载体 DNA 分子上的筛选标记赋予受体细胞在平板上的表型。如抗药性的获得或失去，会引起菌落在平板上生长或不生长；β-半乳糖苷酶的产生或失去，赋予菌落或空斑在平板的颜色变化等，使之长出肉眼可分辨的菌落。

(1) 互补筛选法(显色模型筛选法)：即通过在 X-gal 平板上的蓝、白色筛选重组子。常用的 pUC 与 pBluescript Ⅱ系列质粒带有 β-半乳糖苷酶基因的调控序列与 N 端 146 个氨基酸的编码序列(*lac* Z′)，该编码区插入了一个多克隆位点(MCS)，但并不影响该编码区的表达。大肠杆菌 DH5α 等菌株带有 β-半乳糖苷酶 C 端编码序列。在各自独立的情况下，质粒 pBSSK 和菌株 DH10B 编码的 β-半乳糖苷酶片段都没有酶活性。而在导入质粒载体的受体细胞中，经异丙基-β-D-硫代半乳糖苷(IPTG)诱导，pBSSK 合成的 β-半乳糖苷酶的 N 末端片段(即 α 肽段)，与宿主 DH10B 合成的 β-半乳糖苷酶缺陷的 ω 片段相互补，就能形成具有酶活性的完整蛋白质，这一过程称为 α-互补(α-complementation)(图 4-2-4)。β-半乳糖苷酶正常表达使得含有空载体的受体细胞在含色素底物 X-gal 培养基平板上形成蓝色菌落。但如果在载体的多克隆位点插入外源 DNA，将导致 β-半乳糖苷酶的 N 端失活，无法进行 α-互补，因此，携带外源基因重组质粒的转化子在 IPTG 诱导培养基上只能形成白色菌落。

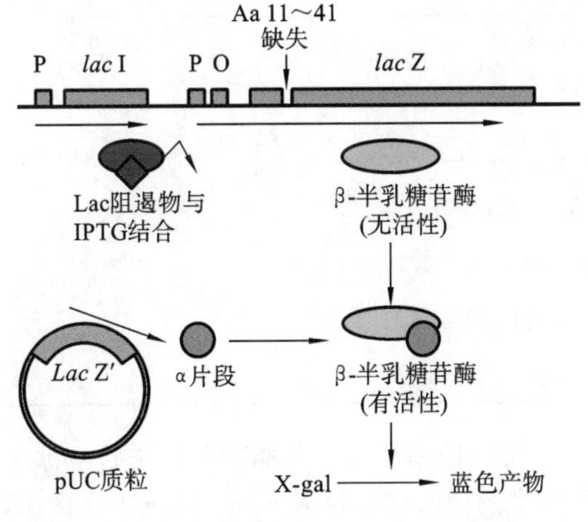

图 4-2-4 α-互补

(2) 营养缺陷型筛选法(标志补救筛选法)：利用营养突变株的标志补救特性来筛选重组子。在酵母中表达的基因常利用这种方式进行筛选。受体细胞因基因突变不能合成生长所需要的某种营养物质，如氨基酸或核酸，而载体分子上携带有该营养成分的生物合成基因，而这

NOTE

两者可以构成营养缺陷型的正选择系统。克隆的基因能够在宿主细胞中表达，而且表达的产物能与宿主菌的营养突变互补，就可以利用营养突变株进行筛选，即利用基本培养基，添加一些氨基酸或其他营养物质进行筛选。

2. 菌落 PCR 筛选法

利用菌落进行 PCR 扩增以检测构建质粒是否是所期望的重组质粒。细菌细胞内的重组 DNA 以裸露状态存在。在高温条件下，细菌细胞破裂，细胞内 DNA 暴露并因高温的作用而变性成为单链状态的 DNA，此时该 DNA 可作为模板用于 PCR，进而检测该 DNA 中是否含有重组的外源 DNA 序列。

3. 电泳筛选法

利用电泳法对提取的质粒进行琼脂糖凝胶电泳，测定它们的大小，并在酶切后用电泳进一步验证质粒的重组情况。对于初步筛选具有重组子的菌落，提取重组质粒，用相应的限制性酶（一种或两种）切割重组子释放插入片段，对于可能存在双向插入的重组子还可用适当的限制性酶鉴定插入方向，然后用凝胶电泳检测插入片段和载体的大小，进一步鉴定初筛结果。

【实验材料、试剂与仪器】

1. 材料及试剂：PCR 试剂盒：双蒸水、*Taq* DNA 聚合酶、10×缓冲液、$MgCl_2$、dNTP 混合物；LB 培养基、抗生素（Amp 或 Kan）、质粒提取相关试剂、限制性酶、10×缓冲液、苯酚-氯仿-异戊醇、预冷无水乙醇、预冷 70%乙醇、TE 缓冲液、6×上样缓冲液、琼脂糖、TBE 缓冲液、DNA 标准样品。

2. 仪器及耗材：牙签、离心管（1.5 mL、0.2 mL）、摇床、微量移液器、吸头、恒温水浴锅（37 ℃）、PCR 仪、低温离心机、微波炉、电泳槽、电泳仪、凝胶成像仪、烘箱（80 ℃）、平头镊子。

【实验步骤】

1. 转化后的细胞在含有抗生素（如 Amp）的 LB 平板上培养过夜后，在平板上会长出许多抗性菌落（转化子），其中有白色菌落（重组子）和蓝色菌落（非重组子）。

2. 直接挑取白色菌落到 10 μL 无菌水中悬浮，然后吸取 1 μL 菌悬液，利用特异性引物进行 PCR 以确定是否存在具有目的基因的重组质粒（表 4-2-9）。剩余的菌悬液可以用于培养和提取质粒。

表 4-2-9　重组质粒的 PCR 鉴定体系

反应成分	体积
菌悬液	1 μL
上游引物（10 μmol/L）	1 μL
下游引物（10 μmol/L）	1 μL
10×缓冲液（含 $MgCl_2$）	2 μL
dNTP 混合物（10 mmol/L）	0.5 μL
Taq DNA 聚合酶（5 U/μL）	0.5 μL
双蒸水	添加至 20 μL

3. PCR 结束后，取 5 μL 反应液用 8 g/L 琼脂糖凝胶进行电泳。

4. 将扩增后含有目的条带的菌落（液）接入 5 mL 含抗生素的 LB 培养基中，37 ℃下振荡培养过夜。

5. 取 1.5～3 mL 菌液抽提质粒（实验一），另取 0.5 mL 菌液至一新离心管中，于 4 ℃下保存备用。

6. 质粒抽提后溶解于 50 μL TE 缓冲液中。

7. 以空载质粒为对照，取 2～5 μL 抽提的质粒样品进行电泳，依据质粒大小初步确定是否有外源基因进入质粒。

8. 对初步确定有外源基因进入的质粒用限制性酶进行切割(表 4-2-10)，用于进一步的鉴定。

表 4-2-10 重组质粒的酶切鉴定体系

反应成分	体积/μL
重组质粒 DNA	10
双蒸水	7
10×通用缓冲液	2
*Bam*H Ⅰ(10 U/μL)	0.5
Hind Ⅲ(10 U/μL)	0.5
总体积	20

9. 37 ℃下保温 0.5～1 h，取 10～15 μL 样品进行电泳。

【注意事项】

1. 在含有 X-gal 和 IPTG 的筛选培养基上，携带载体 DNA 的转化子为蓝色菌落，而携带插入片段的重组质粒转化子为白色菌落。可以将培养后的平板置于 4 ℃冰箱中 1～3 h，使显色反应充分，蓝色菌落更明显。在蓝白斑筛选的平板上挑菌落，最好挑取蓝斑周围的白色菌落进行质粒抽提、酶切鉴定，这样可以避免由于 X-gal 与 IPTG 涂布不均匀而出现假阳性的情况。

2. 转化后的大肠杆菌必须在含有适当抗生素(如 Amp、Kan)的 LB 培养基中进行培养，然后抽提质粒，且抽提质粒时所挑菌落必须是单菌落。

3. 如果进行补平与削平处理后的连接或者同尾酶酶切的连接，前面使用的限制性酶就不能使用，即被“焊死”。此外，不同限制性酶处理的平末端连接后，一般也不能再被切开。

4. 限制性酶切后进行电泳，有时会发生电泳带无法确认、电泳带扩散、电泳带距离异常等问题。可在样品中加入一些蛋白质变性剂(如 SDS，使其终浓度在 1 g/L 左右)，可以改善电泳的效果。

【思考题】

1. 利用 α-互补现象筛选带有插入片段的重组克隆的原理是什么？

2. 质粒转化后，如何挑选菌落接种进行阳性克隆的筛选？

思考题答案

(台州学院　龚莎莎)

第三节　目的基因的诱导表达与鉴定

实验一　目的基因的诱导表达

【实验目的】

通过 IPTG 诱导外源基因在大肠杆菌中表达。

【实验原理】

大肠杆菌系统遗传背景清楚，生长速度快，培养成本低，基因重组操作技术成熟，对许多蛋白质有很强的耐受能力，因而成为许多异源蛋白质的首选表达系统。

本实验利用包含 *Lac* 操纵子序列、*Lac* I 基因的以 T7 启动子为基础的 pET 表达载体，经 IPTG 的诱导，在大肠杆菌中表达外源基因。*Lac* I 基因产生阻遏蛋白并与 *Lac* 操纵子序列(*Lac* O)结合，从而抑制基因的转录及表达，当向培养基中加入诱导物 IPTG 时，阻遏蛋白与诱导物结合变构而不能再结合到 *Lac* 操纵子序列上，则下游基因大量转录并高效表达。

大肠杆菌 BL21(DE3)是 BL21 菌株中整合有噬菌体 DE3 区即噬菌体 DE3 的溶原菌，噬菌体 DE3 是 λ-噬菌体的衍生株，含有 *Lac* I 抑制基因(编码表达 Lac 阻遏蛋白)，*Lac* UV5 启动子及其下游的 T7 RNA 聚合酶基因。T7 噬菌体启动子的转录完全依赖于 T7 RNA 聚合酶(而高活性的 T7 RNA 聚合酶合成 mRNA 的速度比大肠杆菌 RNA 聚合酶快 5 倍，诱导表达后目的蛋白通常可以占到细胞总蛋白的 50%以上)。pET 载体带有 T7 *Lac* 启动子，启动子的下游为可插入重组 DNA 片段的多克隆位点，该载体还携带一段 *Lac* I 抑制基因，编码表达 *Lac* 阻遏蛋白。*Lac* 阻遏蛋白可以作用于宿主染色体上 T7 RNA 聚合酶前的 *Lac* UV5 启动子并抑制其表达，也可作用于载体 T7 *Lac* 启动子，以阻断 T7 RNA 聚合酶导致的目的基因转录。为了进一步减小本底效应，还可在宿主菌中表达另一个可以结合并抑制 T7 RNA 聚合酶的基因——T7 溶菌酶，常用的带溶菌酶质粒有 pLysS 和 pLysE。因此非诱导条件下，目的基因完全处于沉默状态而不转录，从而避免目的基因对宿主细胞以及质粒稳定性的影响。通过 IPTG 诱导可高效表达 T7 RNA 聚合酶，同时去除了 T7 *Lac* 启动子上 *Lac* 阻遏蛋白的阻遏作用，即可大量表达靶蛋白(图 4-3-1)。

【实验材料、试剂与仪器】

1. 材料：BL21(DE3)菌株，pET 载体。
2. 试剂：培养基含氨苄青霉素的 LB 培养基，IPTG。
3. 仪器：无菌操作台，离心机，水浴装置，振荡培养箱。

【实验步骤】

1. 取重组菌挑取 1～2 个菌落，接种于 1 mL 含氨苄青霉素(Amp)的 LB 液体培养基中，37 ℃下振荡培养过夜。

2. 取 50 μL 过夜培养的重组菌接种于 5 mL 含 Amp 的 LB 液体培养基中，37 ℃下振荡培养 2 h。

3. 吸出 1 mL 未经诱导的培养物放于 1.5 mL 离心管中作为对照，剩余培养物中加入 IPTG 至终浓度为 1 mmol/L，继续培养。

4. 分别取培养 1 h 和 3 h 的样品液 1 mL 放于 1.5 mL 离心管中，室温下 10000 r/min 离心 1 min。

5. 沉淀悬于 20 μL 1×SDS 加样缓冲中，100 ℃水浴 3 min 变性，－20 ℃下保存(做蛋白质 SDS-PAGE 分析实验用)。

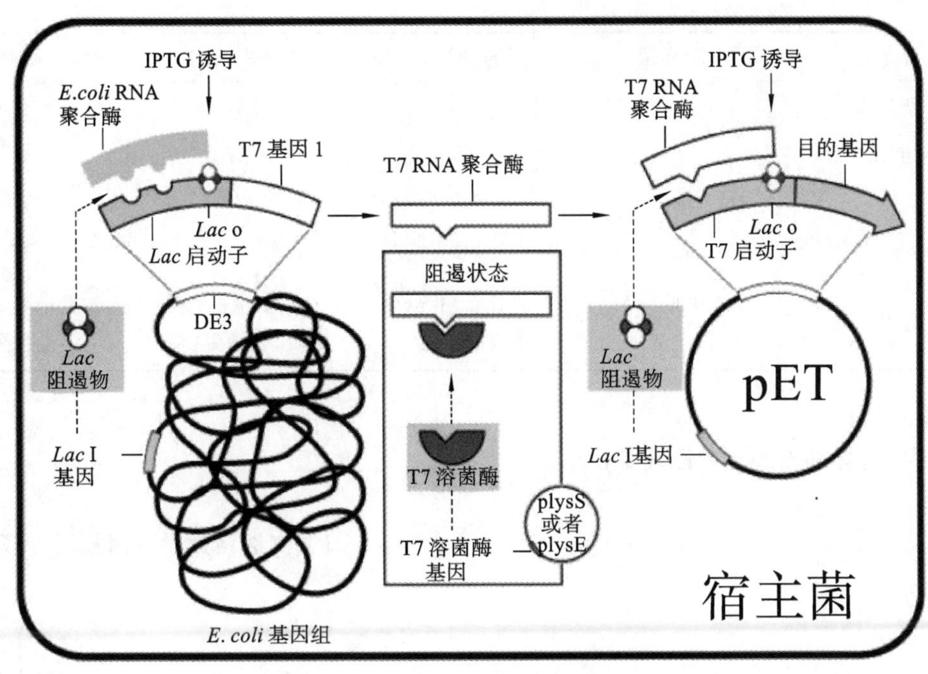

图 4-3-1 大肠杆菌重组表达过程示意图

【注意事项】

注意接种操作过程中防止杂菌污染，离心时注意配平。

【临床知识拓展】

在医学和生命科学的很多研究和应用领域中，如何获得大量、均一、高纯度、有活性的蛋白质是一个关键问题。现代重组蛋白表达技术为我们提供了多种选择：传统的大肠杆菌、酵母菌、昆虫细胞和哺乳动物细胞表达系统以及较新的植物和体外表达系统。每种表达系统都有很多成功的例子，但重组蛋白的特征不尽相同，没有任何一个系统和方法是普遍适用的，为目的蛋白选择一个恰当的表达系统成为表达工作的重中之重。表 4-3-1 简单地归纳了四种常见表达系统的特点及粗略的适用范围，仅供参考。

表 4-3-1 常用的表达系统的特点及适用范围

特点	大肠杆菌	酵母菌	昆虫细胞	哺乳动物细胞
流程	简单	简单	复杂	复杂
培养基	简单	简单	复杂	复杂
成本	低	低	中	高
产率	高	中	中	低
表达量	高	高	较高	较低
蛋白折叠	中	较好	较好	好
胞外表达	周质空间	分泌至培养基	分泌至培养基	分泌至培养基
细胞增殖周期	30 min	90 min	18 h	24 h
折叠	常有错误折叠	偶有不当折叠	正确折叠	正确折叠
二硫键	难以形成	有	有	有
N-糖基化	无	甘露糖残基，高	无唾液酸，简单	复杂

续表

特点	大肠杆菌	酵母菌	昆虫细胞	哺乳动物细胞
O-糖基化	无	有	有	有
磷酸化	无	有	有	有
酰化	无	有	有	有
γ-羧基化	无	无	无	有
适用	原核蛋白、简单真核蛋白	真核蛋白、分泌表达蛋白	真核蛋白、分泌表达蛋白	复杂高等真核生物蛋白

思考题答案

【思考题】

IPTG 诱导基因表达的原理是什么?

(遵义医科大学珠海校区　杨愈丰)

实验二 Western blotting 鉴定目的基因的表达

【实验目的】

1. 掌握蛋白质印迹(western blotting)的基本原理及应用。

2. 掌握蛋白质印迹的基本操作过程。

【实验原理】

免疫印迹(immunoblotting)又称蛋白质印迹(western blotting),它是根据抗原抗体的特异性结合检测复杂样品中的某种蛋白质的方法。首先将蛋白质转移到膜上,然后利用抗体进行检测。对已知表达蛋白,可用相应抗体作为一抗进行检测。

Western blotting 采用的是聚丙烯酰胺凝胶电泳,被检测物是蛋白质,“探针”是抗体,“显色”用标记的二抗。将经过 PAGE 分离的蛋白质样品转移到固相载体(例如硝酸纤维素薄膜)上,固相载体以非共价键形式吸附蛋白质,且能保持电泳分离的多肽类型及其免疫学特性不变。以固相载体上的蛋白质或多肽作为抗原,与对应的抗体起免疫反应,抗体再与酶标记的二抗起反应,经过底物显色以检测电泳分离的特异性蛋白质成分。由于 western blotting 具有 SDS-PAGE 的高分辨率和固相免疫测定的高特异性和灵敏度,现已成为蛋白质分析的一种常规技术,常用于鉴定某种蛋白质,并能对蛋白质进行定性和半定量分析,因此,广泛应用于检测蛋白质水平的表达。

肌动蛋白(actin)是细胞的一种重要骨架蛋白,主要有六种类型,β-肌动蛋白是其中一种类型。β-肌动蛋白广泛分布于各种组织和细胞的细胞质内,表达量非常丰富,其含量占所有细胞总蛋白的 50%,因此是常用的 western blotting 分析内参。β-肌动蛋白由 375 个氨基酸组成,相对分子质量为 42000~43000。本实验采用 western blotting 检测大鼠肝组织 β-肌动蛋白的表达。

【实验材料、试剂与仪器】

1. 材料:大鼠肝组织。

2. 试剂

(1) SDS-PAGE 试剂:见电泳实验。

(2) 匀浆缓冲液:1.0 mol/L Tris-HCl(pH 6.8)1.0 mL;10% SDS 6.0 mL;β-巯基乙醇 0.2 mL;双蒸水 2.8 mL。

(3) 转膜缓冲液:甘氨酸 2.9 g;Tris 5.8 g;SDS 0.37 g;甲醇 200 mL;加双蒸水定容至 1000 mL。

(4) 漂洗液(TBST):①配制 TBS 液:Tris 2.42 g,NaCl 29.2 g,溶于 600 mL 三蒸水中,再用 1 mol/L HCl 调节 pH 至 7.5,然后补加三蒸水至 1000 mL。②配制 TBST:TBS 液 500 mL,加吐温-20 250 μL。

(5) 封闭液:5%脱脂奶粉(现配):脱脂奶粉 1.0 g 溶于 20 mL 的 TBST 中。

(6) 膜染色液:考马斯亮蓝 0.2 g;甲醇 80 mL;乙酸 2 mL 双蒸水 118 mL。

(7) 显色液:DAB 6.0 mg;0.01 mol/L PBS 10.0 mL;硫酸镍铵 0.1 mL;H_2O 21.0 μL。

3. 仪器:转移电泳仪、硝酸纤维素膜或 PVDF 膜、滤纸、剪刀、手套、小尺等。

【实验步骤】

1. 蛋白质的抽提

取适量(250~500 mg)新鲜大鼠肝组织样品或液氮冻存的大鼠肝组织样品,加 1 mL 含蛋白酶抑制剂的匀浆缓冲液(或蛋白抽提试剂),匀浆后抽提总蛋白(或核蛋白)。4 ℃下,13000 r/min离心 15 min。取上清液作为样品。

Western blotting 的操作

2. 蛋白质的定量

按 BCA 蛋白质定量试剂盒操作说明操作，测定样品浓度。

3. SDS-PAGE

将准备好的样品液和预染蛋白 marker 分别上样，蛋白质相对分子质量标准物样品加进第一个孔中，电泳分离蛋白质。

4. 转膜(半干式转移)

(1) 电泳结束后将胶条切至合适大小，用转膜缓冲液平衡 3 次，每次 5 min。

(2) 膜处理：预先裁好与胶条同样大小的滤纸和甲醇处理的 PVDF 膜，浸入转膜缓冲液中 10 min。

(3) 蛋白质转移到 PVDF 膜：按 Bio-Rad 蛋白转移装置说明制作胶膜夹心，接通电源，恒电流大小为 1 mA，转移 30 min。转移结束后，断开电源将膜取出，切取待测膜条做免疫印迹。

5. Western blotting 膜的封闭和抗体孵育

(1) 用 TBST 洗膜 3 次，每次 5 min。

(2) 加入封闭液，平稳摇动，室温下静置 1 h。

(3) 弃封闭液，用 TBST 洗膜 3 次，每次 5 min。

(4) 加入一抗(按合适稀释比例用 TBST 稀释，液体必须覆盖膜的全部)，4 ℃下放置 1 h 或过夜。阴性对照，以 1% BSA 取代一抗，其余步骤与实验组相同。

(5) 弃一抗，用 TBST 分别洗膜 3 次，每次 5 min。

(6) 加入辣根过氧化物酶偶联的二抗(按合适稀释比例用 TBST 稀释)，平稳摇动，室温下静置 1 h。

(7) 弃二抗，用 TBST 洗膜 3 次，每次 5 min。

6. Western blotting 结果检测

加入适量显色液，膜与化学发光底物共孵育 3～5 min，经 X 胶片曝光显影。图片扫描保存为电脑文件，并用 GIS1000 分析软件将图片上每个特异条带的灰度值数字化。

【注意事项】

1. 对于不同的蛋白质要经过预实验确定最佳条件，如一抗、二抗的稀释度，作用时间和温度。

2. 显色液必须新鲜配制使用，最后加入 H_2O。

3. DAB 有致癌的潜在可能，操作时要小心仔细。

【临床知识拓展】

Western blotting 作为三大印迹技术之一，在生命科学领域和临床医学检查领域均有重要应用，主要包括特异性抗原的免疫检测、激素受体的检测、单克隆抗体的亲和纯化、细胞与蛋白质之间的相互作用、蛋白质与蛋白质之间的相互作用、糖蛋白的糖链结构分析和癌症等多种疾病的检测等。

【思考题】

思考题答案

1. 蛋白质印迹的特点是什么？

2. 请说明一抗、二抗在蛋白质印迹中的生物学功能。

3. 如何保存抗体？

(遵义医科大学珠海校区　杨愈丰)

第四节 RNA 干扰实验

【实验目的】

1. 掌握 RNA 干扰技术的基本原理及方法。

2. 通过 RNA 干扰技术特异性敲除或敲低目的基因的表达，利用这种技术可进行目的基因的功能研究，也可用于药物靶基因的筛选和药物靶点验证等。

【实验原理】

RNA 干扰（RNA interference，RNAi）是指在进化过程中高度保守的、由双链 RNA（double-stranded RNA，dsRNA）诱发同源 mRNA 高效特异性降解的现象，也是生物体在转录水平实现基因沉默（gene silencing）的一种重要手段。RNAi 包括起始阶段和效应阶段。在起始阶段，加入的小分子 RNA 被切割为 21～23 nt 的小分子干扰 RNA 片段（small interfering RNA，siRNA）。此过程依赖一个被称为 Dicer 的酶，它是 RNase Ⅲ家族中特异性识别双链 RNA 的一员，能以一种 ATP 依赖的方式逐步切割由外源导入或者由转基因、病毒感染等各种方式引入的 dsRNA，通过切割将 RNA 降解为 19～21 bp 的双链 siRNA，每个片段的 3′-端都有 2 个碱基突出。在 RNAi 效应阶段，siRNA 双链结合一个核酶复合物从而形成 RNA 诱导沉默复合物（RNA-induced silencing complex，RISC）。激活 RISC 需要一个依赖 ATP 的将 siRNA 解双链的过程。激活的 RISC 通过碱基配对定位到同源 mRNA 转录本上，并在距离 siRNA 3′-端 12 个碱基的位置切割 mRNA，切割的确切机制尚不完全明了（图4-4-1）。

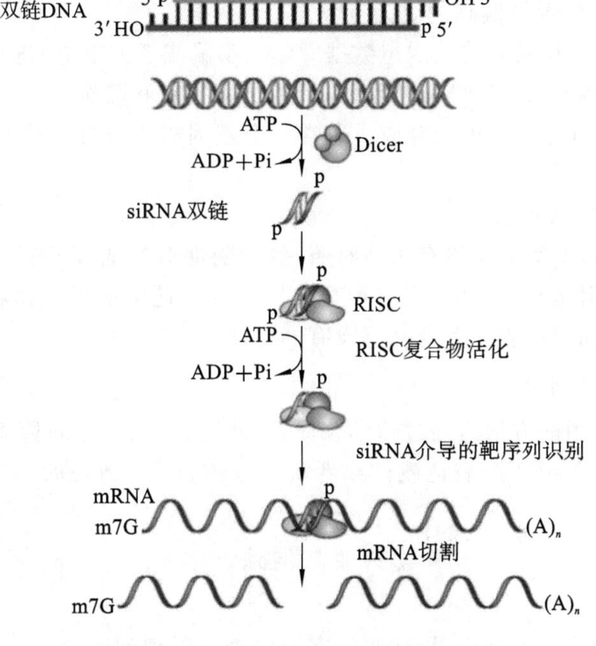

图 4-4-1 RNAi 的作用机制示意图

RNAi 具有以下特点：①RNAi 具有很高的特异性，只降解与其序列相对应的单个内源基因的 mRNA；②RNAi 抑制基因表达具有很高的效率，表型可以达到缺失突变体表型的程度，而且相对很少量的 dsRNA 分子（数量远远少于内源 mRNA 的数量）就能完全抑制相应基因的表达，是以催化放大的方式进行的；③RNAi 抑制基因表达的效应可以穿过细胞界限，在不同细胞间长距离传递和维持信号，甚至传播至整个有机体，并且具有可遗传等特点；④dsRNA

NOTE

不得短于 21 bp,并且长链 dsRNA 也在细胞内被 Dicer 酶切割为 21 bp 的 siRNA,并由 siRNA 来介导 mRNA 切割。大于 30 bp 的 dsRNA 不能在哺乳动物中诱导特异的 RNAi,会使细胞中大量非特异性基因的表达受到抑制,甚至会引发细胞凋亡;⑤此过程具有 ATP 依赖性。在去除 ATP 的样品中 RNAi 现象减少或消失,提示 RNAi 是一个依赖 ATP 的过程,可能是 Dicer 和 RISC 的酶切反应必须由 ATP 提供能量。

将制备好的 siRNA、siRNA 表达载体或表达框架转导至真核细胞中的方法有磷酸钙共沉淀法、电穿孔法、阳离子脂质体试剂法等。RNAi 的应用广泛,本实验主要介绍哺乳动物细胞的 RNAi 技术策略。

【实验材料、试剂与仪器】

1. 试剂:2 mol/L $CaCl_2$,胰蛋白酶,HEK293T 细胞系,DMEM 培养基。

2×HBS(pH 7.05):50 mmol/L HEPES、280 mmol/L NaCl、1.5 mmol/L Na_2HPO_4。

完全培养基:DMEM 培养基、10%胎牛血清。

Trizol,氯仿,异丙醇,75%乙醇(DEPC 处理水配制),TE 缓冲液,反转录试剂盒,荧光定量 PCR 试剂盒。

2. 仪器及耗材:超净工作台、PCR 仪、微量移液器、细胞培养皿、离心管、离心机、恒温培养箱(37 ℃)、紫外分光光度计。

【实验步骤】

(一) siRNA 的设计

1. RNAi 目标序列的选取原则

(1) 从转录本(mRNA)的起始密码子 AUG 开始,寻找"AA"二连序列,并记下其 3′-端的 19 个碱基序列作为潜在的 siRNA 靶位点。有研究结果显示 G+C 含量为 45%~55%的 siRNA 要比那些 G+C 含量偏高的更为有效。

(2) 将潜在的序列和相应的基因组数据库(人、小鼠或者大鼠等)进行比较,排除那些和其他编码序列/EST 同源的序列,例如使用 BLAST 进行比对和筛选。

(3) 选出合适的目标序列进行合成。通常一个基因需要设计多个靶序列的 siRNA,以找到最有效的 siRNA 序列。

2. 阴性对照 siRNA 的设计

一个完整的 siRNA 实验应该有阴性对照,作为阴性对照的 siRNA 应该和选中的 siRNA 序列有相同的组成,但是和 mRNA 没有明显的同源性。通常的做法是将选中的 siRNA 序列打乱,同样要保证它和靶细胞中其他基因没有同源性。

(二) siRNA 的制备

目前为止较为常用的方法有通过化学合成、体外转录、RNase Ⅲ降解长片段 dsRNA 体外制备 siRNA,以及通过 siRNA 表达载体或者病毒载体、PCR 制备的 siRNA 表达框架在细胞中表达产生 siRNA。

(三) siRNA 的转染——磷酸钙共沉淀法

1. 细胞分盘

通过胰蛋白酶消化收集细胞,用适当的完全培养基以细胞密度为 1×10^5~4×10^5 个/cm^2 平铺细胞于 60 mm 培养皿上,根据实验需要选择培养皿,使细胞贴壁后所占面积达到培养皿总面积的 40%~70%。

2. 转染

将细胞置于含 5% CO_2 的 37 ℃恒温培养箱中孵育 8~24 h,当细胞贴壁完全后即可开始转染。转染前 2 h 换液,用 4 mL 新鲜的完全培养基置换旧的培养基。

3. 磷酸钙-质粒沉淀

以 60 mm 培养皿、500 μL 反应总体积为例。在灭菌水中加入质粒(总量为 4～10 μg),再加入 31 μL 的 2 mol/L 氯化钙,使三者总体积达到 250 μL,混匀。将等体积的 2×HBS 溶液逐滴加入,同时轻弹管壁,使每滴加入后及时混匀。静置 2 min 后,立即将这 500 μL 的磷酸钙-质粒逐滴加入上述单层细胞的细胞培养基中,轻轻摇动表面皿混匀。

4. 孵育

转染的细胞置于含 5% CO_2 的 37 ℃恒温培养箱中孵育。8 h 后吸去培养基与 DNA 沉淀,加入 5 mL 37 ℃预热的完全培养基,继续将细胞置于恒温培养箱中孵育,16～40 h 后观察其转染率。

(四) RNAi 效果检测

RNAi 效果可从 mRNA 和蛋白质两个水平进行衡量。

1. 在 mRNA 水平上,Northen 印迹和实时定量 PCR 是两种常用的检测方法。值得注意的是,在进行实时定量 PCR 时,cDNA 合成要用 oligo(dT),而不是随机引物,且预扩增片段最好位于靶 mRNA 序列中 siRNA 位点的上游。

2. 在蛋白质水平上可以通过 Western 印迹、荧光免疫检验法、流式细胞术和表型分析来检测。RNAi 一般在转染后 24 h 内发生,其引发基因沉默的程度和持续时间依赖于靶蛋白质 mRNA 的降解率、siRNA 在细胞内的寿命及其逐渐被稀释的程度。

(五) 实时荧光定量 PCR 检测(相对定量,染料法)

1. 提取 RNAi 前后细胞总 RNA,反转录合成 cDNA。

2. 所有 cDNA 样品 PCR 体系(根据实际情况调整)见表 4-4-1。

表 4-4-1 实时荧光定量 PCR 程序

反应成分	体积
SYBR Green Ⅰ染料	10 μL
目的基因或内参基因上游引物 F	1 μL
目的基因或内参基因下游引物 R	1 μL
dNTP 混合物(10 mmol/L)	1 μL
Taq DNA 聚合酶	2 μL
待测模板 cDNA	5 μL
双蒸水	添加至 50 μL

3. PCR 程序(根据实际情况调整)

预变性	93 ℃	2 min	
变性	93 ℃	1 min	35 个循环
退火	55 ℃	1 min	
延伸	72 ℃	1 min	
延伸	72 ℃	5 min	

4. 完成上述实验步骤后,将反应管置于荧光定量 PCR 仪中进行反应。

5. 结果计算及分析。

【注意事项】

1. 在转染前要确认 siRNA 的大小和纯度。

2. 微量的 RNA 酶也可能导致实验失败。由于实验环境中 RNA 酶普遍存在于皮肤、头

发以及所有徒手接触过的物品或暴露在空气中的物品等，因此必须保证每个实验步骤不受RNA酶污染。

3. 磷酸钙-质粒沉淀后，可以观察到培养基中滴入的部位瞬间会出现橘黄色混浊，应尽快将其混匀，避免形成过大的颗粒，影响转染率。

4. 通常健康的细胞转染率较高。此外，较低的传代数能确保每次实验所用细胞的稳定性。为了优化实验，推荐用50代以下的转染细胞，否则细胞转染率会随时间明显下降。

5. 磷酸钙-DNA复合物黏附到细胞膜并通过胞饮进入目的细胞的细胞质。沉淀物的大小和质量对于磷酸钙转染的成功至关重要。在实验中使用的每种试剂都必须小心校准、保证质量，因为即使偏离最优条件0.1个pH都会导致磷酸钙转染的失败。

6. 避免使用抗生素，抗生素会在穿透的细胞中积累毒素。有些细胞和转染试剂在siRNA转染时需要无血清的条件。这种情况下，可同时用正常培养基和无血清培养基做对比实验，以得到最佳转染效果。

7. 对于大多数细胞，管家基因是较好的阳性对照。将不同浓度的阳性对照siRNA转入靶细胞，转染48 h后统计对照蛋白质或mRNA相对于未转染细胞的降低水平。但要注意过多的siRNA将导致细胞毒性甚至死亡。

8. 荧光标记的siRNA能用来分析siRNA的稳定性和转染率，还可用于siRNA胞内定位及双标记实验（配合标记抗体）来追踪转染过程中导入了siRNA的细胞，将转染与靶蛋白质表达的下调结合起来。

思考题答案

【思考题】

1. RNAi的基本原理是什么？
2. RNAi中siRNA的设计应遵循哪些原则？
3. 如何检验RNAi的沉默效果？

（台州学院　龚莎莎）

第五节 原位杂交实验

【实验目的】

1. 掌握原位杂交技术的原理及方法。

2. 学习了解原位杂交技术应用。

【实验原理】

原位杂交主要是基于双链核酸分子在适当条件下变性生成单链，DNA 或者 RNA 只要链序列之间是互补的，即遵循 AT、CG 和 AU 碱基配对原则，两条核酸链间（DNA-DNA，DNA-RNA，RNA-RNA）就可形成一个稳定的杂交复合体。

【实验仪器及试剂】

1. 材料：固定组织样本。

2. 试剂：

(1) 0.2 mol/L 盐酸：浓盐酸 8.2 mL，H_2O 定容至 0.5 L。

(2) 0.1 mol/L 三乙醇胺（pH 8.0）：三乙醇胺 5.33 mL，H_2O 定容至 0.4 L。

(3) 0.5 mL/L 醋酸-2.5 mL/L 醋酸酐：三乙醇胺 13.2 mL，NaCl 5 g，浓盐酸 4 mL，H_2O 定容至 0.98 L，醋酸酐 2.5 mL（用前加）。

(4) 20×柠檬酸钠溶液（pH 7.0）：NaCl 175.3 g，枸橼酸钠 88.2 g，H_2O 定容至 1 L。

(5) 100×登哈特溶液：聚蔗糖 1 g，PVP 1 g，牛血清白蛋白 1 g，H_2O 定容至 50 mL。

(6) 杂交液：甲酰胺 5 mL，20×柠檬酸钠溶液（SSC）2.5 mL，硫酸葡聚糖 1 g，100×登哈特溶液 0.5 mL，10% SDS 0.5 mL，10 g/L 鲑鱼精子 DNA 0.1 mL，H_2O 1.4 L。

(7) Buffer Ⅰ（pH 7.5）：0.1 mol/L Tris-HCl，0.15 mol/L NaCl。

(8) Buffer Ⅲ（pH 9.5）：0.1 mol/L Tris-HCl，0.1 mol/L NaCl，0.05 mol/L $MgCl_2$。

(9) Buffer Ⅳ（pH 8.0）：10 mmol/L Tris-HCl，1 mmol/L EDTA。

3. 仪器：医用微波炉，水浴锅。

【实验步骤】

1. 使用地高辛标记的核酸探针进行石蜡切片的 RNA 原位杂交第一天。

(1) 二甲苯于 37 ℃脱蜡 2 次，每次 15 min。

(2) 无水乙醇浸泡 2 次，每次 3 min。

(3) 95%乙醇浸泡 2 次，每次 3 min。

(4) PBS 清洗 3 min。

(5) 2%焦碳酸二乙酯室温下浸泡 10 min。

(6) PBS 清洗 10 min。

(7) 加入 25 μL/mL 胃蛋白酶，37 ℃下孵育 15 min。

(8) PBS 清洗 2 次，每次 3 min。

(9) 0.2 mol/L 盐酸孵育 30 min。

(10) PBS 清洗 2 次，每次 3 min。

(11) 0.25%无水乙酸和 0.1 mol/L 三乙醇胺孵育 10 min。

(12) PBS 清洗 2 次，每次 5 min。

(13) 预杂交缓冲液孵育 30 min。

(14) 准备核酸探针混合物：使用预杂交缓冲液稀释探针，于 85 ℃下加热 5 min，置于冰块中 10 min。

NOTE

(15) 杂交。

第二天

(16) 将玻片置于 SSC 中 2 次,每次 5 min 以去除封片。

(17) PBS 清洗 3 min。

(18) RNase A 溶液中(或 0.1~1 ng/mL PBS 中),37 ℃下孵育 30 min。

(19) PBS 清洗 5 min。

(20) 室温下,2×SSC 清洗 10 min。

(21) 37 ℃下,1×SSC 清洗 10 min。

(22) 37 ℃下,0.5×SSC 清洗 10 min。

(23) 缓冲液 A 孵育 10 min。

(24) 缓冲液 A(1%正常绵羊血清和 0.03% Triton X-100)孵育 30 min。

(25) 加入抗地高辛抗体(1/200 的上述缓冲液,来自 Boehringer Mannheim 公司),37 ℃下孵育 3 h。

(26) 缓冲液 A 清洗 2 次,每次 10 min。

(27) 缓冲液 B 清洗 2 次,每次 5 min。

(28) 制成 NBT/BCIP 暗处保存 30~60 min,显微镜下进行观察,如果背景尚佳,显色时间可延长到 16 h。

(29) 停止缓冲液 B 的反应,用水进行简单的清洗。

(30) 固红,脱水以及封片进行核的复染。

2. 使用地高辛标记的寡核苷酸探针进行石蜡切片的原位 DNA 杂交第一天。

(1) 二甲苯于 37 ℃脱蜡 2 次,每次 15 min。

(2) 无水乙醇浸泡 2 次,每次 5 min。

(3) 95%乙醇浸泡 2 次,每次 5 min。

(4) PBS 清洗 5 min。

(5) 2%焦碳酸二乙酯室温下浸泡 10 min。

(6) PBS 清洗 5 min。

(7) 加入 25 μL/mL 胃蛋白酶,37 ℃下孵育 10 min。

(8) PBS 清洗 2 次,每次 5 min。

(9) 0.2 mol/L 盐酸孵育 30 min。

(10) PBS 清洗 2 次,每次 5 min。

(11) 0.25%无水乙酸和 0.1 mol/L 三乙醇胺孵育 10 min。

(12) PBS 清洗 5 min。

(13) 预杂交缓冲液孵育 30 min。

(14) 准备寡核苷酸探针混合物:使用预杂交缓冲液稀释探针。

(15) 杂交。

第二天

(16) 将玻片置于 SSC 中以去除封片。

(17) 室温下,2×SSC 清洗 10 min。

(18) 37 ℃下,1×SSC 清洗 10 min。

(19) 37 ℃下,0.5×SSC 清洗 10 min。

(20) 缓冲液 A 孵育 10 min。

(21) 缓冲液 A 孵育 30 min。

(22) 加入抗地高辛抗体 37 ℃下孵育 3 h。

NOTE

(23) 缓冲液 A 清洗 2 次，每次 5 min。

(24) 缓冲液 B 清洗 2 次，每次 5 min。

(25) 制成 NBT/BCIP 暗处保存 30～60 min，显微镜下进行观察，如果背景尚佳，显色时间可延长到 16 h。

(26) 停止缓冲液 B 的反应，用水进行简单的清洗。

(27) 拍照。

【注意事项】

1. 注意蛋白酶消化、显色时间，时间过长会导致实验失败。

2. 注意探针浓度，浓度过高会导致非特异性结合，产生假阳性。

【思考题】

1. 为什么不同组织样本选择的消化时间不同？

2. 如何选择正确的核酸探针分子？

思考题答案

(湖北理工学院　苏振宏)

附录 A　常用缓冲液的配制

一、生化实验常用缓冲液的配制

1. 0.05 mol/L 甘氨酸-盐酸缓冲液

pH	0.2 mol/L 甘氨酸/mL	0.2 mol/LHCl/mL
2.0	50	44.0
2.4	50	32.4
3.6	50	24.2
2.8	50	16.8
3.0	50	11.4
3.2	50	8.2
3.4	50	6.4
3.6	50	5.0

加水稀释至 200 mL;甘氨酸的相对分子质量为 75.07;0.2 mol/L 甘氨酸溶液质量浓度为 15.01 g/L。

2. 磷酸氢二钠-柠檬酸缓冲液

pH	0.2 mol/L Na_2HPO_4/mL	0.1 mol/L 柠檬酸 ($C_6H_8O_7$)/mL
2.2	0.40	10.60
2.4	1.24	18.76
2.6	2.18	17.82
2.8	3.17	16.83
3.0	4.11	15.89
3.2	4.94	15.06
3.4	5.70	14.30
3.6	6.44	13.56
3.8	7.10	12.90
4.0	7.71	12.29
4.2	8.28	11.72
4.4	8.82	11.18
4.6	9.35	10.65
4.8	9.86	10.14
5.0	10.30	9.70

续表

pH	0.2 mol/L Na_2HPO_4/mL	0.1 mol/L 柠檬酸 ($C_6H_8O_7$)/mL
5.2	10.72	9.28
5.4	11.15	8.85
5.6	11.60	8.40
5.8	12.09	7.91
6.0	12.63	7.37
6.2	13.22	6.78
6.4	12.85	6.15
6.6	14.55	5.45
6.8	15.45	4.55
7.0	16.47	3.53
7.2	17.39	2.61
7.4	18.17	1.83
7.6	18.73	1.27
7.8	19.15	0.85
8.0	19.45	0.55

Na_2HPO_4的相对分子质量为 141.98；0.2 mol/L 溶液溶质的质量浓度为 28.40 g/L。

$Na_2HPO_4 \cdot 2H_2O$ 的相对分子质量为 178.05；0.2 mol/L 溶液溶质的质量浓度为 35.61 g/L。

$C_6H_8O_7$的相对分子质量为 192.12；0.1 mol/L 溶液溶质的质量浓度为 19.21 g/L。

3. 0.1 mol/L 柠檬酸-柠檬酸钠缓冲液

pH	0.1 mol/L 柠檬酸/mL	0.1 mol/L 柠檬酸钠/mL
3.0	18.6	1.4
3.2	17.2	2.8
3.4	16.0	4.0
3.6	14.9	5.1
3.8	14.0	6.0
4.0	13.1	6.9
4.2	12.3	7.7
4.4	11.4	8.6
4.6	10.3	9.7
4.8	9.2	10.8
5.0	8.2	11.8
5.2	7.3	12.7
5.4	6.4	13.6
5.6	5.5	14.5

续表

pH	0.1 mol/L 柠檬酸/mL	0.1 mol/L 柠檬酸钠/mL
5.8	4.7	15.3
6.0	3.8	16.2
6.2	2.8	17.2
6.4	2.0	18.0
6.6	1.4	18.6

柠檬酸 $C_6H_8O_7 \cdot H_2O$ 的相对分子质量为 210.14；0.1 mol/L 溶液溶质的质量浓度为 21.01 g/L。

柠檬酸钠 $Na_3C_6H_5O_7 \cdot 2H_2O$ 的相对分子质量为 294.12；0.1 mol/L 溶液溶质的质量浓度为 29.14 g/L。

4. 0.2 mol/L 磷酸氢二钠-磷酸二氢钠缓冲液

pH	0.2 mol/L Na_2HPO_4/mL	0.3 mol/L NaH_2PO_4/mL
5.8	8.0	92.0
5.9	10.0	90.0
6.0	12.3	87.7
6.1	15.0	85.0
6.2	18.5	81.5
6.3	22.5	77.5
6.4	26.5	73.5
6.5	31.5	68.5
6.6	37.5	62.5
6.7	43.5	56.5
6.8	49.5	51.0
6.9	55.0	45.0
7.0	61.0	39.0
7.1	67.0	33.0
7.2	72.0	28.0
7.3	77.0	23.0
7.4	81.0	19.0
7.5	84.0	16.0
7.6	87.0	13.0
7.7	89.5	10.5
7.8	91.5	8.5
7.9	93.0	7.0
8.0	94.7	5.3

$Na_2HPO_4 \cdot 2H_2O$ 的相对分子质量为 178.05；0.2 mol/L 溶液溶质的质量浓度为 35.61 g/L。

$Na_2HPO_4 \cdot 12H_2O$ 的相对分子质量为 358.22；0.2 mol/L 溶液溶质的质量浓度为 71.64 g/L。

$NaH_2PO_4 \cdot 2H_2O$ 的相对分子质量为 156.03；0.2 mol/L 溶液溶质的质量浓度为 31.21 g/L。

5. 66.7 mmol/L 磷酸氢二钠-磷酸二氢钾缓冲液

pH	66.7 mmol/L Na_2HPO_4/mL	66.7 mmol/L KH_2PO_4/mL
4.92	0.10	9.90
5.29	0.50	9.50
5.91	1.00	9.00
6.24	2.00	8.00
6.47	3.00	7.00
6.64	4.00	6.00
6.81	5.00	5.00
6.98	6.00	4.00
7.71	7.00	3.00
7.38	8.00	2.00
7.73	9.00	1.00
8.04	9.50	0.50
8.34	9.75	0.25
8.67	9.90	0.10
8.18	10.00	0

$Na_2HPO_4 \cdot 2H_2O$ 的相对分子质量为 178.05;66.7 mmol/L 溶液溶质的质量浓度为 11.876 g/L。

KH_2PO_4的相对分子质量为 136.09;66.7 mmol/L 溶液溶质的质量浓度为 9.078 g/L。

6. 巴比妥钠-盐酸缓冲液(18 ℃)

pH	0.04 mol/L 巴比妥钠溶液/mL	0.2 mol/L 盐酸/mL
6.8	100	18.4
7.0	100	17.8
7.2	100	16.7
7.4	100	15.3
7.6	100	13.4
7.8	100	11.47
8.0	100	9.39
8.2	100	7.21
8.4	100	5.21
8.6	100	3.82
8.8	100	2.52
9.0	100	1.65
9.2	100	1.13
9.4	100	0.70
9.6	100	0.35

巴比妥钠盐的相对分子质量为 206.18;0.04 mol/L 溶液溶质的质量浓度为 8.25 g/L。

7. 0.05 mol/L Tris-盐酸缓冲液(25 ℃)

pH	0.1 mol/L Tris 溶液/mL	0.1 mol/L 盐酸/mL
7.10	50	45.7
7.20	50	44.7
7.30	50	43.4
7.40	50	42.0
7.50	50	40.3
7.60	50	38.5
7.70	50	36.6
7.80	50	34.5
7.90	50	32.0
8.00	50	29.2
8.10	50	26.2
8.20	50	22.9
8.30	50	19.9
8.40	50	17.2
8.50	50	14.7
8.60	50	12.4
8.70	50	10.3
8.80	50	8.5
8.90	50	7.0

0.1 mol/L Tris 溶液 50 mL 与 X mL 0.1 mol/L 盐酸混匀后,加水稀释至 100 mL。

Tris 的相对分子质量为 121.14;0.1 mol/L 溶液溶质的质量浓度为 12.114 g/L。

Tris 溶液可从空气中吸收二氧化碳,使用时注意将瓶盖严。

8. 0.05 mol/L 甘氨酸-氢氧化钠缓冲液

pH	0.2 mol/L 甘氨酸/mL	0.2 mol/L NaOH/mL
8.6	50	4.0
8.8	50	6.0
9.0	50	8.8
9.2	50	12.0
9.4	50	16.8
9.6	50	22.4
9.8	50	27.2
10.0	50	32.0
10.4	50	38.6
10.6	50	45.5

加水稀释至 200 mL。

甘氨酸的相对分子质量为 75.07;0.2 mol/L 溶液溶质的质量浓度为 15.01 g/L。

9. 其他生化常用缓冲液的配制方法

溶液	配制	备注
1 mol/L Tris-HCl（pH 7.4，7.6，8.0）	称取 121.1 g Tris 置于 1 L 烧杯中，加入约 800 mL 的去离子水，充分搅拌溶解，按以下方法加入浓盐酸调节至所需要的 pH pH　浓 HCl 7.4　70 mL 7.6　60 mL 8.0　42 mL 将溶液定容至 1 L，高温高压灭菌后，室温下保存	应使溶液冷却至室温后再调节 pH，因为 Tris 溶液的 pH 随温度的变化差很大，温度每升高 1 ℃，溶液的 pH 大约降低 0.03 个单位
磷酸盐缓冲溶液（PBS）	在 800 mL 蒸馏水中溶解 8 g NaCl、0.2 g KCl、1.44 g Na_2HPO_4 和 0.24 g KH_2PO_4，用 HCl 调节溶液的 pH 至 7.4，加水定容至 1 L，高压下蒸汽灭菌 20 min，室温下保存	上述 PBS 中无二价阳离子，如需要，可在配方中补充 1 mmol/L $CaCl_2$ 和 0.5 mmol/L $MgCl_2$
0.5 mol/L 氢氧化钠溶液	准确称取氢氧化钠 40 g，用去离子水溶解并稀释至 2 L	
0.5 mol/L 盐酸溶液	准确量取盐酸 83.4 mL，用去离子水稀释至 2 L	
0.2%葡萄糖标准溶液	准确称取葡萄糖 2.5 g 置于称量瓶中，在70 ℃下干燥 2 h，干燥器中冷却至室温，重复干燥，冷却至恒重，准确称取葡萄糖 2.0 g，用去离子水溶解并定容至 1 L	于 4 ℃下保存
Folin 试剂甲	1. 称取 10 g 无水碳酸钠，加入 2 g 氢氧化钠和 0.25 g 酒石酸钾钠，溶于 500 mL 去离子水 2. 称取 0.5 g 五水硫酸铜溶于 100 mL 去离子水中 3. 将 50 份上述步骤 1 溶液与 1 份上述步骤 2 溶液混合，即为 Folin 试剂甲	4 ℃下保存，可用一周
Folin 试剂乙	1. 在 500 mL 的磨口回流装置内加入二水合钨酸钠 25.0359 g，二水合钼酸钠 6.2526 g，去离子水 175 mL，85%磷酸 12.5 mL，浓盐酸 25 mL，充分混合 2. 回流 10 h，再加硫酸锂 37.5 g，去离子水 12.5 mL 及数滴溴 3. 然后开口沸腾 15 min，以驱除过量的溴，冷却后定容至 250 mL 4. 于棕色瓶中保存，可使用多年	上述制备的 Folin 试剂乙的储备液浓度一般为 2 mol/L 左右，几种操作方案都是把 Folin 试剂乙稀释至 1 mol/L 的浓度作为应用液，此时是将储备液于使用前稀释 18 倍，使其浓度为 0.1 mol/L 略高。Folin 试剂乙储备液浓度的标定，一般是以酚酞为指示剂

续表

溶液	配制	备注
DNS 试剂	1. 称取 3,5-二硝基水杨酸 10 g,加入 2 mol/L 氢氧化钠溶液 200 mL。(3,5-二硝基水杨酸试剂) 2. 将 3,5-二硝基水杨酸溶解,然后加入酒石酸钾钠 300 g 3. 待其完全溶解后,用去离子水稀释至 2000 mL	棕色瓶保存

二、电泳常用试剂

1. 蛋白质电泳试剂

溶液	配制方法	备注
30%丙烯酰胺	将 29 g 丙烯酰胺和 1 g N,N′-亚甲双丙烯酰胺溶于总体积 60 mL 水中,溶解后加水至终体积 100 mL,用 0.45 μm 孔径过滤除菌,置于棕色瓶中保存于室温	丙烯酰胺有神经毒性并可通过皮肤吸收,作用具累积性。配制时应戴手套和口罩。聚丙烯酰胺无毒
10%过硫酸铵	1 g 过硫酸铵溶于水至终体积为 10 mL	该溶液可在 4 ℃下保存 2 周左右,超过期限会失去催化作用
10%十二烷基硫酸钠(SDS)	在 900 mL 水中溶解 100 g SDS;加热至 68 ℃助溶,加入几滴浓 HCl 调节 pH 至 7.2,加水定容至 1 L,分装备用	SDS 的微细晶粒易于扩散,因此称量时要戴口罩,称量完毕后要清除残留在称量工作区和天平上的 SDS
5×SDS-PAGE 上样缓冲液	称取 0.5 g SDS,25 mg 溴酚蓝,2.5 mL 甘油,加去离子水定容至 5 mL,每份 0.5 mL 分装,用前每份中加入 25 μL β-巯基乙醇	未加 β-巯基乙醇前可在室温下长期保存,加入 β-巯基乙醇后可在室温下保存 1 个月左右
浓缩胶缓冲液 1 mol/L Tris-HCl	6.06 g Tris 溶解在 40 mL 水中,用 4 mol/L HCl 调至 pH 6.8,加水到 50 mL	4 ℃下保存
分离胶缓冲液 1.5 mol/L Tris-HCl	9.08 g Tris 溶解在 40 mL 水中,用 4 mol/L HCl 调至 pH 8.8,加水到 50 mL	4 ℃下保存
5×SDS-PAGE 电泳缓冲液	Tris 3.78 g,甘氨酸 23.5 g,SDS 1.25 g,加水到 250 mL 溶解	应用液稀释 5 倍
0.25%考马斯亮蓝染色液	1.25 g 考马斯亮蓝 R 250,溶于 227 mL水中,加甲醇 227 mL,加冰乙酸 46 mL	

续表

溶液	配制方法	备注
考马斯亮蓝脱色液	量取 100 mL 乙酸，50 mL 乙醇，加去离子水 850 mL。充分混合后使用	

2. 核酸电泳试剂

溶液	配制方法	备注
1%琼脂糖	1 g 琼脂糖粉于 100 mL 0.5×TBE(TAE)中，加热到完全熔化	待其冷却到不烫手时再灌到槽中
溴化乙锭 (10 mg/mL)	在 100 mL 水中加入 1 g 溴化乙锭，磁力搅拌数小时以确保其完全溶解，用铝箔包裹容器，避光保存于室温	注意：溴化乙锭是强诱变剂并有中度毒性，使用含有这种染料的溶液时务必戴上手套，称量染料时要戴口罩
5×TBE 缓冲液	称取 54 g Tris 碱，27.5 g 硼酸，加 800 mL 去离子水溶解，定容至 1 L	工作液浓度为 0.5×TBE
50×TAE 缓冲液	称取 242 g Tris 碱，57.1 mL 冰乙酸，100 mL 0.5 mol/L EDTA (pH 8.0)，定容至 1 L	储存液稀释 50 倍为应用液
6×上样缓冲液 (DNA 电泳用)	称取 0.44 g EDTA，0.025 g 溴酚蓝，0.025 g 二甲苯青，加去离子水 20 mL，加甘油 18 mL，调节 pH 至 7.0，加去离子水定容至 50 mL	

三、核酸杂交及蛋白质印迹实验常用试剂

溶液	配制方法	备注
20×SSC	在 800 mL 水中溶解 175.3 g NaCl 和 88.2 g 枸橼酸钠，加入数滴 10 mol/L NaOH 溶液调节 pH 至 7.0，加水定容至 1 L，分装后高压蒸汽灭菌	
10 mg/mL 鲑精 DNA	鲑精 DNA 溶于水配制成 10 mg/mL 的浓度，将溶液中 NaCl 的浓度调节至 0.1 mol/L，用酚和酚-氯仿各抽提一次，回收水相。剪切 DNA，乙醇沉淀。离心回收 DNA 并重溶于水，配制成 10 mg/mL 的浓度，测定并计算浓度，煮沸 10 min	分装成小份于 −20 ℃下保存。用于 Southern 杂交及原位杂交，使用前置于沸水浴中加热 5 min，然后迅速在冰浴中骤冷

续表

溶液	配制方法	备注
Southern 杂交液	量取 30 mL 20×SSC 或 20×SSPE，10 mL 50×Denhardt's，5 mL 10% SDS，1 mL10 mg/mL 鲑精 DNA，54 mL 去离子水，充分混匀	经 0.45 μm 滤膜过滤后使用
蛋白质印迹转移缓冲液	称取 5.8 g Tris，2.9 g 甘氨酸，0.37 g SDS，加入 800 mL 去离子水充分搅拌溶解，加入 200 mL 甲醇	
TBST 缓冲液	称取 8.8 g NaCl，20 mL 1 mol/L Tris-HCl(pH 8.0)，去离子水 800 mL，0.5 mL Tween 20 充分混匀，加去离子水定容至 1 L	
蛋白质印迹封闭缓冲液	称取 2.5 g 脱脂奶粉加入 50 mL TBST 缓冲液充分搅拌溶解	此封闭液应现用现配

四、分子克隆常用试剂

溶液	配制方法	备注
1×TE	取 10 mL 1 mol/L Tris-HCl(pH 8.0)，2 mL 0.5 mol/L EDTA(pH 8.0)，加去离子水至 1 L，分装至每瓶 100 mL，高压蒸汽灭菌	用于溶解 DNA
1 mol/L $CaCl_2$	在 200 mL 纯水中溶解 54 g $CaCl_2 \cdot 6H_2O$，用 0.22 μm 滤器过滤除菌	分装成 100 mL 每小份于 −20 ℃下保存
2.5 mol/L $CaCl_2$	在 20 mL 蒸馏水中溶解 13.5 g $CaCl_2 \cdot 6H_2O$，用 0.22 μm 滤器过滤除菌	分装成 1 mL 每小份于 −20 ℃下保存
IPTG	IPTG 为异丙基硫代-β-D-半乳糖苷(相对分子质量为 238.3)，在 8 mL 蒸馏水中溶解 2 g IPTG 后，用蒸馏水定容至 10 mL，用 0.22 μm 滤器过滤除菌	分装成 1 mL 每小份于 −20 ℃下保存
X-gal	X-gal 为 5-溴-4-氯-3-吲哚-β-D-半乳糖苷。用二甲基甲酰胺溶解 X-gal 配制成 20 mg/mL 的储存液	需避光，−20 ℃下保存
β-巯基乙醇(β-ME)	一般购买的是浓度为 14.4 mol/L 的溶液，置于棕色瓶中 4 ℃下保存	含 β-ME 的溶液不能高压蒸汽灭菌
1 mol/L 二硫苏糖醇(DTT)	用 20 mL 0.01 mol/L 乙酸钠溶液(pH 5.2)溶解 3.09 g DTT，过滤除菌后分装成 1 mL 每小份，于 −20 ℃下保存	DTT 或含有 DTT 的溶液不能进行高压蒸汽灭菌处理

续表

溶液	配制方法	备注
NBT	将 0.5 g 氯化四氮唑蓝溶解于 10 mL 70%的二甲基甲酰胺中，于 4 ℃下保存	
酚/氯仿	把酚和氯仿等体积混合后用 0.1 mol/L Tris-HCl (pH 7.6)抽提几次以平衡这一混合物，置于棕色玻璃瓶中。上面覆盖等体积的 0.01 mol/L Tris-HCl (pH 7.6)液层	于 4 ℃下保存；酚腐蚀性很强并可引起严重灼伤，操作时应戴手套及防护镜
1 mol/L 乙酸钾 (pH 7.5)	将 9.82 g 乙酸钾溶解于 90 mL 纯水中，用 2 mol/L 乙酸调节 pH 至 7.5 后加水定容至 1 L	于−20 ℃下保存
乙酸钾溶液	在 60 mL 5 mol/L 乙酸钾溶液中加入 11.5 mL 冰乙酸和 28.5 mL 水，即成钾离子浓度为 3 mol/L 而乙酸根浓度为 5 mol/L 的溶液	用于碱裂解提取质粒 DNA
10 mmol/L 苯甲基磺酰氟(PMSF)	用异丙醇溶解 PMSF 成 1.74 mg/mL(10 mmol/L)，分装成小份保存于−20 ℃。如有必要可配制成浓度高达 17.4 mg/mL 的储存液(100 mmol/L)	PMSF 严重损害呼吸道黏膜、眼睛及皮肤。吸入、吞进或通过皮肤吸收后有致命危险
0.5 mol/L EDTA (pH 8.0)	在 800 mL 水中加入 186.1 g 乙二胺四乙酸二钠(EDTA-2Na · $2H_2O$)，剧烈搅拌，用 NaOH 调节 pH 至 8.0(约需 20 g NaOH)然后定容至 1 L，分装后高压蒸汽灭菌备用	EDTA 二钠盐需加入 NaOH 将溶液的 pH 调至接近 8.0 时，才能完全溶解
3 mol/L 乙酸钠 (pH 5.2 和 pH 7.0)	在 800 mL 水中溶解 408.1 g 三水乙酸钠，用冰乙酸调节 pH 至 5.2 或用稀乙酸调节 pH 至 7.0，加水定容至 1 L，分装后高压蒸汽灭菌	
1 mol/L 乙酸镁	在 800 mL 水中溶解 214.46 g 四水乙酸镁，用水定容至 1 L 后过滤除菌	
10 mol/L 乙酸镁	把 770 g 乙酸铵溶解于 800 mL 水中。加水定容至 l L 后过滤除菌	
1 mol/L $MgCl_2$	在 800 mL 水中溶解 203.3 g $MgCl_2 \cdot 6H_2O$，用水定容至 1 L，分装成小份并高压灭菌备用	$MgCl_2$极易潮解，应选购小包装试剂，启用后勿长期存放
5 mol/L NaCl	在 800 mL 水中溶解 292.2 g NaCl，加水定容至 1 L，分装后高压蒸汽灭菌	

续表

溶液	配制方法	备注
100%三氯乙酸(TCA)	在装有500 g TCA的瓶中加入227 mL水，形成的溶液含有100%(*W*/*V*)TCA	
1 mol/L Tris	在800 mL水中溶解121.1 g Tris碱，加入浓HCl调节pH至所需值，HCl大约需要70 mL，加水定容至1 L，分装后高压蒸汽灭菌	如溶液呈现黄色，应予丢弃并制备质量更好的Tris；Tris溶液的pH因温度而异，温度每升高1 ℃，pH大约降低0.03个单位。应使溶液冷至室温后方可最后调节pH

五、常用抗生素的配置

抗生素	储存液		工作浓度	
	浓度	保存条件	严紧型质粒	松弛型质粒
氨苄西林	50 mg/mL(溶于水)	−20 ℃	20 μg/mL	60 μg/mL
羧苄西林	50 mg/mL(溶于水)	−20 ℃	20 μg/mL	60 μg/mL
氯霉素	34 mg/mL(溶于乙醇)	−20 ℃	25 μg/mL	170 μg/mL
卡那霉素	10 mg/mL(溶于水)	−20 ℃	10 μg/mL	50 μg/mL
链霉素	10 mg/mL(溶于水)	−20 ℃	10 μg/mL	50 μg/mL
四环素[b]	5 mg/mL(溶于乙醇)	−20 ℃	10 μg/mL	50 μg/mL

a. 以水为溶剂的抗生素储存液应通过0.22 μm滤器过滤除菌。以乙醇为溶剂的抗生素溶液不需要除菌处理。所有抗生素溶液均应置于不透光的容器中保存。

b. 镁离子是四环素的拮抗剂，四环素抗性菌的筛选应使用不含镁盐的培养基(如LB培养基)。

六、常用酶溶液配置

溶液	配制方法	备注
溶菌酶	用水配制成50 mg/mL的溶菌酶溶液，分装成小份	分装于−20 ℃下保存
蛋白酶K	将酶粉末溶于10 mmo/L Tris-HCl(pH 7.5)，配成20 mg/mL储存液，分装后−20 ℃下保存	用反应缓冲液[0.01 mol/L Tris(pH 7.8)，0.005 mol/L EDTA，0.5%SDS]稀释至50 μg/mL后使用
无DNA酶的RNA酶	将RNA酶A溶于10 mmo/L Tris-HCl(pH 7.5)，15 mmol/L NaCl中，配成10 mg/mL溶液，于100 ℃下加热15 min，缓慢冷却至室温	分装成小份于−20 ℃下保存

七、分子生物学实验常用培养基的配制方法

名称	配制方法
LB 培养基	称取 10 g 胰化蛋白胨，5 g 酵母提取物，10 g NaCl，加去离子水至 800 mL 搅拌，使溶质完全溶解。用 5 mol/L NaOH(约 0.2 mL)调节 pH 至 7.4，加入去离子水至总体积为 1 L，高压蒸汽灭菌 20 min
SOB 培养基	称取 20 g 胰化蛋白胨，5 g 酵母提取物，0.5 g NaCl，加去离子水至 800 mL 搅拌，使溶质完全溶解，然后加入 10 mL 250 mmol/L KCl 溶液，用 5 mol/L NaOH 约 0.2 mL 调节溶液的 pH 至 7.4。然后加入去离子水至总体积为 1 L，高压蒸汽灭菌 20 min。使用前加入 10 mL 经灭菌的 1 mol/L $MgCl_2$溶液
SOC 培养基	SOC 培养基除含有 20 mmol/L 葡萄糖外。其余成分与 SOB 培养基相同。SOB 培养基经高压灭菌后，冷却至 60 ℃以下，然后加入 20 mL 经除菌的 1 mol/L 的葡萄糖溶液
2×YT	称取 16 g 胰化蛋白胨，10 g 酵母提取物，5 g NaCl，加水至 800 mL 搅拌，使溶质完全溶解，用 5 mol/L NaOH 调节 pH 至 7.4，加入去离子水至总体积为 1 L，高压蒸汽灭菌 20 min

（石河子大学　高蕊）

附录B　常用生物化学与分子生物学学习和工具网站

1. 中国生物化学与分子生物学报 http://cjbmb.bjmu.edu.cn/CN/volumn/home.shtml
2. 生命的化学 http://www.life.ac.cn/
3. 科学网 http://www.sciencenet.cn/
4. 生物谷 http://www.bioon.com/
5. 生物通 http://www.ebiotrade.com/
6. Science 网络版 http://www.sciencemag.org/
7. 生命奥秘 http://www.lifeomics.com/
8. 美国知网 https://www.ncbi.nlm.nih.gov/pubmed/
9. 生物化学杂志 http://www.jbc.org
10. 丁香园 http://www.dxy.cn
11. 蛋白质信息数据库 http:www.wwpdb.org/
12. “生化医视界”微信公众平台 https://mp.weixin.qq.com/s/JodgEcAFYZcZUOhEqTxDZw

参考文献

[1] 徐世明.生物化学实验指导[M].西安:西安交通大学出版社,2015.

[2] 侯燕芝.医学生物学实验教程[M].北京:北京大学医学出版社,2007.

[3] 陈钧辉,李俊.生物化学实验[M].北京:科学出版社, 2008.

[4] 查锡良,药立波.生物化学与分子生物学[M].8 版.北京:人民卫生出版社,2013.

[5] 张龙翔,张庭芳,李令媛.生化实验方法和技术[M].2 版.北京:高等教育出版社,1997.

[6] 俞建瑛,蒋宇,王善利.生物化学实验技术[M].北京:化学工业出版社,2007.

[7] 扈瑞平,郑明霞.生物医学综合实验指导[M].北京:北京大学医学出版社,2016.

[8] 王廷华,刘佳,夏庆杰.PCR 理论与技术[M].北京:科学出版社,2013.

[9] 余自成, 陈红专.微透析技术在药物代谢和药代动力学研究中的应用[J].中国临床药理学杂志, 2001.17(1):76-80 .

[10] Zhuang L, Xia H, Gu Y, et al. Theory and Application of Microdialysis in Pharmacokinetic Studies[J]. Curr Drug Metab, 2015,16(10):919-931.

[11] William FE, Ronald JS. Application of Microdialysis in Pharmacokinetic Studies[J]. Phramaceutical Research, 1997,14(3):267-288.

[12] Roger KV. Blood microdialysis in pharmacokinetic and drug metabolism[J]. Adv Drug Deliv Rev, 2000, 45(2-3):217-228.

[13] Davies MI, Cooper JD, Desmond SS, et al. Analytical considerations for microdialysis sampling[J]. Adv Drug Deliv Rev, 2000. 45(2-3):169-188.

[14] 邓庆丽,王小林,蒋华芳,等.动物活体自动采样技术的应用和评价[J].中国新药与临床杂志,2005,24(8):665-671.

[15] 李林.生物化学与分子生物学实验指导[M].2 版.北京:人民卫生出版社, 2008.

[16] 王庸晋.现代临床检验学[M].北京:人民军医出版社, 2001.

[17] 魏群.基础生物化学实验[M].3 版.北京:高等教育出版社, 2010.

[18] 唐微,朱明安.医学生物化学与分子生物学实验[M].北京:科学出版社,2014.

[19] 张维娟,王玉兰.生物化学与分子生物学实验教程[M].郑州:河南大学出版社, 2014.

[20] 张东玲.肌酐测定的方法学进展[J].国际检验医学杂志,2006.27(6):521-523.

[21] 查锡良.生物化学[M].7 版.北京:人民卫生出版社, 2008.

[22] 刘新光.临床检验生物化学实验指导[M].北京:高等教育出版社,2006.

[23] 何凤田,连继勤.生物化学与分子生物学实验教程[M].北京:科学出版社.2012.

[24] 高国全,王桂云.生物化学实验[M].武汉:华中科技大学出版社.2014.

[25] 朱汉民,沈霞.临床实验室诊断学[M].上海科学技术出版社,2004.

[26] 姜旭淦.临床生物化学检验实验指导[M].2 版.中国医药科技出版社,2010.

[27] 郑红花,张云武.医学生物化学实验教程[M].厦门:厦门大学出版社,2018.